"十三五"职业教育国家规划教材

工业和信息化人才培养工程系列丛书
1+X 证书制度试点培训用书

虚拟现实应用开发教程
（中级）

北京新奥时代科技有限责任公司　组编

电子工业出版社

Publishing House of Electronics Industry
北京·BEIJING

内 容 简 介

本书以《虚拟现实应用开发职业技能等级标准》为编写依据，围绕虚拟现实技术的人才需求与岗位能力进行内容设计。本书包括基础三维技术、C#编程语言基础、基于虚拟现实引擎的进阶开发、虚拟现实应用测试 4 章，涵盖了场景、人物角色、生物模型制作技术和物体动画效果的实现，利用 C#编程语言进行面向对象的程序开发，基于虚拟现实引擎工具进行用户界面的开发、交互逻辑和物理引擎的应用，虚拟现实应用测试等内容。本书以模块化的结构组织章节，以任务驱动的方式安排内容。

本书可作为 1+X 证书制度试点工作中虚拟现实应用开发职业技能等级证书培训的教材，也可作为期望从事虚拟现实应用开发工作的人员和虚拟现实应用技术、平面设计、数字媒体技术、影视制作、动漫游戏开发等相关专业学生的参考书。

图书在版编目（CIP）数据

虚拟现实应用开发教程：中级 / 北京新奥时代科技有限责任公司组编. —北京：电子工业出版社，2020.9

ISBN 978-7-121-39765-3

Ⅰ. ①虚… Ⅱ. ①北… Ⅲ. ①虚拟现实－程序设计－高等学校－教材 Ⅳ. ①TP391.98

中国版本图书馆 CIP 数据核字（2020）第 195884 号

责任编辑：胡辛征　　　　　　特约编辑：田学清
印　　刷：北京捷迅佳彩印刷有限公司
装　　订：北京捷迅佳彩印刷有限公司
出版发行：电子工业出版社
　　　　　北京市海淀区万寿路 173 信箱　　　　邮编：100036
开　　本：787×1092　　1/16　　印张：16.25　　字数：416 千字
版　　次：2020 年 9 月第 1 版
印　　次：2025 年 8 月第 8 次印刷
定　　价：49.80 元

凡所购买电子工业出版社图书有缺损问题，请向购买书店调换。若书店售缺，请与本社发行部联系，联系及邮购电话：（010）88254888，88258888。

质量投诉请发邮件至 zlts@phei.com.cn，盗版侵权举报请发邮件至 dbqq@phei.com.cn。

本书咨询联系方式：（010）88254361 或 hxz@phei.com.cn。

前 言

2019 年 1 月 24 日，国务院印发了《国家职业教育改革实施方案》，该方案要求把职业教育摆在教育改革创新和经济社会发展中更加突出的位置。对接科技发展趋势和市场需求，完善职业教育和培训体系，优化学校、专业布局，深化办学体制改革和育人机制改革，鼓励和支持社会各界，特别是企业积极支持职业教育，着力培养高素质劳动者和技术技能人才，是贯彻落实《国家职业教育改革实施方案》的出发点和主要目标。

实施 1+X 证书制度培养复合型技术技能人才，是应对新一轮科技革命和产业变革带来的挑战、促进人才培养供给侧和产业需求侧结构要素全方位融合的重大举措，是促进职业院校加强专业建设、深化课程改革、增强实训内容、提高师资水平、全面提升教育教学质量的重要着力点，是促进教育链、人才链与产业链、创新链有机衔接的重要途径，对深化产教融合、校企合作，健全多元化办学体制，完善职业教育和培训体系具有重要意义。

新一轮科技革命和产业变革的到来，推动了产业结构调整与经济转型升级发展新业态的出现。战略性新兴产业在爆发式发展的同时，对新时代产业人才的培养提出了新的要求与挑战。虚拟现实是一个新兴的、快速增长的行业。随着信息技术，尤其是 5G、智能传感器与图形显示等技术的发展，虚拟现实技术已成为 21 世纪先进的主流技术之一，并且在产业应用方面的贡献日益突出。虚拟现实技术以其独特的沉浸性、构想性和交互性在商业、工业、军事、医疗、教育、传媒、娱乐等领域应用广泛且深入，实现了各传统型产业/专业的增值、增效。当前，产业的发展急需具备虚拟现实技术的高素质、复合型技术技能人才的支撑。

北京新奥时代科技有限责任公司立足新时代人才培养要求，积极参与国家职业教育改革，先后承担了《Web 前端开发职业技能等级证书》和《工业机器人操作与运维职业技能等级证书》的标准开发、师资培训、学生考评等工作。结合产业用人需求，在有关企业和职业院校的支持下，北京新奥时代科技有限责任公司开发了《虚拟现实应用开发职业技能等级证书》标准，并被遴选为虚拟现实职业技能等级证书的培训评价组织。

为了便于试点院校开展学生培训工作，北京新奥时代科技有限责任公司依据虚拟现实职业技能等级标准（2020 版）中初级、中级和高级 3 个级别所对应要求掌握的职业技能要点，组织编写了虚拟现实职业技能等级证书配套的初级、中级、高级培训教材，教材中的案例素材由北京威尔时代教育科技有限公司提供，此教材旨在为参加培训的学生提供更为精炼、有针对性的培训辅助材料。

本书是中级证书配套培训教材，包括 4 章。本书第 1 章通过场景、人物角色、生物模型的制作介绍了三维建模技术的基础及物体动画制作技术，由唐海峰、龚俊辉编写；第 2 章介绍了 C#编程语言的基础知识，由李强编写；第 3 章介绍了用户界面的开发、应用交互逻辑的实现和物理引擎的应用等内容，由刘舰、苏鹏编写；第 4 章主要介绍了虚拟现实应用测试相关内容，由陈俊、林国森编写。

本书适用于参加虚拟现实应用开发职业技能等级证书中级和高级两个级别培训的学生，也适用于虚拟现实应用技术、平面设计、数字媒体技术、影视制作、动漫游戏开发等相关专业的学生。

由于编者水平有限，书中难免有不妥之处，请读者指正为盼。

编　者

2020 年 5 月

目 录

第1章
基础三维技术

学习任务

【任务1】了解场景类模型制作的基本流程，掌握场景类模型的制作方法。

【任务2】了解人物角色模型制作的基本流程，掌握人物角色模型的制作方法。

【任务3】了解生物模型制作的基本流程，掌握生物模型的制作方法。

【任务4】了解3ds Max动画界面，理解关键点、骨骼、父子关系、FK和IK及约束的概念，掌握物体动画的制作方法。

学习路线

```
                          ┌─ 导入参考图
                          ├─ 制作教室轮廓
                          ├─ 导入桌椅模型
              制作场景类模型├─ 刻画墙面细节
                          ├─ 制作室内物品
                          ├─ 制作窗户及窗边装饰
                          ├─ 制作投影仪
                          └─ VR场景中的UVW贴图

                          ┌─ 导入参考图
                          ├─ 制作头部模型
                          ├─ 制作颈部模型
                          ├─ 制作躯干模型
              制作人物角色模型├─ 制作腿部模型
                          ├─ 制作脚部模型
                          ├─ 制作手臂模型
                          ├─ 制作手掌模型
                          └─ 调整模型（低模）

  基础三维技术               ┌─ 导入参考图
                          ├─ 模型基本体的创建
              制作生物模型  ├─ 模型的UVW展开
                          ├─ 模型的材质添加
                          ├─ UV模板的渲染
                          └─ 模型的UVW贴图

                          ┌─ 动画界面介绍
                          ├─ "运动"面板参数设置
                          ├─ 关键点的概念
              制作物体动画  ├─ 动画控制器
                          ├─ 骨骼的概念
                          ├─ 父子关系的概念
                          ├─ FK和IK的概念
                          └─ 约束的概念
```

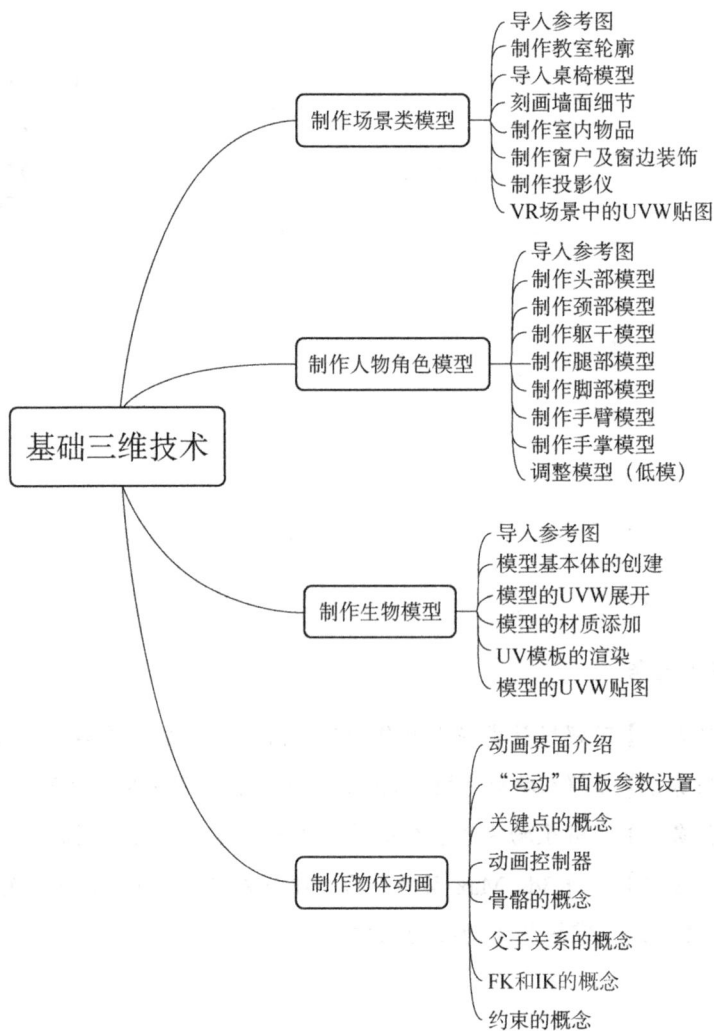

1.1 制作场景类模型

下面以创建一个 VR 教室场景为例，介绍场景类模型的制作过程。

1.1.1 导入参考图

在菜单栏中选择"渲染"下拉菜单中的"查看图像文件"命令，将参考图导入屏幕上方，用于建模参考，如图 1-1-1 所示。

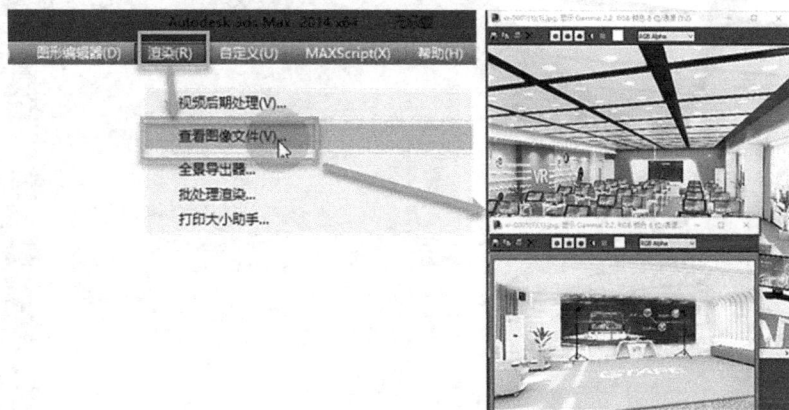

图 1-1-1　导入参考图

1.1.2　制作教室轮廓

第 1 步：创建 Box 立方体，根据场景尺寸调整参数大小，如图 1-1-2 所示。

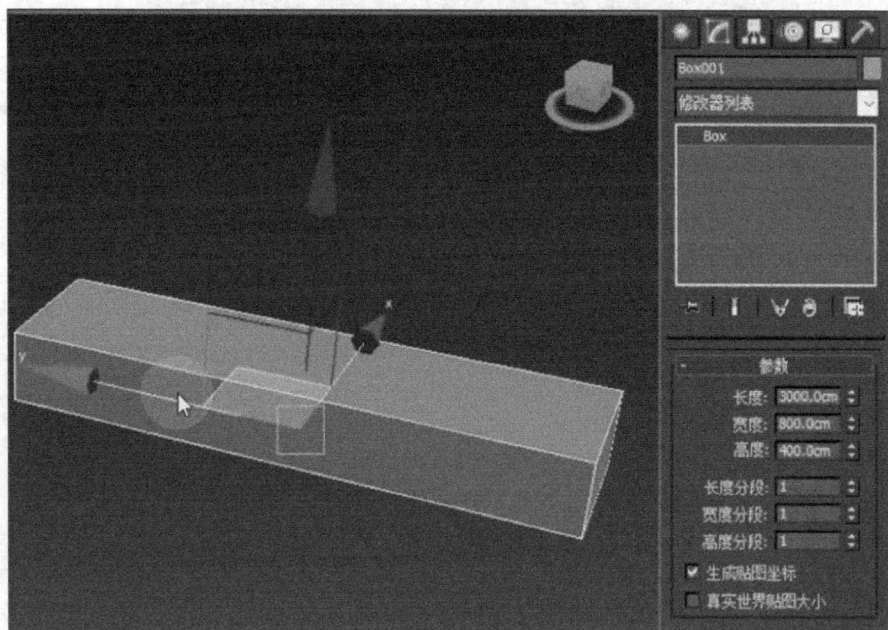

图 1-1-2　创建 Box 立方体

第 2 步：根据教室结构，通过使用"线条""挤出"等命令来调节教室模型结构，如图 1-1-3 所示。教室轮廓如图 1-1-4 所示。

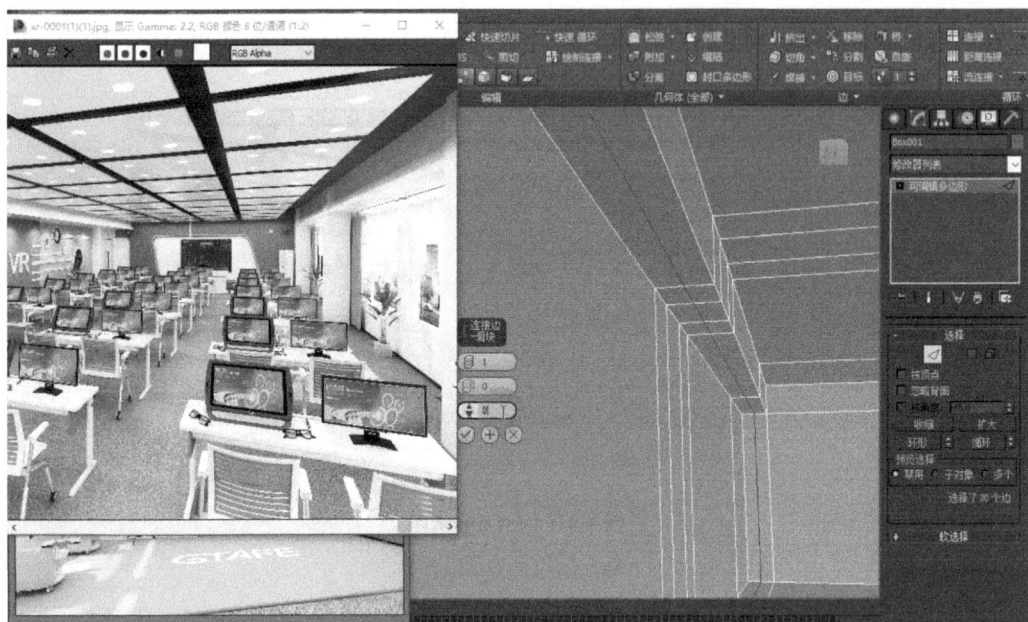

图 1-1-3　调节教室模型结构

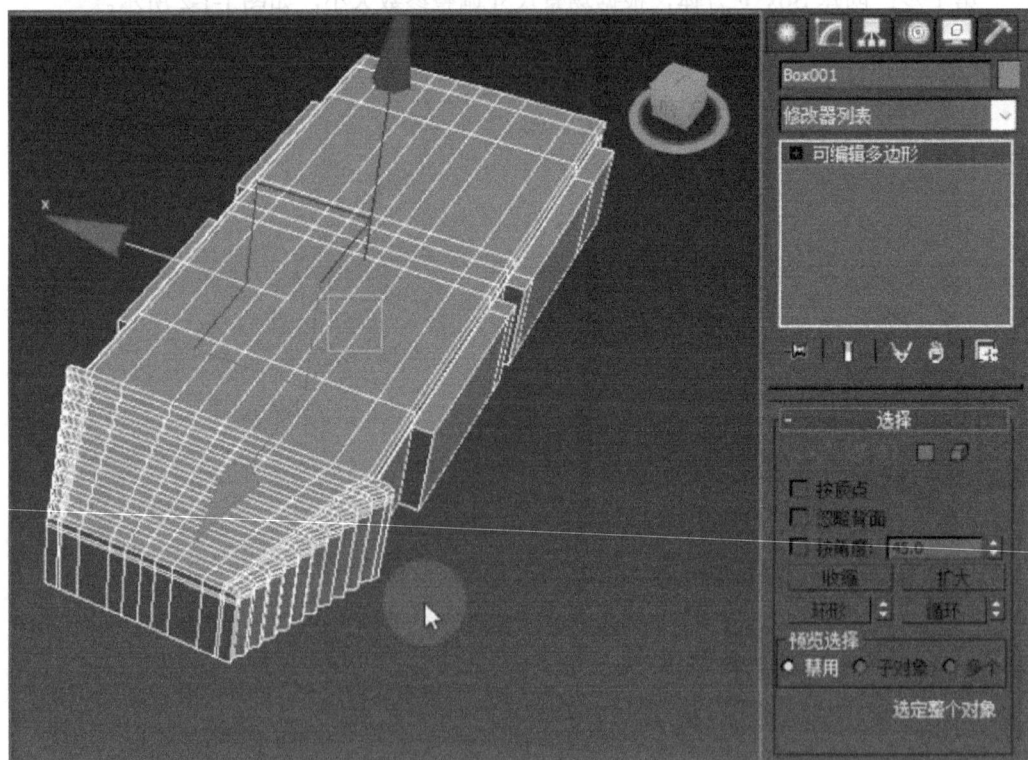

图 1-1-4　教室轮廓

1.1.3　导入桌椅模型

导入已经做好的桌椅设备模型（桌椅设备模型的制作过程这里不再展开介绍），并按位置排列好，如图 1-1-5 所示。

图 1-1-5　导入桌椅设备模型

1.1.4　刻画墙面细节

第 1 步：如图 1-1-6 所示，在墙面创建圆柱体，通过使用"插入"和"挤出"命令，制作墙面装饰。

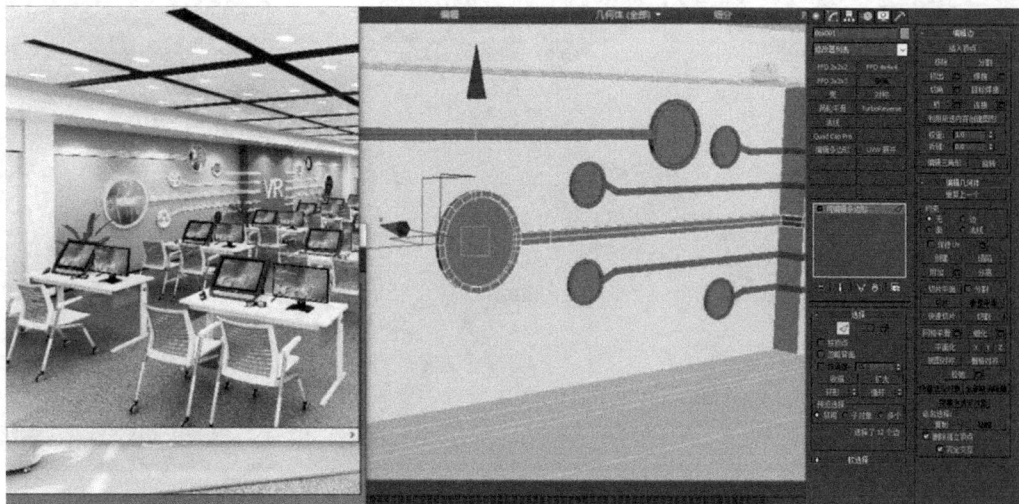

图 1-1-6　制作墙面装饰

第 2 步：创建文本模型，选择字体，新建文字模型，如图 1-1-7 所示。

图 1-1-7　新建字体模型

第 3 步：将文字转换成"可编辑多边形"，如图 1-1-8 所示，然后使用"桥"、"连接"和"焊接"等命令补充缺少的面片，效果如图 1-1-9 所示。

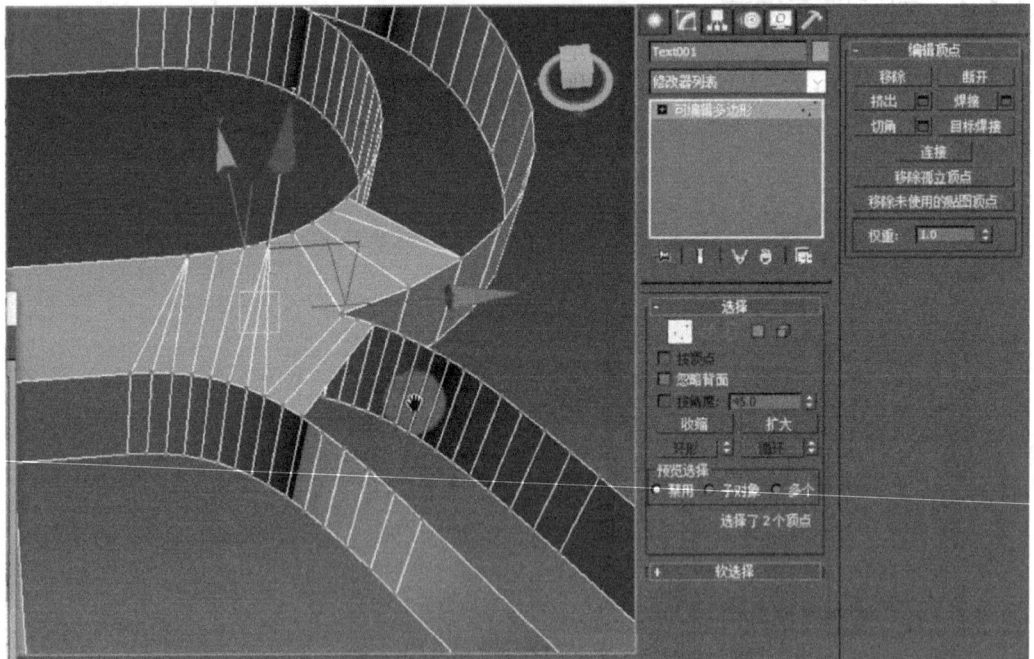

图 1-1-8　将文字转换成"可编辑多边形"

第 4 步：选取顶部面片，并进行复制、粘贴操作，将其粘贴到室内顶部，创建灯光板，如图 1-1-10 所示。

图 1-1-9　文字模型效果

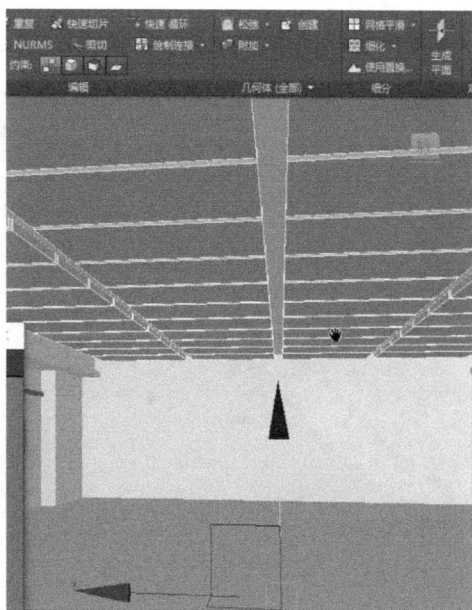

图 1-1-10　选取顶部面片创建灯光板

第 5 步：同理，使用"插入"和"挤出"等命令创建圆柱体作为射灯模型，如图 1-1-11 所示。

图 1-1-11　创建射灯模型

第6步：根据参考图，选取部分点位移形成菱形，如图 1-1-12 所示。

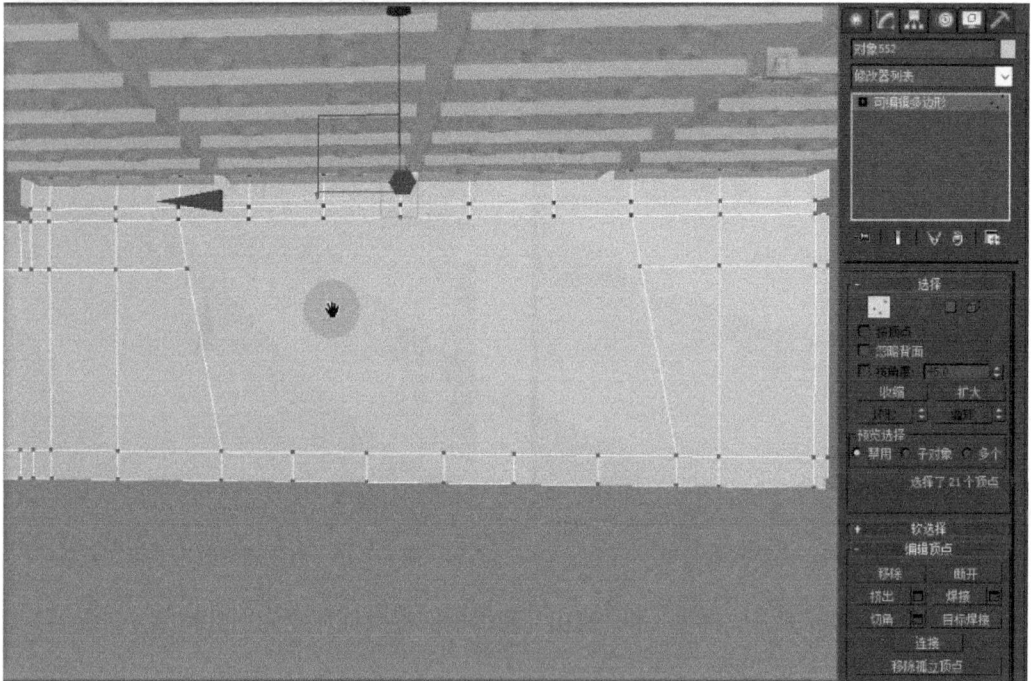

图 1-1-12　选取部分点位移形成菱形

给墙面添加厚度后，调整四边形的形状，选中四边形的棱角进行切角，如图 1-1-13 所示。

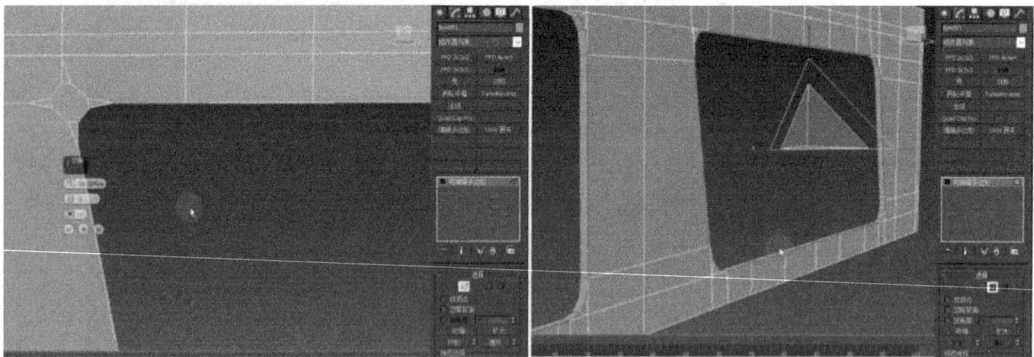

图 1-1-13　为棱角切角

1.1.5　制作室内物品

第1步：制作讲台，新建长方体，添加"Bend"修改器，弯曲角度，如图 1-1-14 所示；添加连接线，挤出高度和边沿脚线，摆放效果如图 1-1-15 所示。

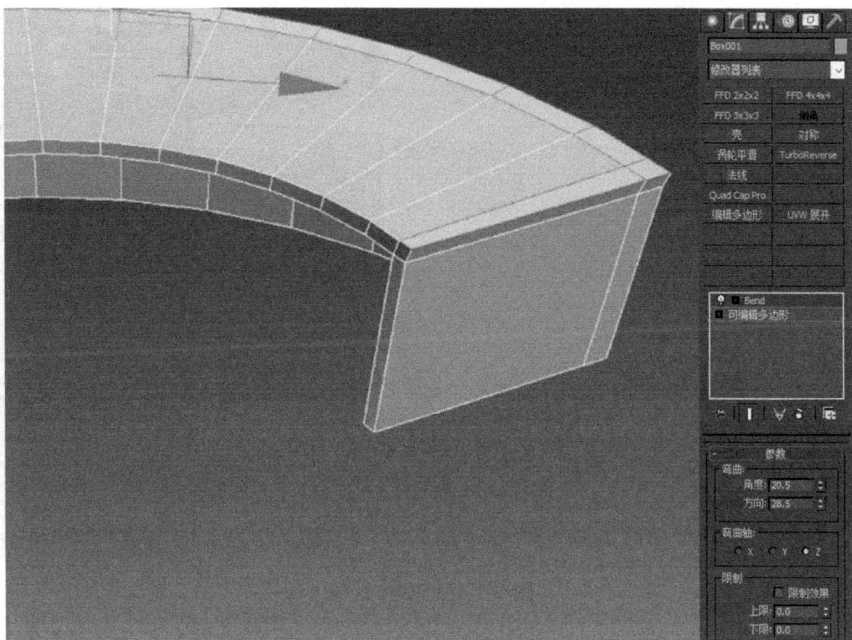

图 1-1-14 制作讲台

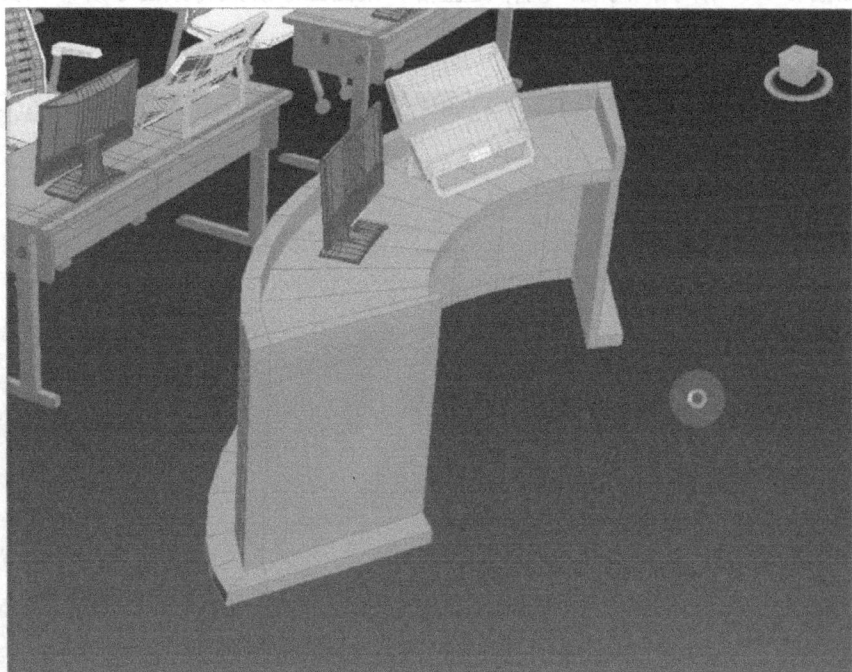

图 1-1-15 摆放效果

第 2 步：制作地毯，选取地面面片并进行复制、粘贴操作，然后添加厚度和边缘线，使模型平滑，如图 1-1-16 所示。

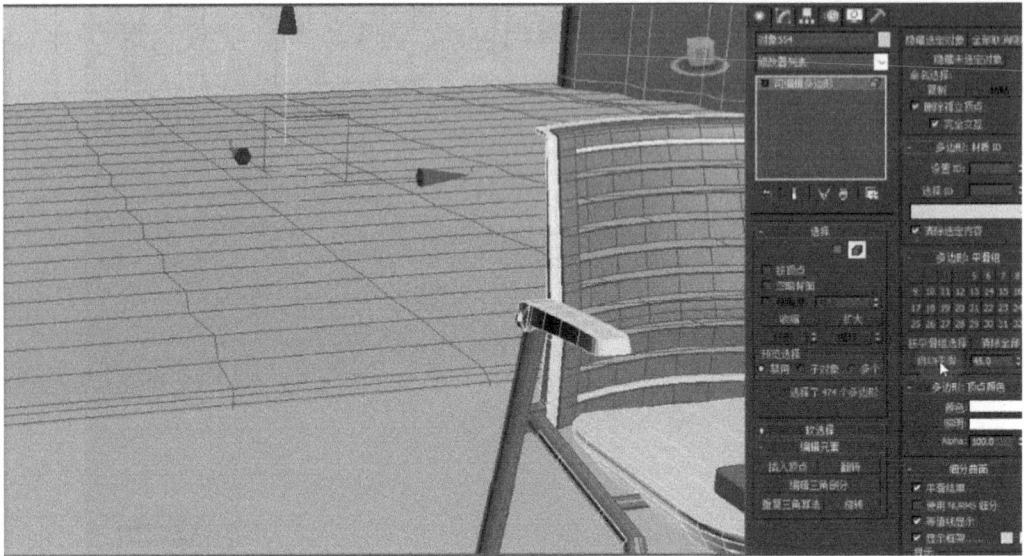

图 1-1-16　制作地毯

　　第 3 步：制作展示台，创建 Box 立方体，添加"Bend"修改器，弯曲角度，挤出造型，如图 1-1-17 所示；同理，制作键盘格、桌面显示屏及背景显示屏，如图 1-1-18 所示。

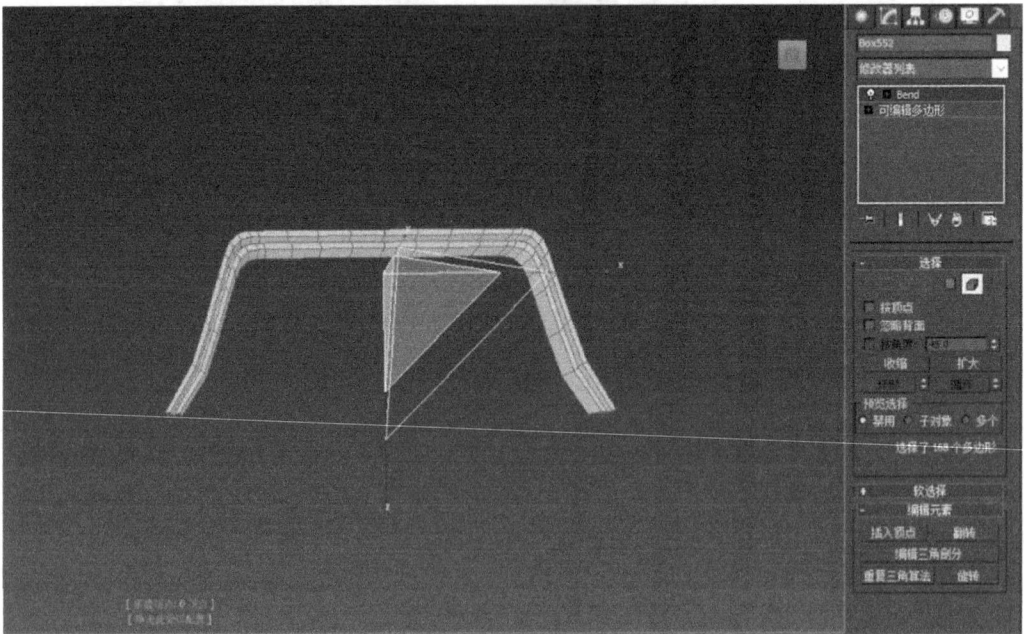

图 1-1-17　制作展示台

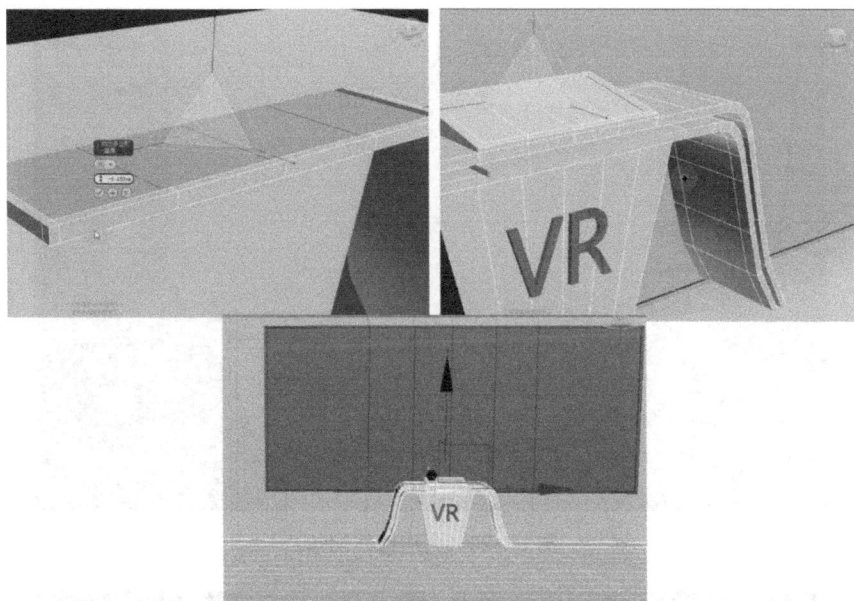

图 1-1-18　制作键盘格、桌面显示屏及背景显示屏

第 4 步：制作沙发，创建 Box 立方体，使用"连接"命令添加线，如图 1-1-19 所示；使用"涡轮平滑"命令，为边缘线切角，使边缘过渡自然，如图 1-1-20 所示；同理，制作沙发靠垫，在转角处添加线条，并调整扶手顶点位置，使角度过渡自然，如图 1-1-21 所示；创建圆柱体作为沙发脚，如图 1-1-22 所示。

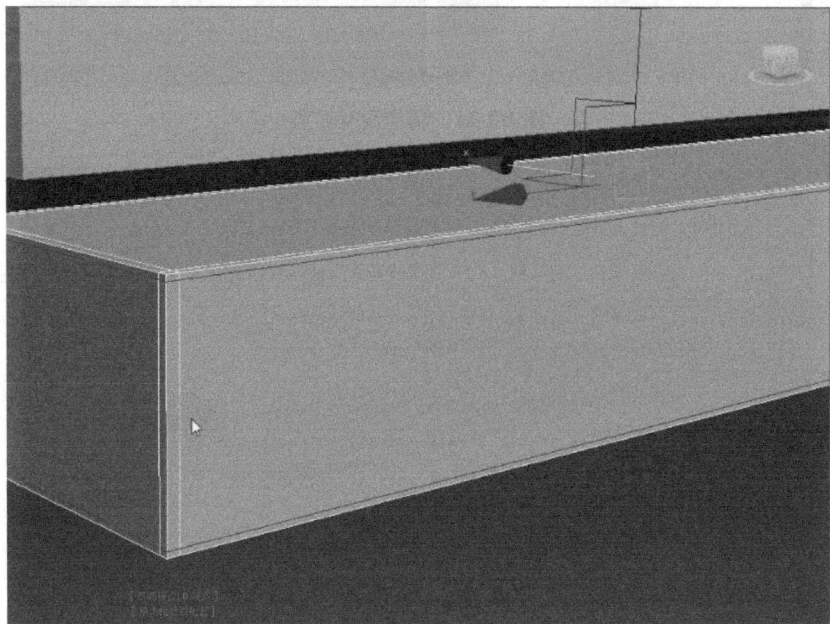

图 1-1-19　添加线

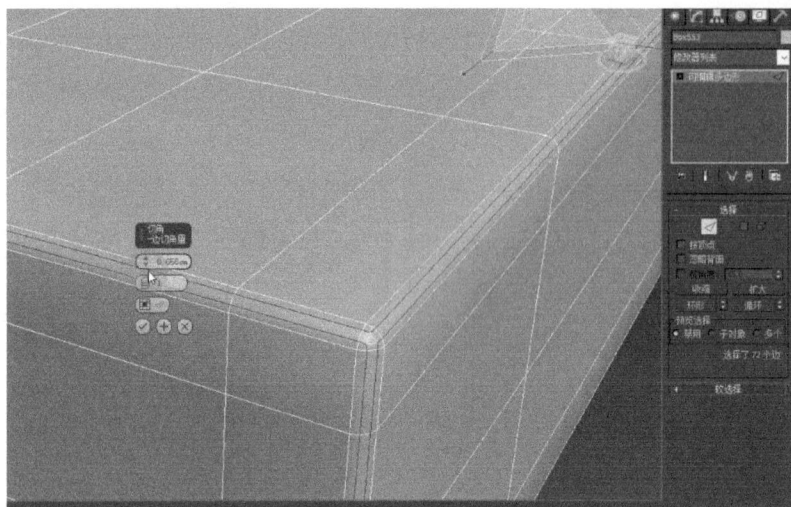

图 1-1-20　为边缘线切角

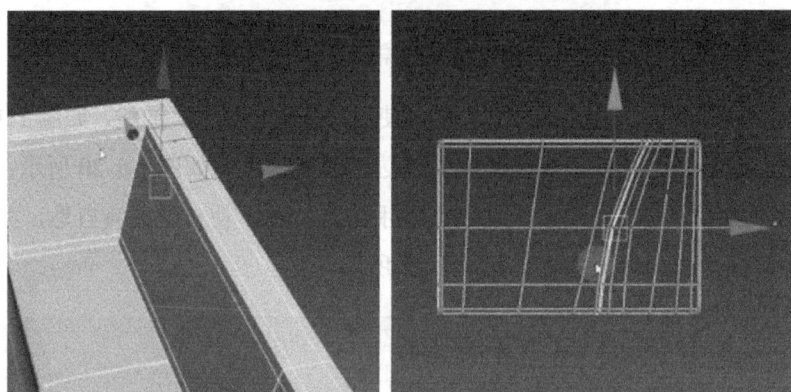

图 1-1-21　制作沙发靠垫

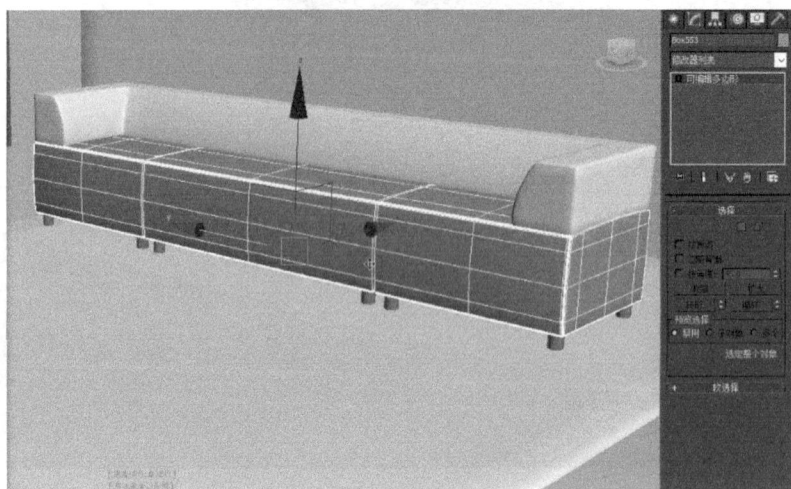

图 1-1-22　创建圆柱体作为沙发脚

第 5 步：制作空调，创建 Box 立方体，使用"切角"和"挤出"命令调整空调外观造型，如图 1-1-23 所示。

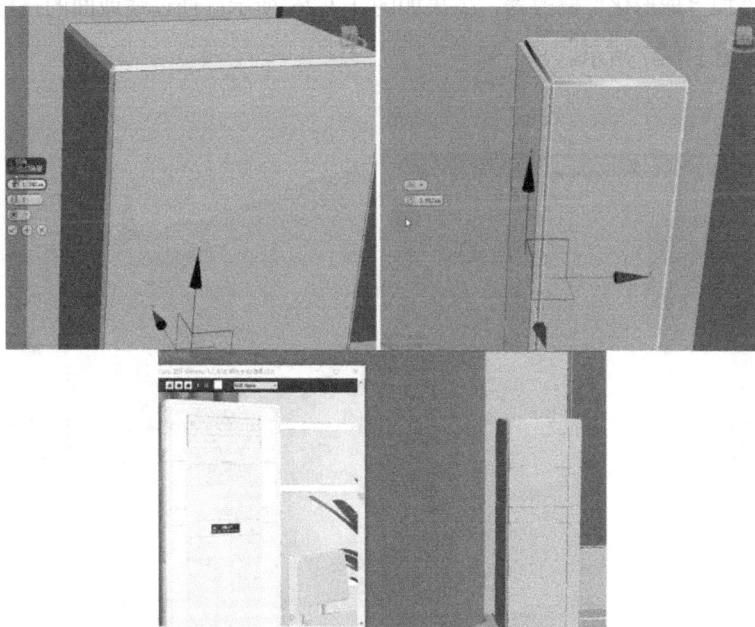

图 1-1-23　调整空调外观造型

选择面，添加线条切角，使用"连接线"命令向内挤出，制作空调扇叶，如图 1-1-24 所示。

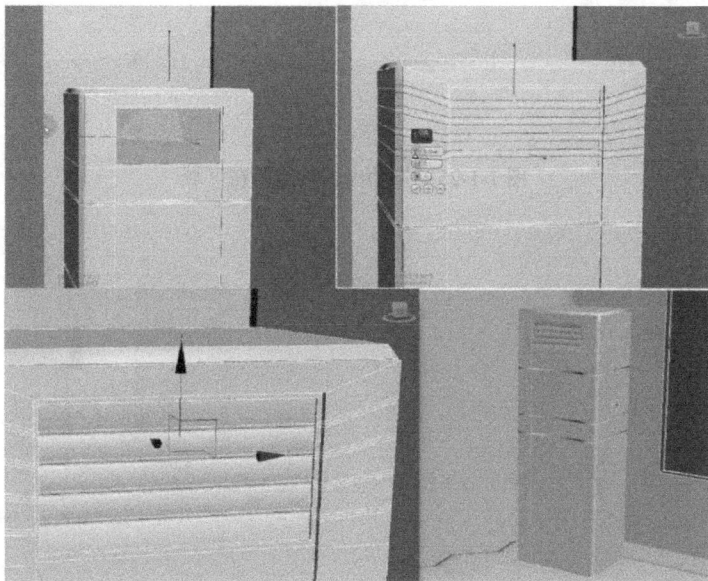

图 1-1-24　制作空调扇叶

　　第6步：制作音响，创建 Box 立方体，插入面并挤出厚度，将四边切角，中间连线划分区域，即勾勒出音响炮所在区域，如图 1-1-25 所示；选择中间面将其删除，然后选择边缘线并添加"球形化"修改器，效果如图 1-1-26 所示；通过线或面的挤出来调整音响炮的轮廓，如图 1-1-27 所示。

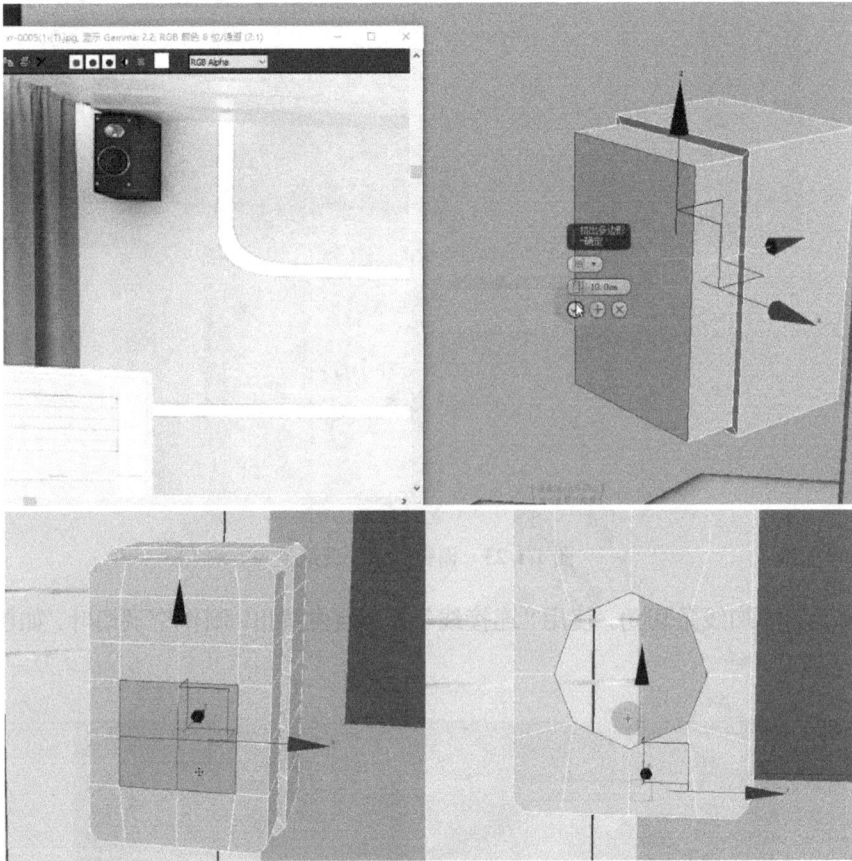

图 1-1-25　勾勒出音响炮所在区域

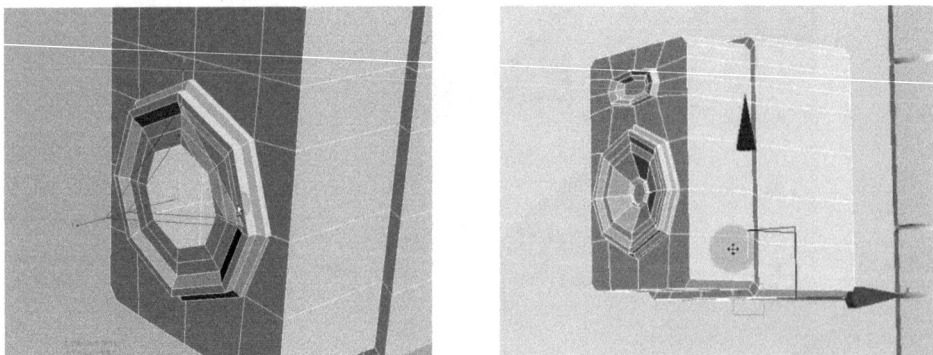

图 1-1-26　添加"球形化"修改器后的效果　图 1-1-27　通过线或面的挤出来调整音响炮的轮廓

第 7 步：新建圆柱体，设置参数边线，将其复制到音响 4 个对称角，并与音响附加到一起，如图 1-1-28 所示；选择音响模型，在"复合对象"修改器下使用"布尔"命令，并选择"差集（A-B）"选项，拾取操作对象，得到镂空部分，如图 1-1-29 所示；选择圆圈线，向内挤出，并执行"封口"命令，效果如图 1-1-30 所示；同理，通过圆柱体制作螺钉模型，最终效果如图 1-1-31 所示。

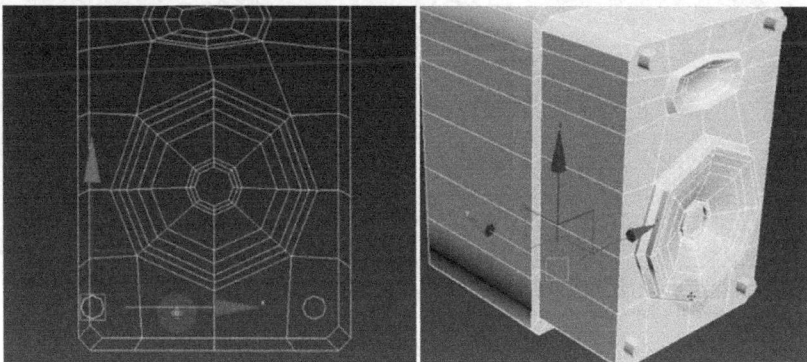

图 1-1-28　音响 4 个角对称分布 4 个圆柱体

图 1-1-29　得到镂空部分

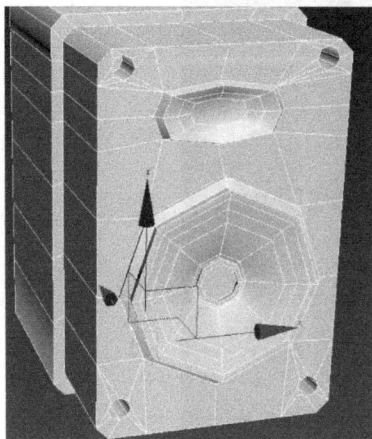

图 1-1-30　执行"封口"命令后的效果　　　　图 1-1-31　音响模型效果

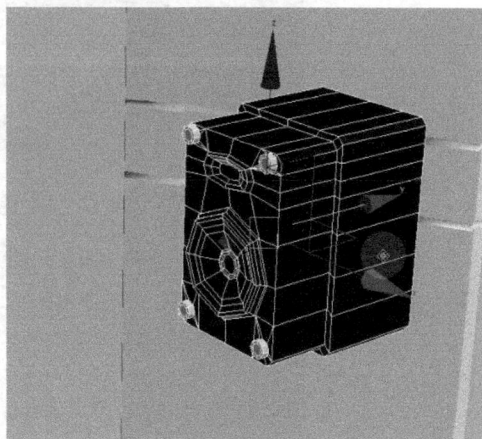

第 8 步：制作摄像头，创建圆柱体，使用"连接线"和"挤出"命令制作摄像头造型，如图 1-1-32 所示；按照上述步骤，制作摄像头头部和角架，如图 1-1-33 所示。

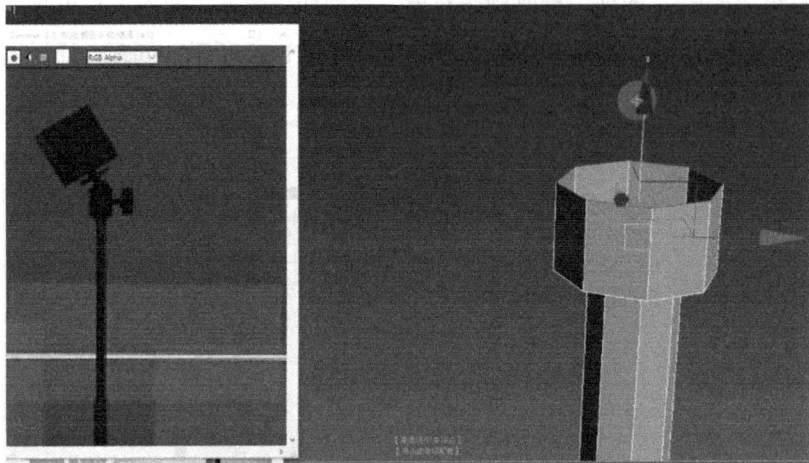

图 1-1-32　制作摄像头造型

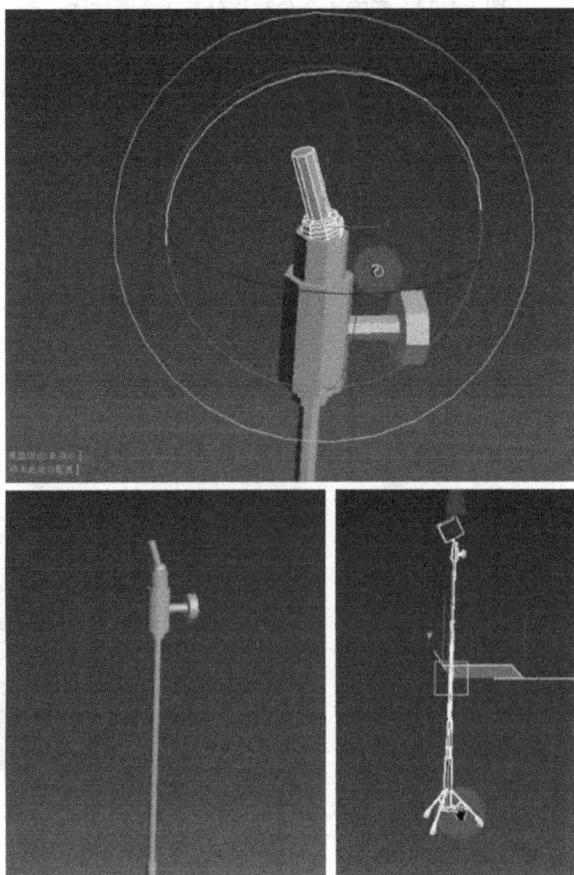

图 1-1-33　制作摄像头头部和角架

第 9 步：根据场景布置，摆放好设备，效果如图 1-1-34 所示。

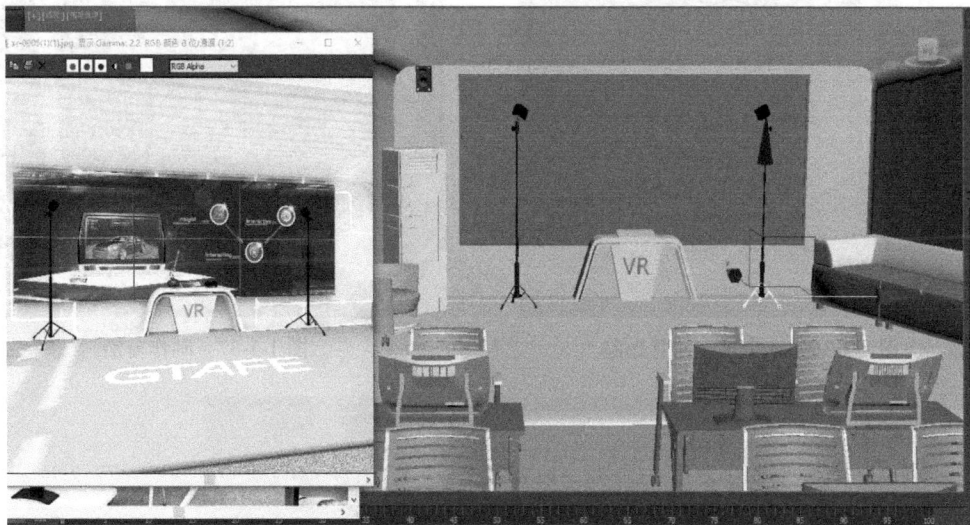

图 1-1-34　场景内设备摆放效果

1.1.6　制作窗户及窗边装饰

第 1 步：制作窗户，选择墙面模型，添加连接线，如图 1-1-35 所示；选中窗户面并删除，如图 1-1-36 所示，然后添加厚度；使用"挤出"和"连接线"命令制作窗沿，如图 1-1-37 所示；按照上述步骤，制作窗玻璃，如图 1-1-38 所示；同理，制作窗帘杆，如图 1-1-39 所示。

图 1-1-35　添加连接线

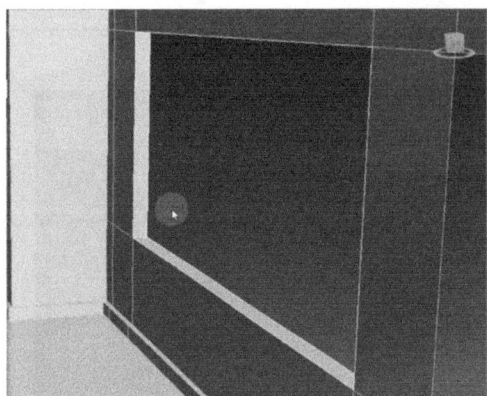

图 1-1-36　选中窗户面并删除

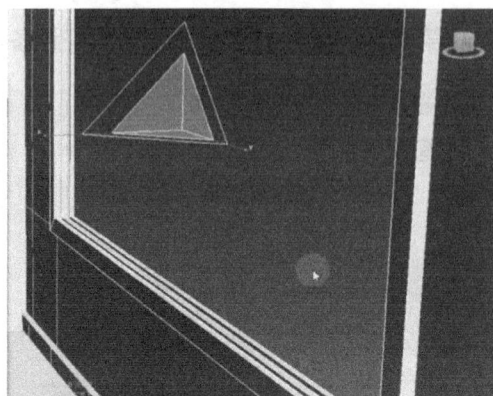

图 1-1-37　制作窗沿

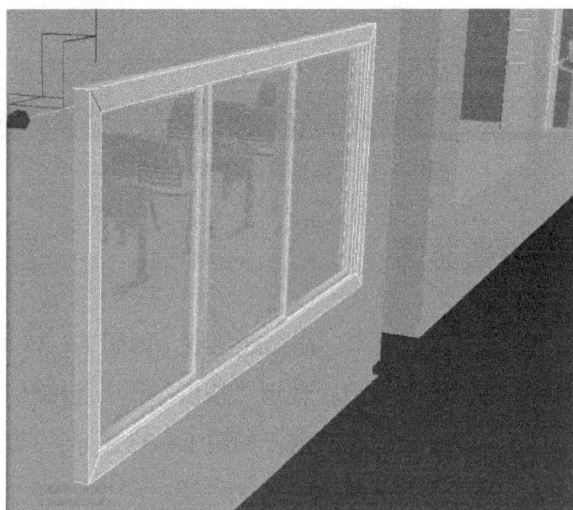

图 1-1-38　制作窗玻璃

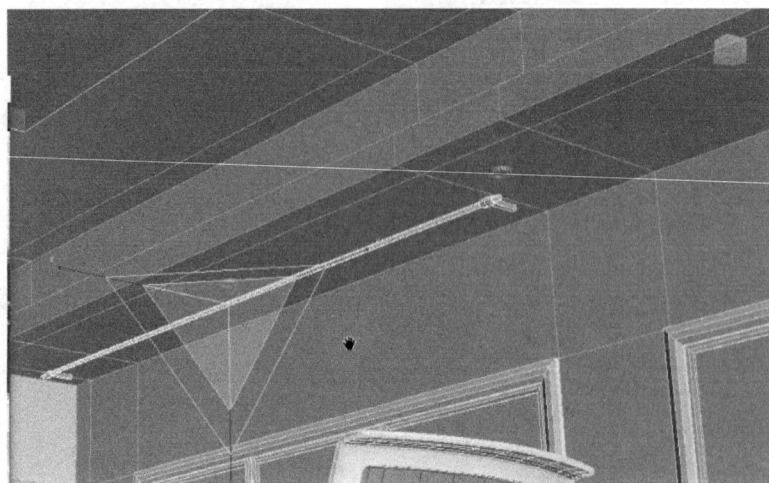

图 1-1-39　制作窗帘杆

第2步：制作窗帘，参考窗帘杆的尺寸，利用样条线工具画出线条长度，选择线段，单击"拆分"按钮，将其拆分为20条线段，如图1-1-40所示；切换顶点，选择相间隔的顶点，移动其位置形成波浪效果，如图1-1-41所示；选择波浪线，添加"挤出"修改器，挤出窗帘高度，如图1-1-42所示；将窗帘缩放至合适大小，并与窗帘杆居中重合，如图1-1-43所示。

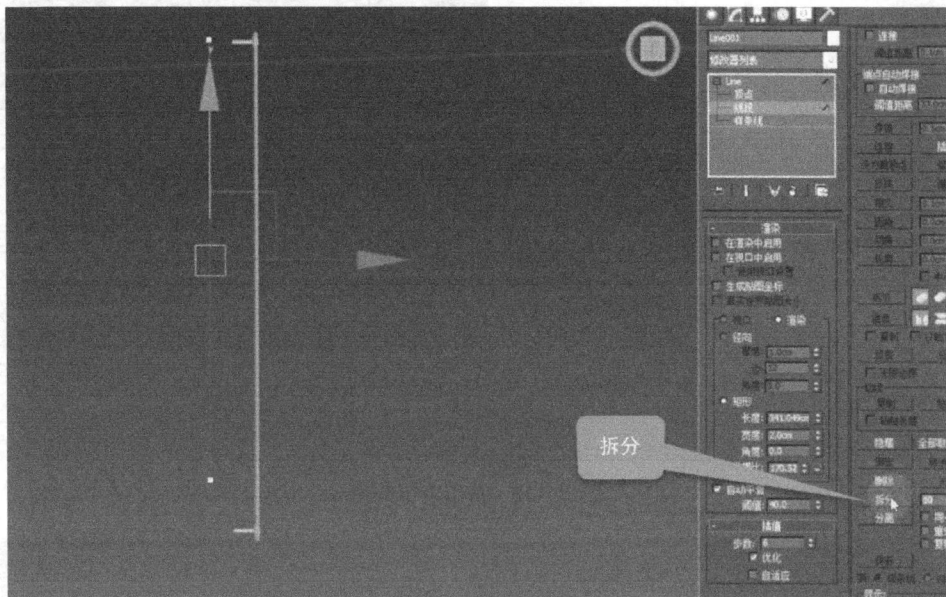

图 1-1-40 拆分线段

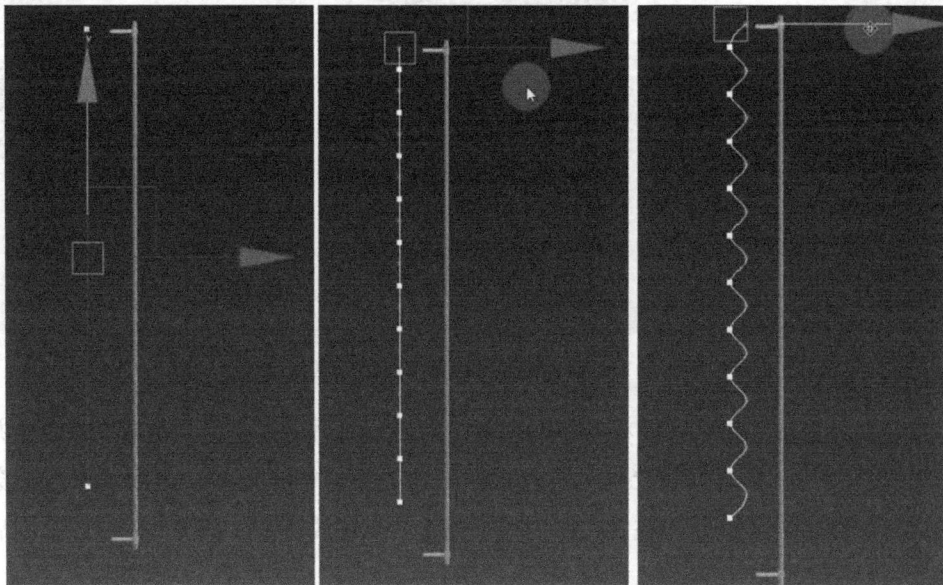

图 1-1-41 移动顶点位置形成波浪效果

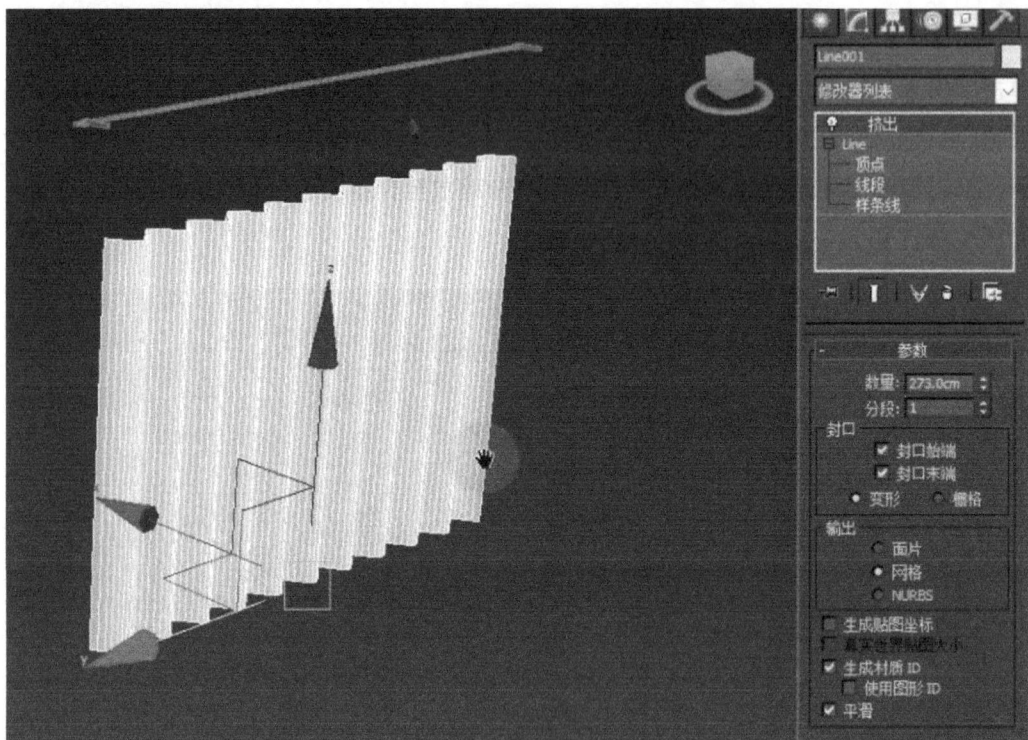

图 1-1-42　挤出窗帘高度

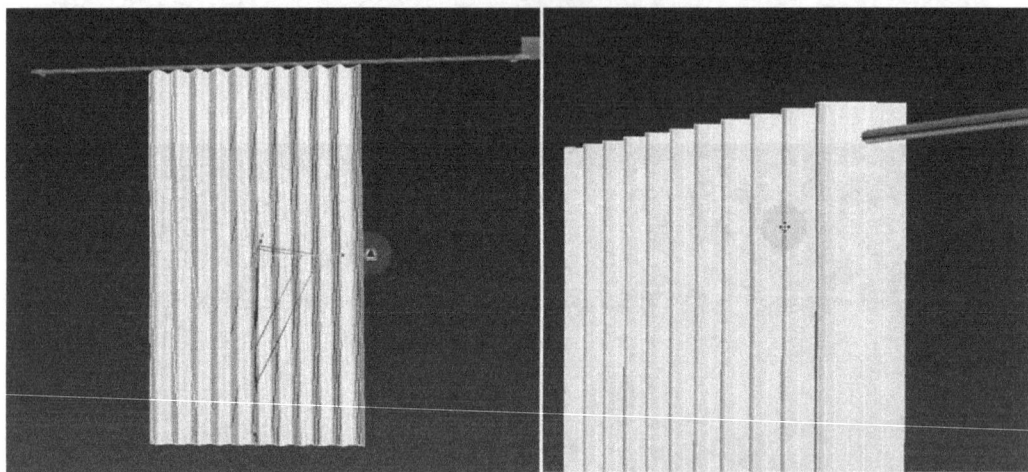

图 1-1-43　使窗帘与窗帘杆居中重合

　　第 3 步：添加连接线，并将其移动至窗帘上方，然后选择"复合对象"修改器并单击"布尔"按钮，接着选择"参考"选项，最后单击窗帘杆模型，得到窗帘与杆穿插的效果，如图 1-1-44 所示；在窗帘中间添加连接线，缩放窗帘，调整其形状，复制后对称摆放，如图 1-1-45 所示。

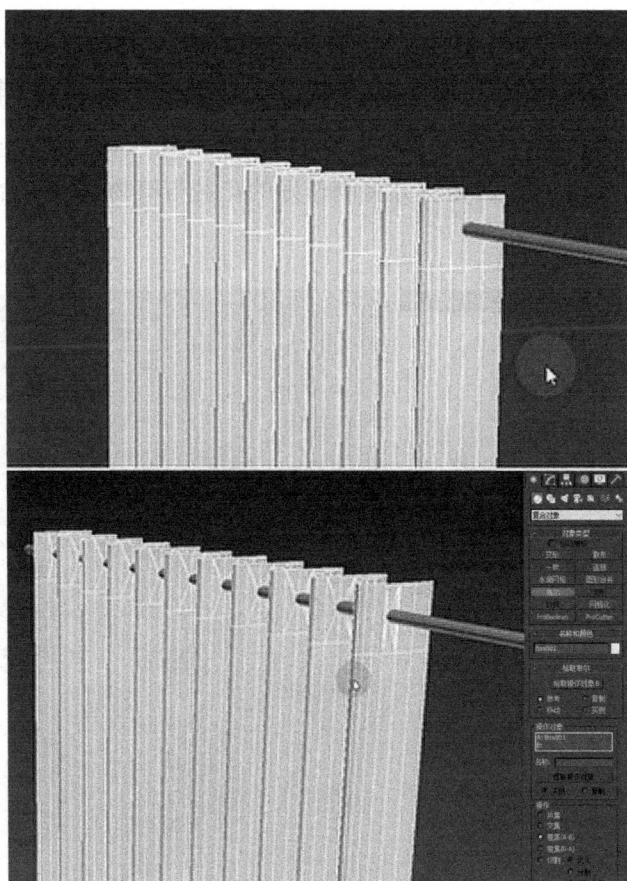

图 1-1-44　窗帘与杆穿插的效果

图 1-1-45　对称摆放窗帘

第 4 步：制作花盆与植物，创建 Box 立方体，删除顶面，添加厚度，制作花盆轮廓，如图 1-1-46 所示；创建圆柱体，调节顶点、线，制作植物根茎轮廓，如图 1-1-47 所示；创建 Box 立方体，选择单边顶点，调节高度弯曲度，制作植物叶子轮廓，如图 1-1-48 所示；选择侧边的面挤出，调节顶点叶子形状，并对称复制，如图 1-1-49 所示；复制多片叶子，缩放叶子尺寸，旋转角度并将制作好的花盆与植物摆放到合适位置，效果如图 1-1-50 所示。

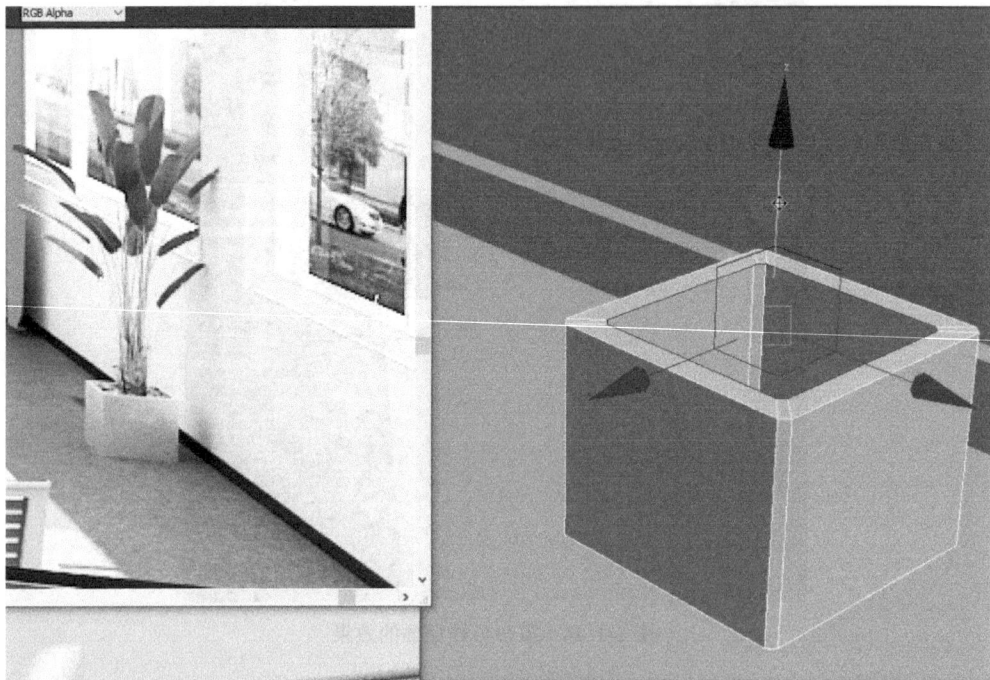

图 1-1-46　制作花盆轮廓

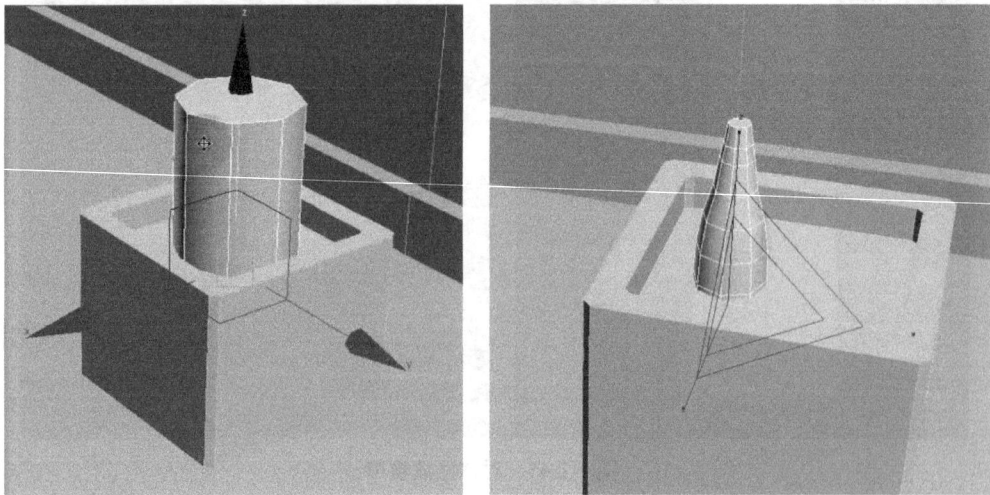

图 1-1-47　制作植物根茎轮廓

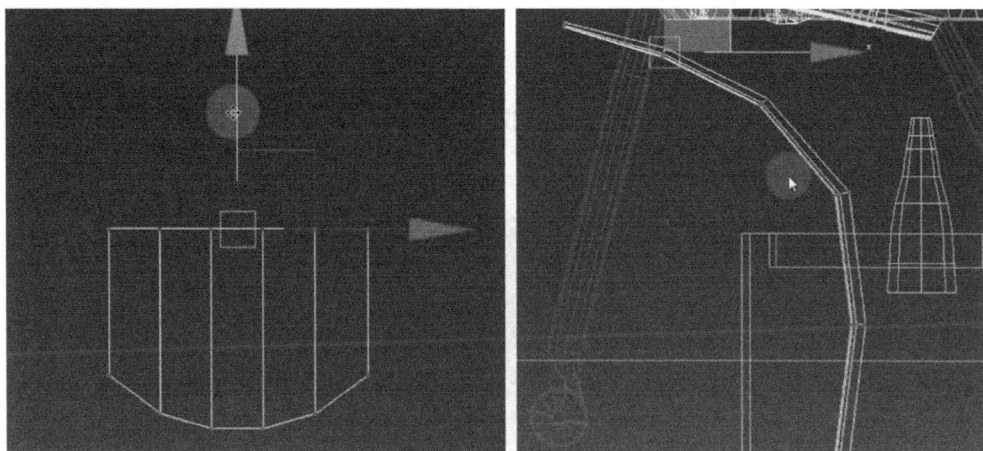

图 1-1-48　制作植物叶子轮廓

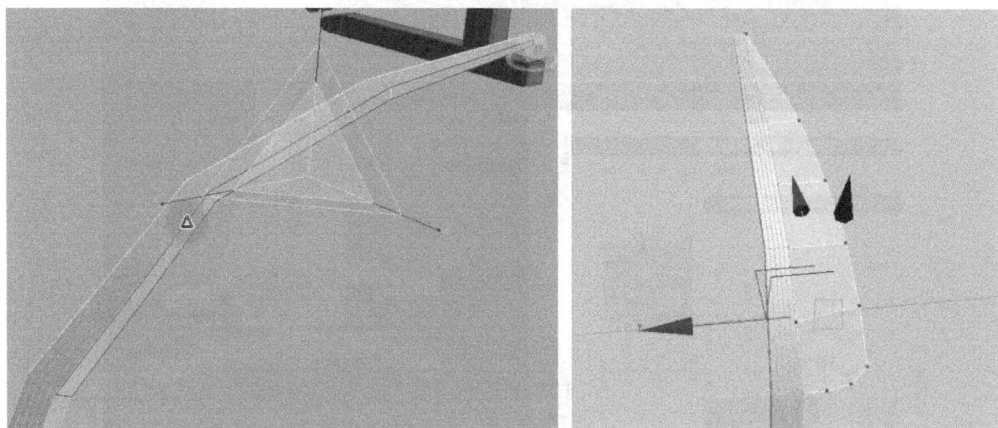

图 1-1-49　调节顶点叶子形状

图 1-1-50　最终效果

1.1.7　制作投影仪

第 1 步：创建 Box 立方体、圆柱体，使用"挤出"和"连接线"命令制作投影仪支撑架，如图 1-1-51 所示。

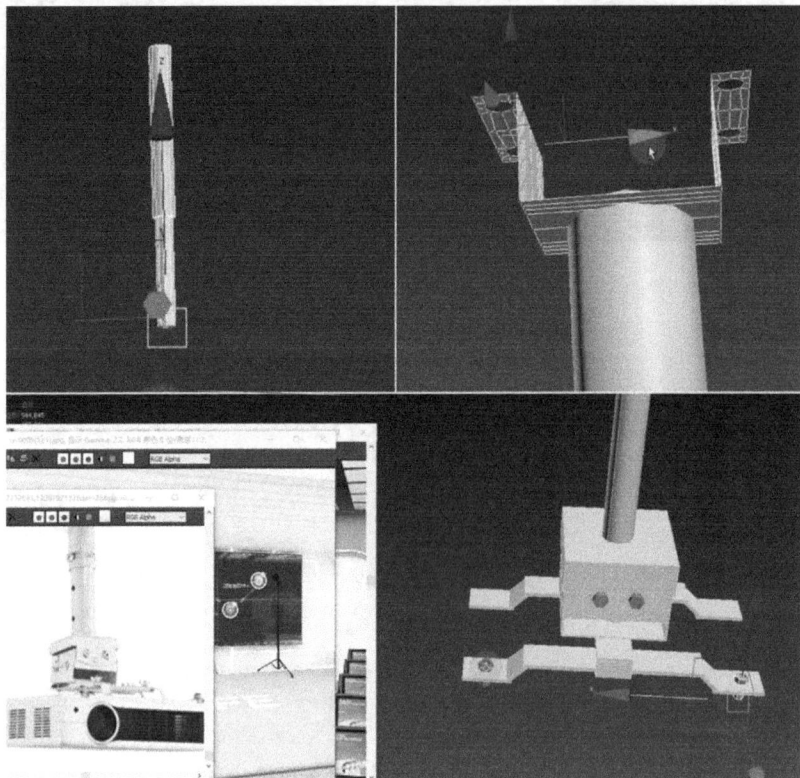

图 1-1-51　制作投影仪支撑架

第 2 步：创建 Box 立方体，添加连接线，卡出镜头结构的位置，如图 1-1-52 所示；选择区域面并将其删除，然后选择线框，添加"球形化"修改器，向内挤出镜头结构，如图 1-1-53 所示。

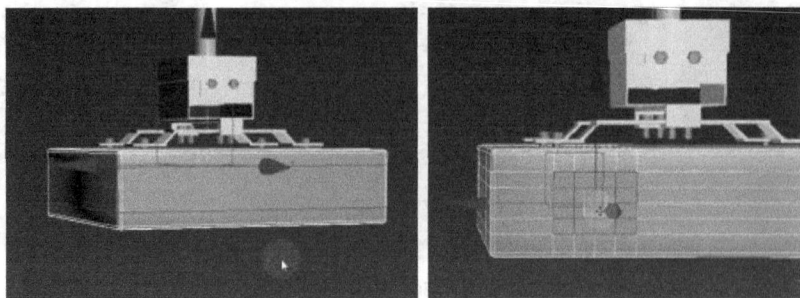

图 1-1-52　卡出镜头结构的位置

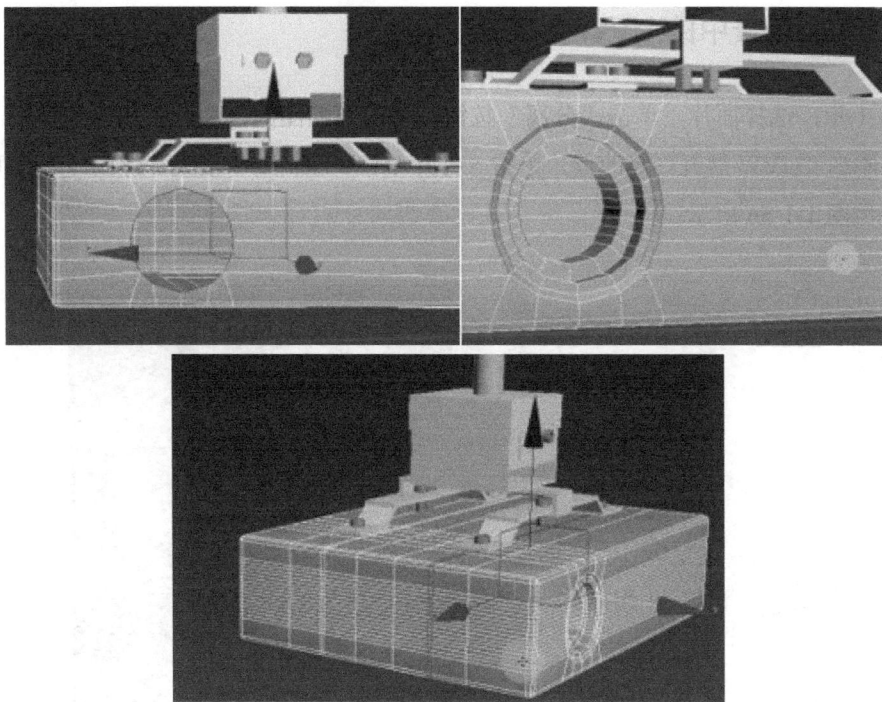

图 1-1-53 选择线框向内挤出镜头结构

第 3 步：添加线条结构，选择面，向内挤出纹理，投影仪模型效果如图 1-1-54 所示。

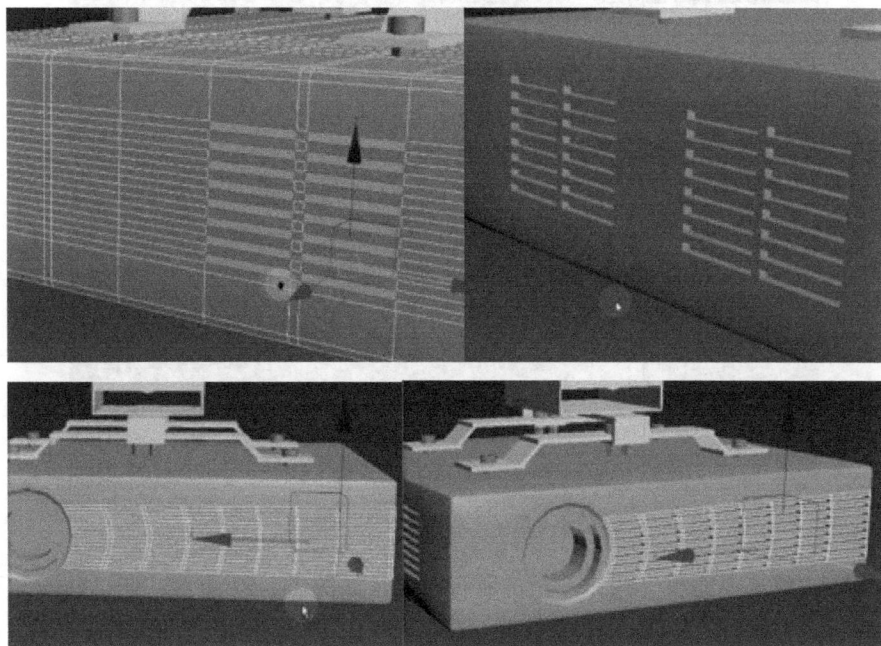

图 1-1-54 投影仪模型效果

1.1.8　VR 场景中的 UVW 贴图

第 1 步：选择面片，单击"分离"按钮，将需要贴图的模型分离出来，如图 1-1-55 所示；添加"UVW 展开"修改器，单击"打开 UVW 编辑器"按钮，弹出"编辑 UVW"窗口，如图 1-1-56 所示。

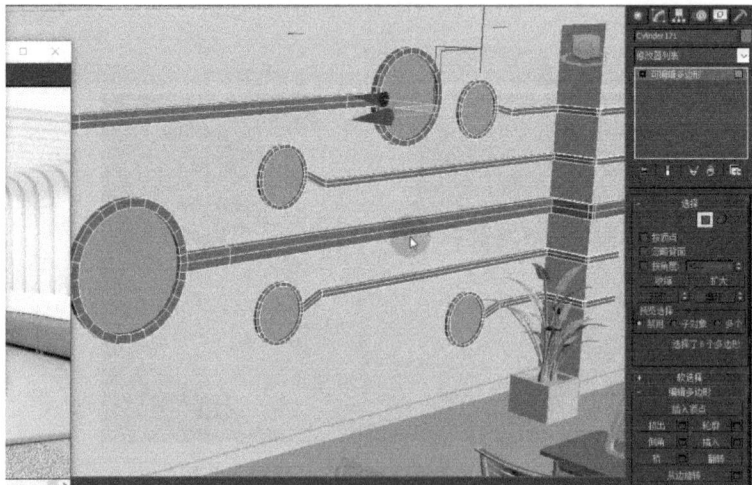

图 1-1-55　分离需要贴图的模型

图 1-1-56　"编辑 UVW"窗口

第 2 步：单击"面积"按钮，全选所有元素，如图 1-1-57 所示；在"贴图"下拉菜单中选择"展平贴图"命令，效果如图 1-1-58 所示；适当调节 UV 的面积大小，使 UV 占满空格。

图 1-1-57　全选所有元素

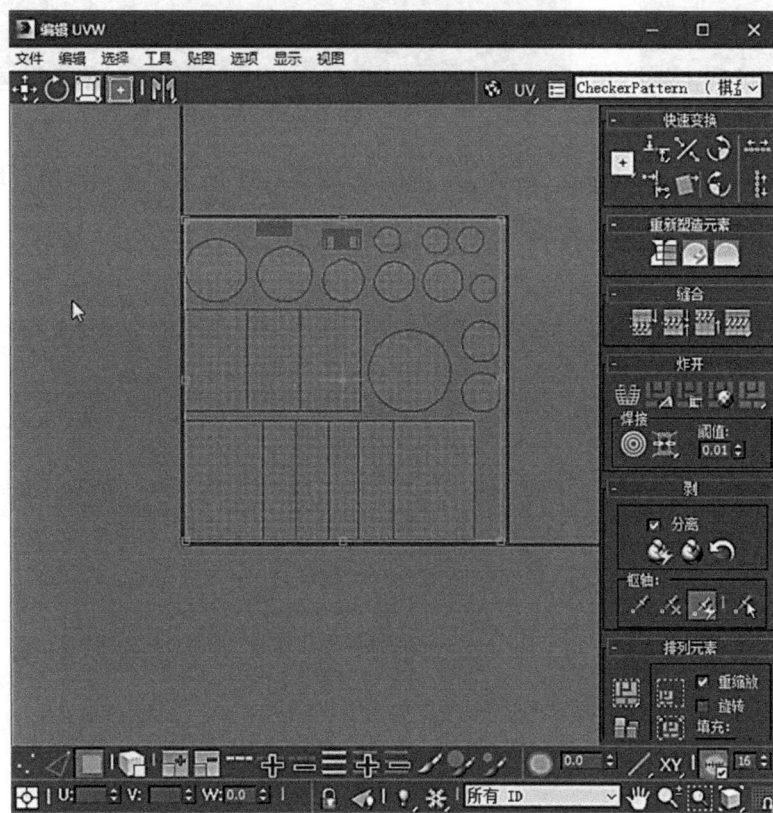

图 1-1-58　展平贴图

第 3 步：在"工具"下拉菜单中选择"渲染 UVW 模板"命令，弹出"渲染 UVs"对话框，根据需要调整"高度"和"宽度"参数，如图 1-1-59 所示；单击"渲染 UV 模板"按钮输出图片格式，如图 1-1-60 所示。

图 1-1-59　"渲染 UVs"对话框　　　　　　　　图 1-1-60　输出图片格式

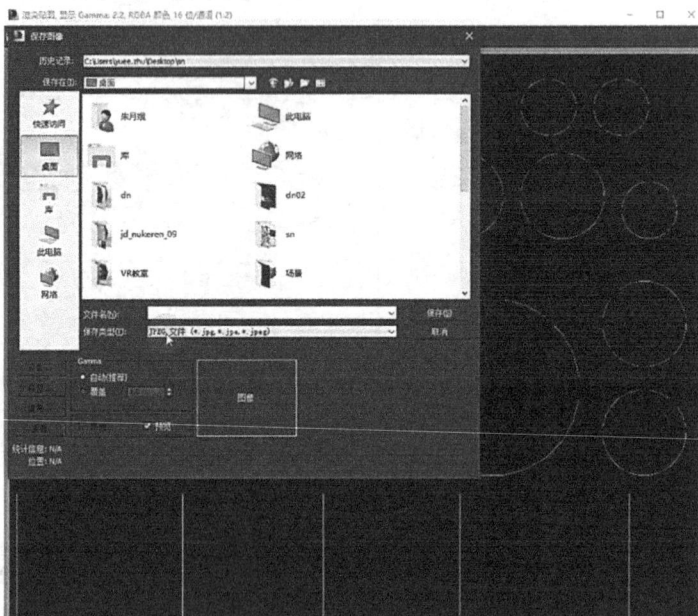

第 4 步：打开 Photoshop，导入 UV 图，如图 1-1-61 所示；复制图层，填充颜色，设置图层混合模式为"正片叠底"，如图 1-1-62 所示。

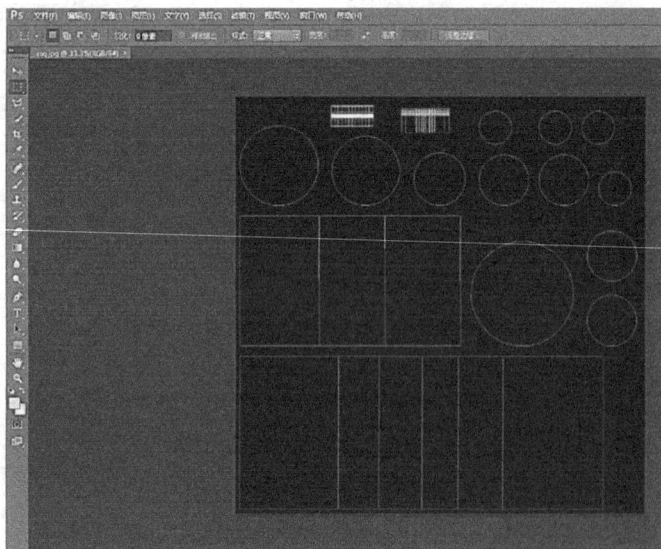

图 1-1-61　将 UV 图导入 Photoshop 中

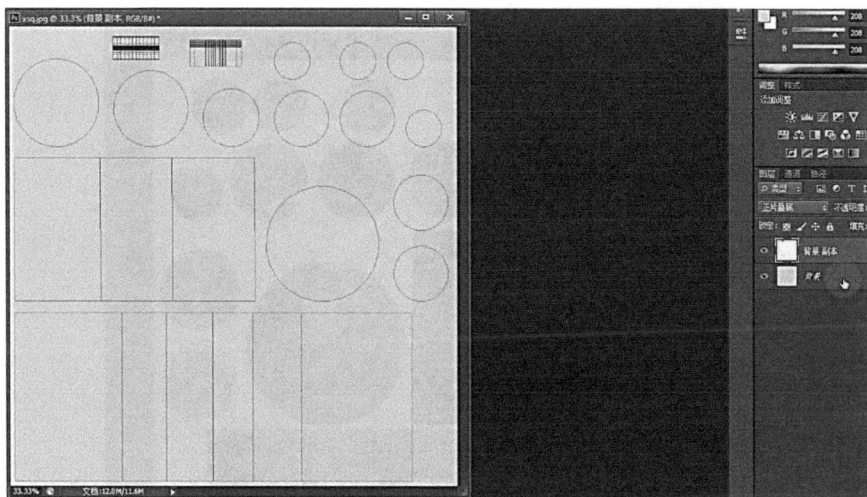

图 1-1-62　设置图层混合模式为"正片叠底"

第 5 步：将图片添加到图层对应位置，并调整好尺寸，如图 1-1-63 所示；按照上述步骤，填充所有内容，如图 1-1-64 所示；导出图片为 JPEG 或 PNG 格式。

图 1-1-63　将图片添加到图层对应位置

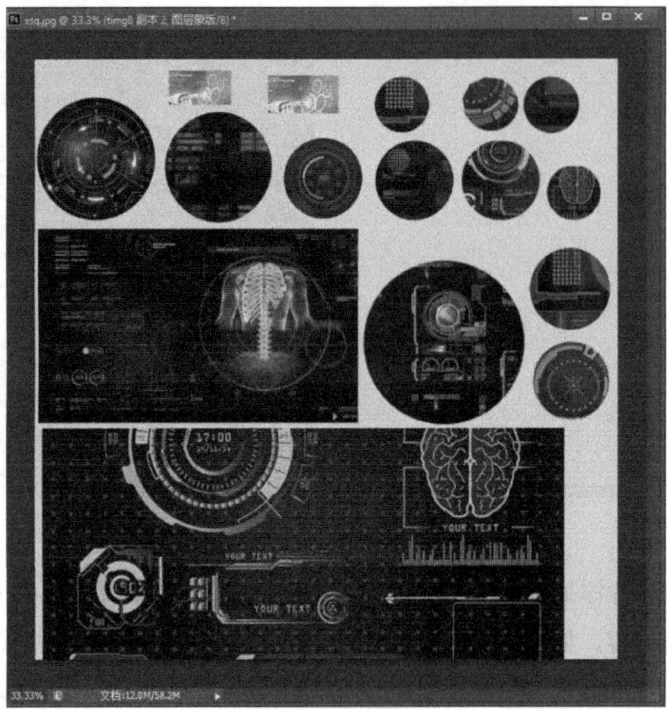

图 1-1-64　填充所有内容

第 6 步：打开 3ds Max，在"材质编辑器"窗口中添加贴图，并将材质球赋予相应的模型，如图 1-1-65 所示。

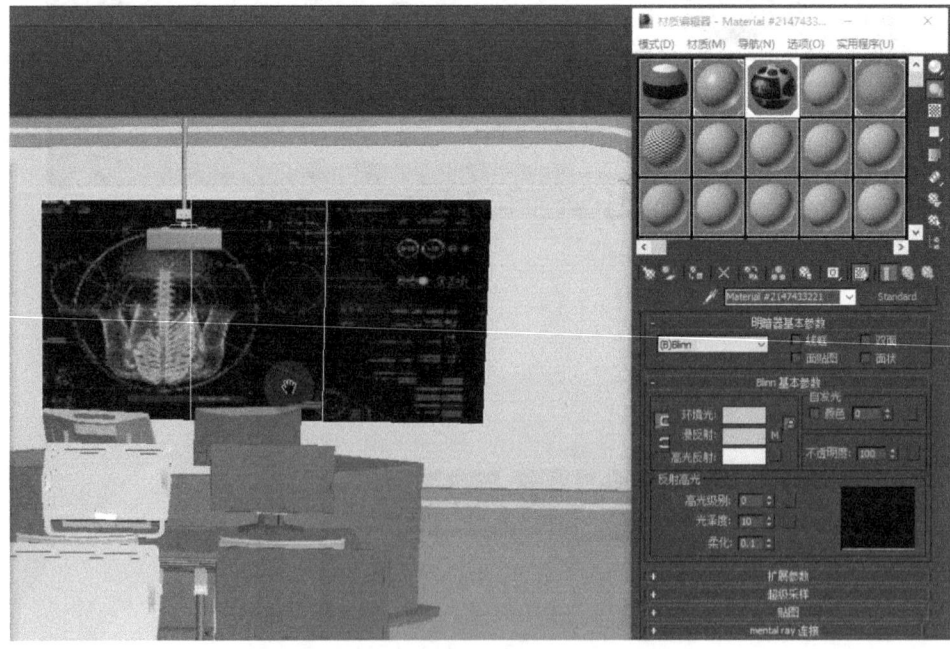

图 1-1-65　将材质球赋予相应的模型（1）

第 7 步：平铺地面贴图，将素材图导入 Photoshop 中，设置图像大小（设置为等比例大小），如图 1-1-66 所示。

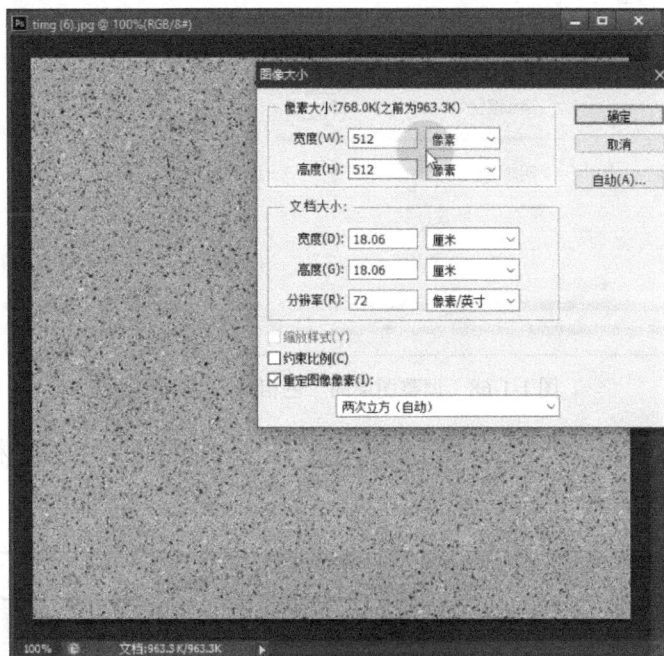

图 1-1-66 设置图像大小

第 8 步：在 Photoshop 中新建图层，使用"矩形选框工具"选取右上角区域，并填充颜色，将图层混合模式设置为"强光"，如图 1-1-67 所示；调整图层的"色相/饱和度"参数，如图 1-1-68 所示，导出为图片格式。

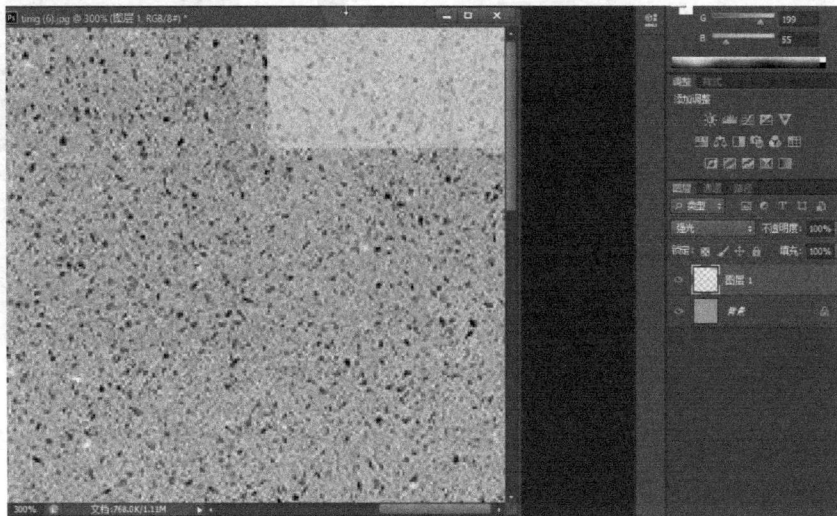

图 1-1-67 将图层混合模式设置为"强光"

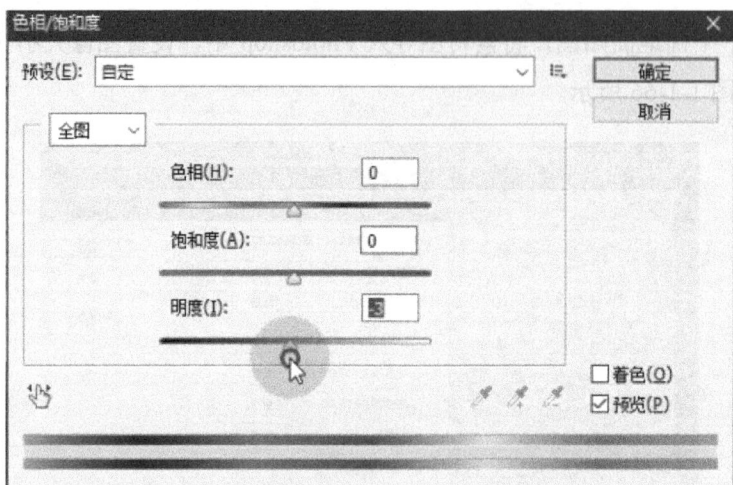

图 1-1-68　调整图层的"色相/饱和度"参数

第 9 步：打开 3ds Max，在"材质编辑器"窗口中添加贴图，并将材质球赋予相应的模型，如图 1-1-69 所示。

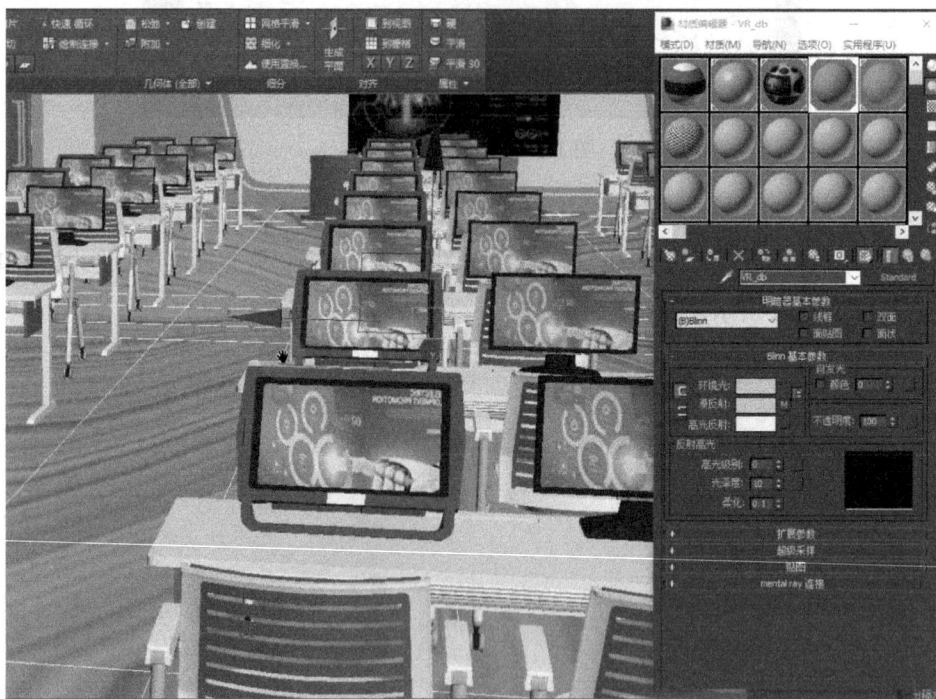

图 1-1-69　将材质球赋予相应的模型（2）

第 10 步：为地面模型添加"UVW 贴图"修改器，调整长方体至合适大小，如图 1-1-70 所示。

第 11 步：按照上述步骤，为墙壁贴图，完成效果如图 1-1-71 所示。

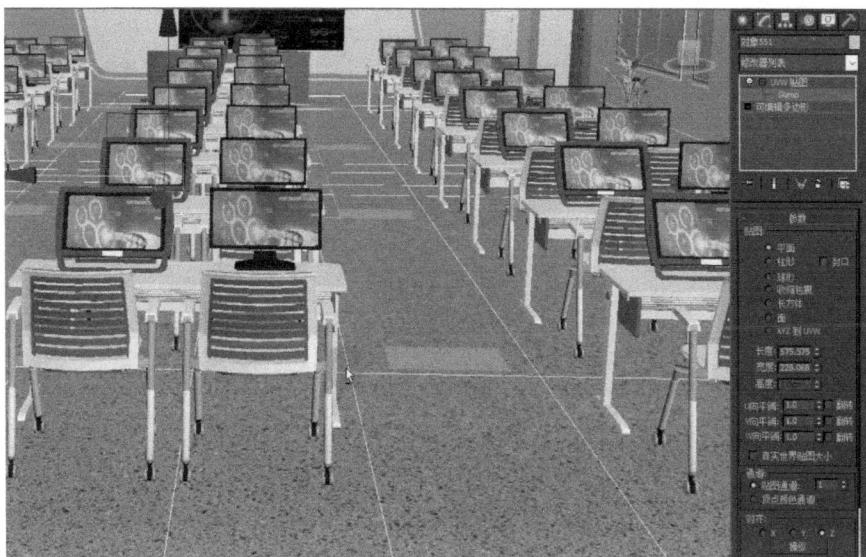

图 1-1-70　为地面模型添加"UVW 贴图"修改器

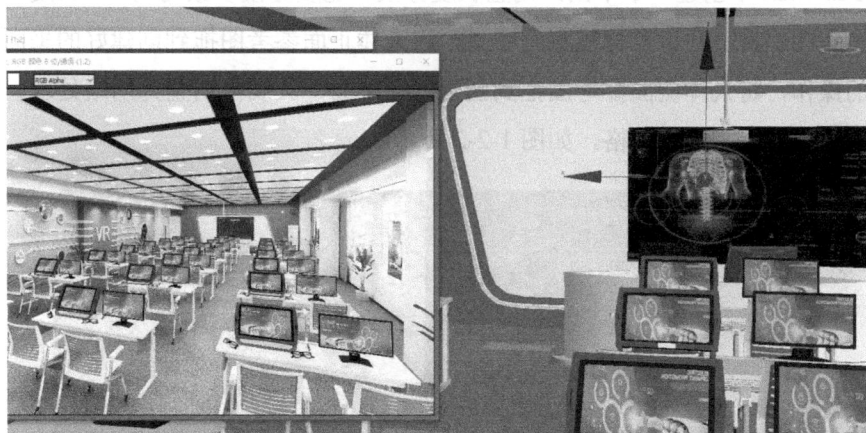

图 1-1-71　完成贴图后的 VR 教室效果

1.2　制作人物角色模型

下面以创建一个人体模型为例，对制作人物角色模型的过程进行介绍。

1.2.1　导入参考图

启动 3ds Max，导入模型参考图。在制作模型之前，先准备好模型的正面、侧面参考图，如图 1-2-1 所示。

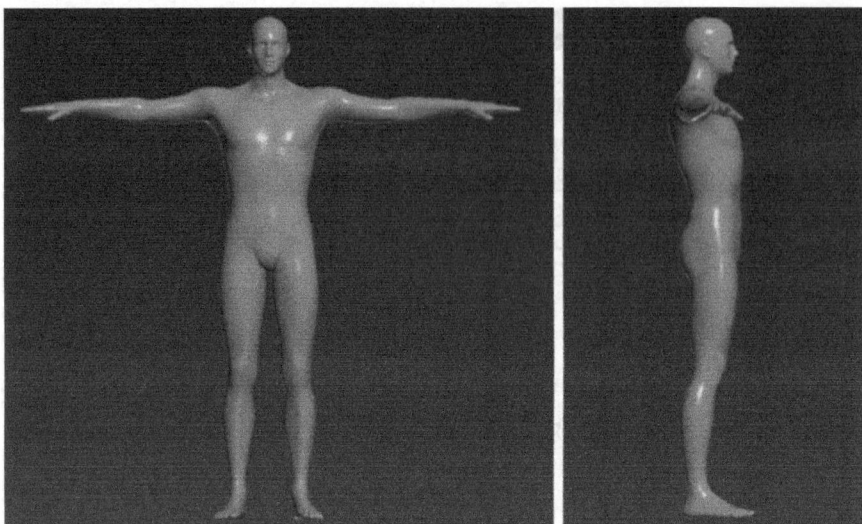

图 1-2-1　模型的正面、侧面参考图

在 3ds Max 中创建一个平面，调整长度分段、宽度分段参数均为 1，长度和宽度的数值与参考图保持一致，坐标规整到零点，将人体正面参考图拖到创建好的平面中。执行同样的操作，将人体侧面参考图拖到创建好的平面中。线框调整为明暗处理，检查正面、侧面对齐情况，关闭网格，如图 1-2-2 所示。

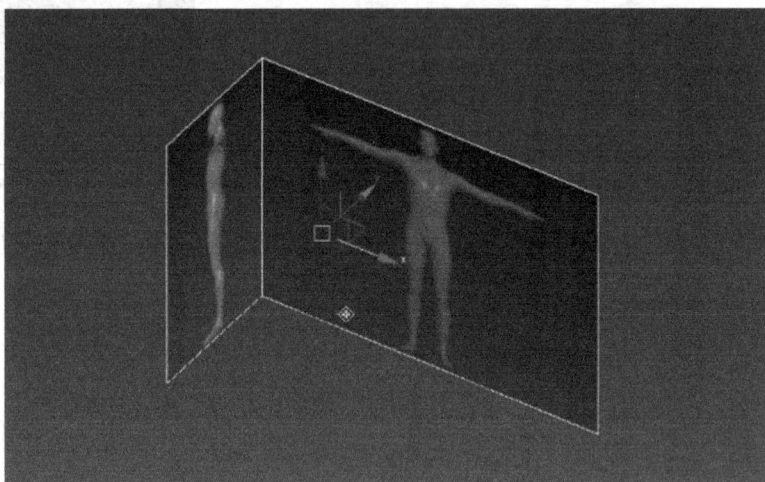

图 1-2-2　导入模型参考图

1.2.2　制作头部模型

在视图区域中创建 Box 立方体，默认是长方体，创建方法调整为"立方体"，调整立方体的正面、侧面大小，执行"可编辑多边形"→"NURMS 转换"→"可编辑多边形"

命令，对 Box 立方体进行编辑，制作人体头部模型。头部模型为对称模型，操作时可添加"对称"修改器，以方便操作，如图 1-2-3 所示。

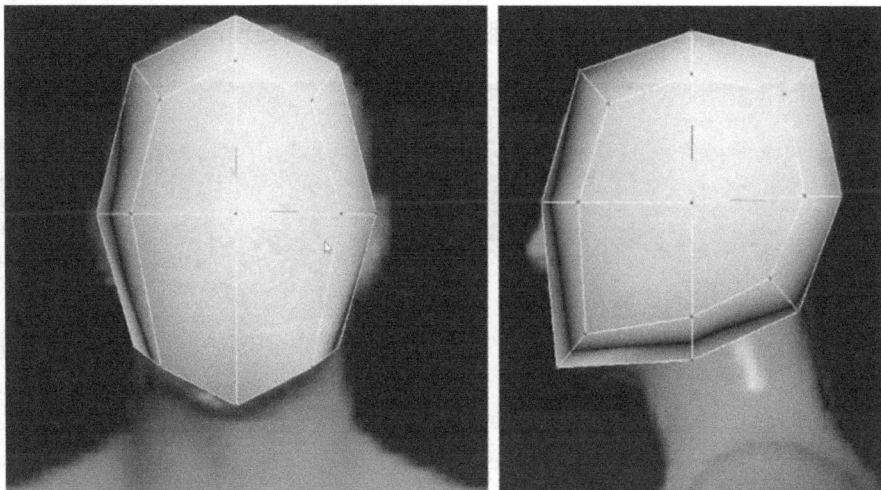

图 1-2-3　制作人体头部正面、侧面模型

1.2.3　制作颈部模型

在"显示最终结果开/关切换"层级下，添加线条对模型进行修改和调整，使用"挤出"命令，挤出颈部，关闭"对称"命令，删除颈部内部结构，调节图形，制作颈部模型，如图 1-2-4 所示。

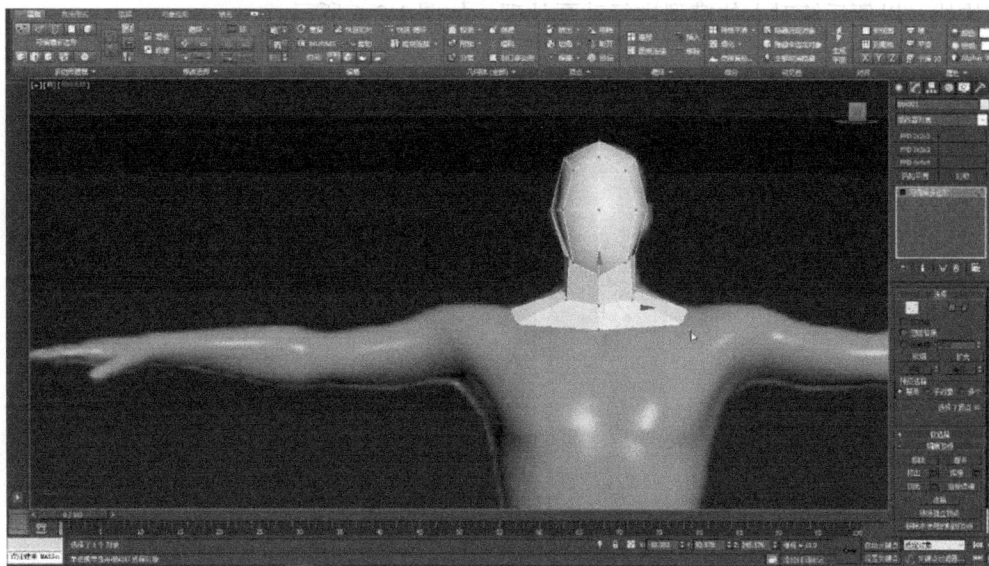

图 1-2-4　制作人体颈部模型

1.2.4 制作躯干模型

根据人体结构，添加线条，并使用"挤出""插入"等命令逐步制作人体躯干模型，先把大块肌肉线条制作出来，注意手、腿四肢预留部位的处理，如图 1-2-5 所示。

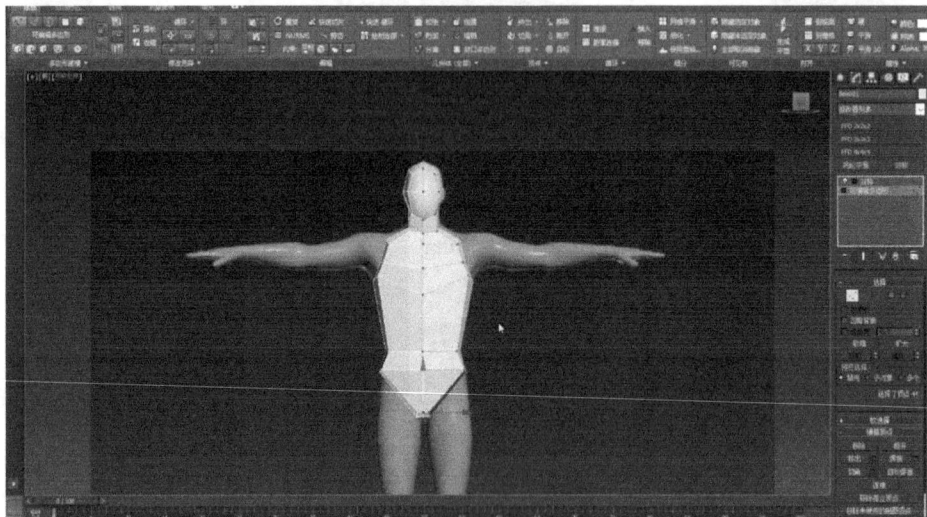

图 1-2-5 制作人体躯干模型

1.2.5 制作腿部模型

继续上述操作，使用"挤出"命令制作人体腿部模型，在制作人体关节时，可添加结构线，以便后续对人体模型进行动画处理，如图 1-2-6 所示。

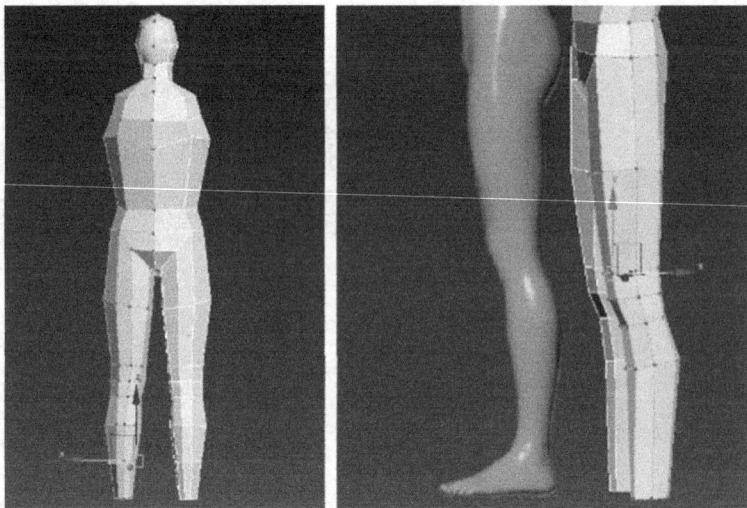

图 1-2-6 制作人体腿部模型

1.2.6　制作脚部模型

向下挤出，制作脚部模型，单击"边"按钮，使用"分割"命令进行分割，制作出脚趾，如图 1-2-7 所示。

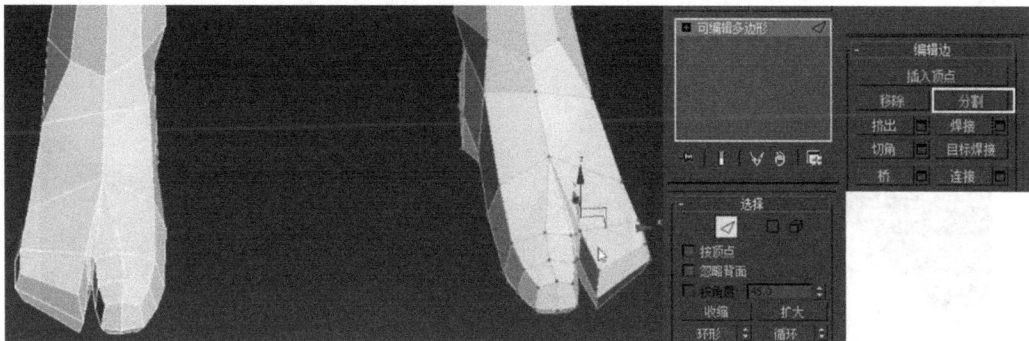

图 1-2-7　制作人体脚部模型

1.2.7　制作手臂模型

制作人体手臂模型，如图 1-2-8 所示。注意要把手臂上的大块肌肉制作出来，在制作人体模型之前一定要先了解人体的结构组成。

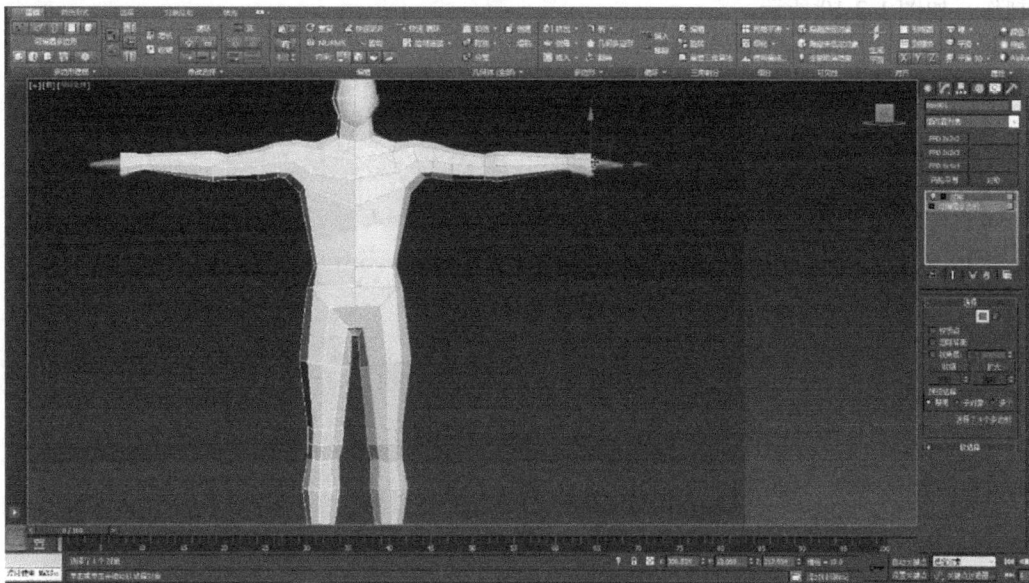

图 1-2-8　制作人体手臂模型

1.2.8 制作手掌模型

继续完成人体手掌模型的制作。在制作手掌模型时，需要专门挤出一块用作大拇指，如图 1-2-9 所示。

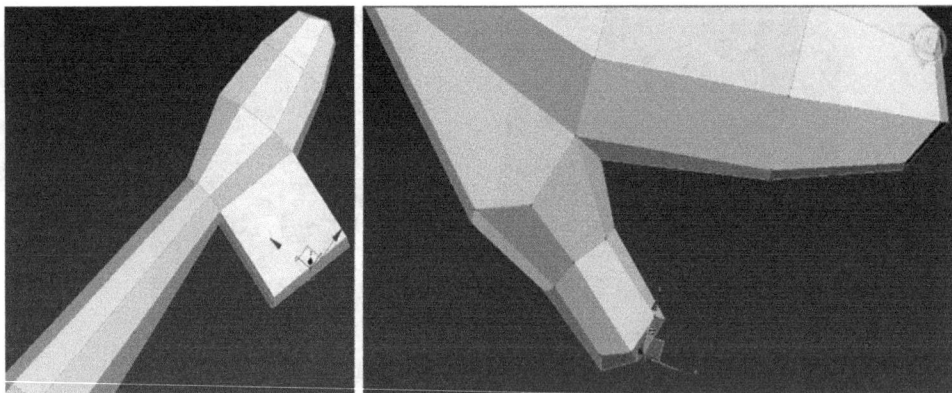

图 1-2-9 制作大拇指

1.2.9 调整模型（低模）

人体模型的大致轮廓制作出来之后，还需要对细节进行调整，最终完成人体模型的制作，如图 1-2-10 所示。

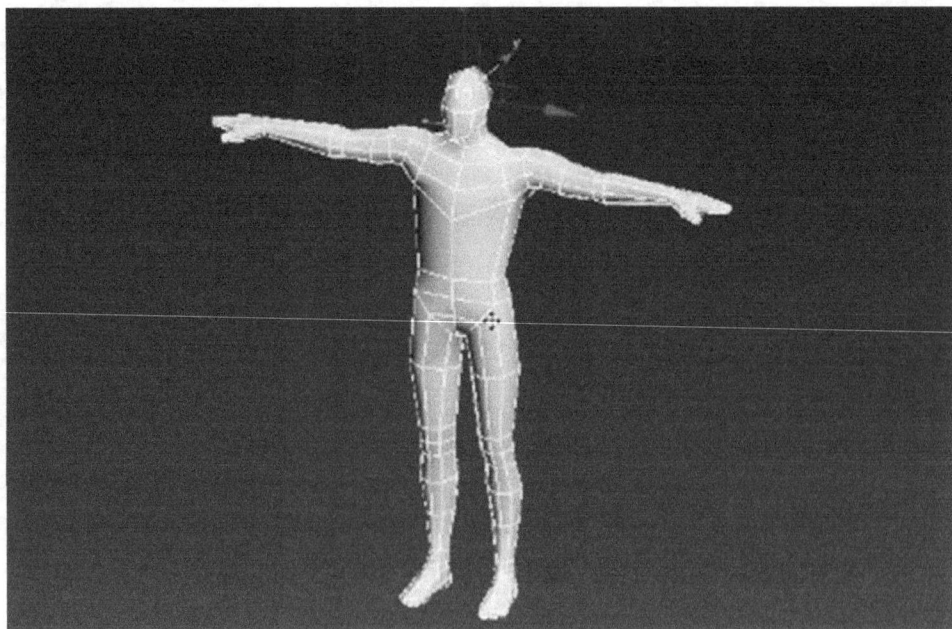

图 1-2-10 人体模型（低模）制作完成

1.3 制作生物模型

下面以制作一个毛毛虫为例，对制作生物模型的过程进行介绍。

1.3.1 导入参考图

启动 3ds Max，创建一个平面，将准备好的模型参考图以面片的形式导入软件中，坐标规整到零点，注意将面片的尺寸与参考图的尺寸调整为一致，如图 1-3-1 所示。

图 1-3-1 导入模型参考图

1.3.2 模型基本体的创建

第 1 步：创建 Box 立方体，制作毛毛虫头部模型。

在视图区域中创建 Box 立方体，默认是长方体，创建方法调整为"立方体"，在立方体上单击鼠标右键，在弹出的快捷菜单中选择"转换为"→"转换为可编辑多边形"命令，对 Box 立方体进行编辑，调整其大小、比例和角度，如图 1-3-2 所示。

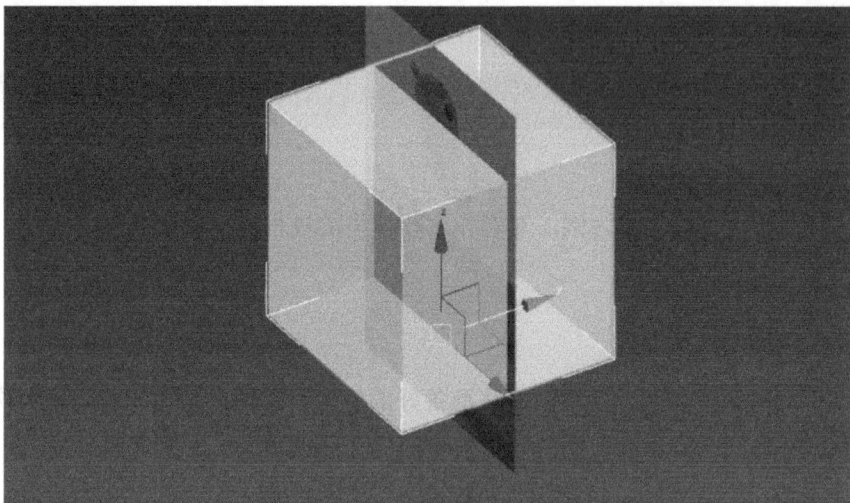

图 1-3-2　创建并编辑 Box 立方体

在可编辑多边形中，再一次把 Box 立方体转换为"可编辑多边形"，此时"修改器"面板中所有的修改器都会塌陷进去，并且图形面片数发生改变，单击"涡轮平滑"按钮，继续调整图形顶点，调整结束后，去掉"涡轮平滑"，查看头部模型，如图 1-3-3 所示。

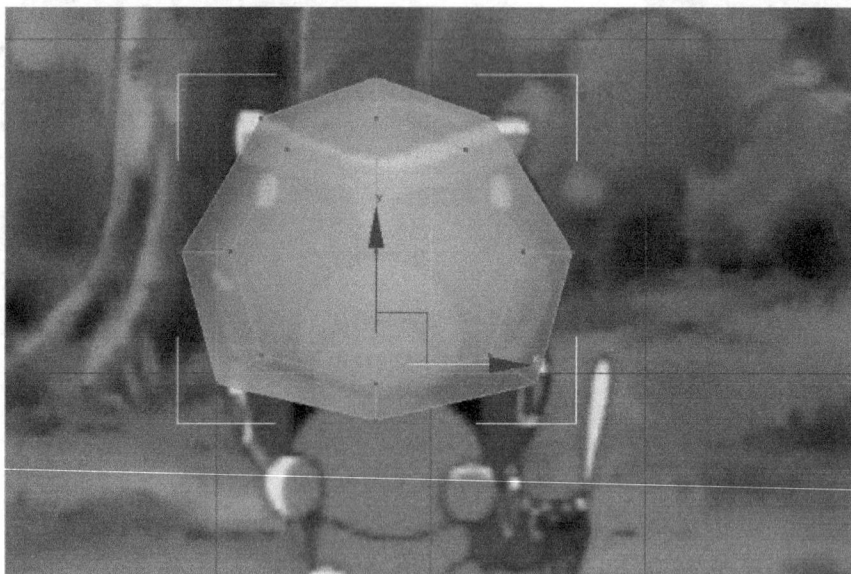

图 1-3-3　制作毛毛虫头部模型

第 2 步：制作毛毛虫眼部模型。

使用"挤出"命令，适当调整模型的高度，添加"涡轮平滑"修改器，单击"等值线显示"按钮，返回"可编辑多边形"，调整毛毛虫眼部模型，如图 1-3-4 所示。眼部模型制作出来之后，对比模型参考图，调整脸部形状。

图 1-3-4　制作毛毛虫眼部模型

第 3 步：制作毛毛虫其他部位，完成模型制作。

参考上述操作步骤，制作毛毛虫的嘴巴等其他部位。制作完成的毛毛虫模型如图 1-3-5 所示。

图 1-3-5　制作完成的毛毛虫模型

1.3.3　模型的 UVW 展开

第 1 步：选中毛毛虫模型，打开编辑器，添加"UVW 展开"命令。

选中毛毛虫模型，单击鼠标右键，在弹出的快捷菜单中选择"转换为"→"转换为可编辑多边形"命令，打开编辑器，选择"UVW 展开"命令，如图 1-3-6 所示。

第 2 步：切接缝。

单击"打开 UVW 编辑器"按钮，弹出"编辑 UVW"窗口，选择面模式，然后选择要分开的面，如果模型自带的开模线不太理想，则可单击"剥"卷展栏中的"重置剥"

按钮，确定好新接缝位置后，单击"将边选择转换为接缝"按钮，此时边变成了蓝色，说明已经成为接缝，如图 1-3-7 所示。选择一个面，单击"将多边形选择扩展到接缝"按钮，如果区域被选中，则说明接缝切得没问题。

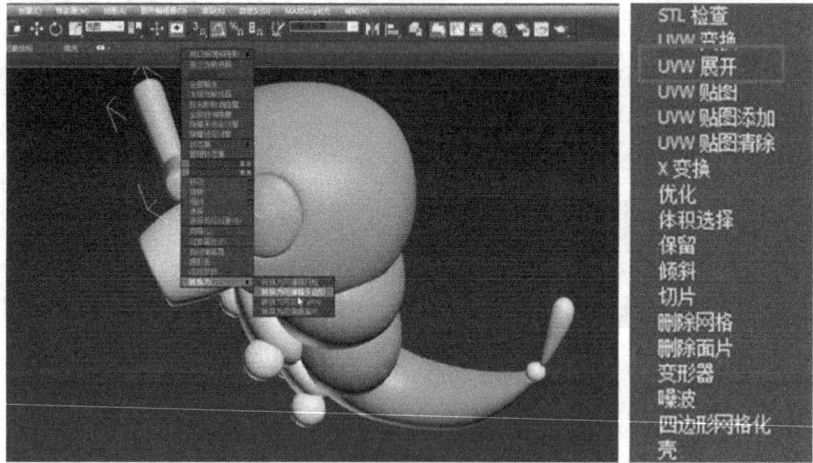

图 1-3-6 选择"UVW 展开"命令

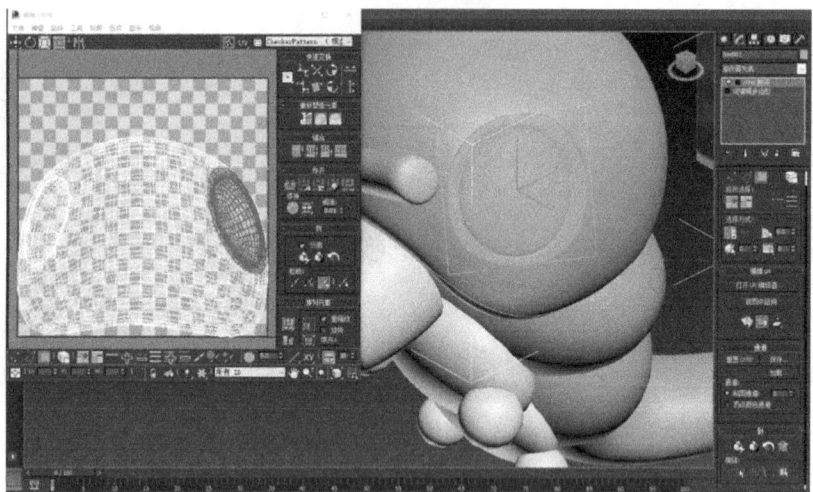

图 1-3-7 切接缝

第 3 步：选择眼睛部位，展开 UV。

单击"剥"卷展栏中的"毛皮贴图"按钮，然后在打开的"毛皮贴图"对话框中，单击"开始毛皮"按钮，将眼睛拉开，接着执行"由多边形角松弛"或"由边角松弛"命令松弛网格，单击"暂停"按钮，检查有无重叠或交错等问题，如图 1-3-8 所示。

提示：如果松弛后发现有重叠等问题，则可以单击"开始松弛"按钮右边的"设置"按钮，切换松弛模式，设置松弛强度等。

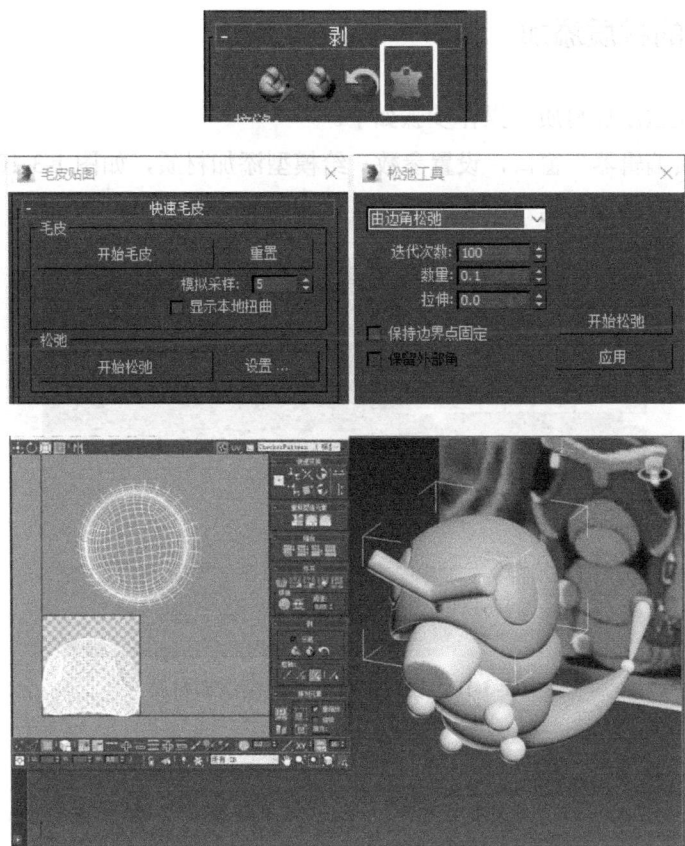

图 1-3-8 松弛网格

第 4 步：松弛所有要分开的面，完成 UV 展开。

选中每个分开的面，执行松弛操作，在"编辑 UVW"窗口中，单击下方的"按元素选择"按钮，然后分别单击"移动""平移""旋转"按钮，将分开的所有面调整到方框内，注意面与面之间不要重叠，如图 1-3-9 所示。

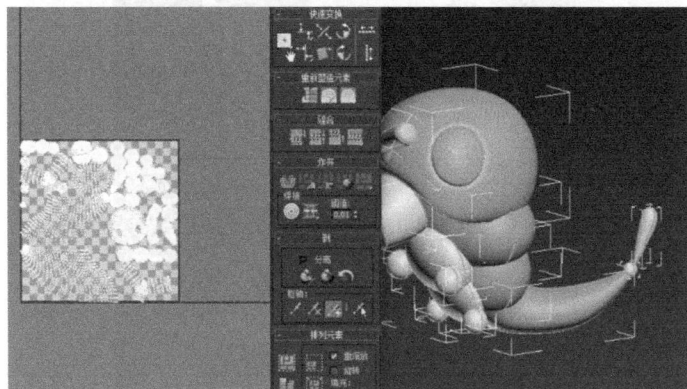

图 1-3-9 完成 UV 展开

1.3.4　模型的材质添加

给毛毛虫模型添加材质，操作步骤如下。

打开"材质编辑器"窗口，设置参数，给模型添加材质，如图 1-3-10 所示，也可以对材质和具体模型进行命名。

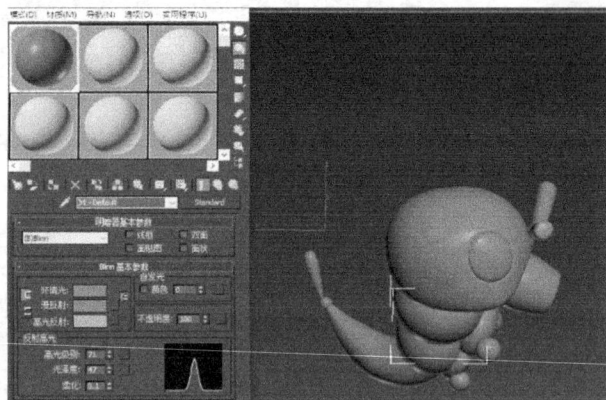

图 1-3-10　设置参数并给模型添加材质

1.3.5　UV 模板的渲染

完成材质的添加之后，就可以渲染 UV 模板了，操作步骤如下。

打开"编辑 UVW"窗口，选择"工具"→"渲染 UVW 模板"命令，设置"渲染"卷展栏中的参数，完成之后，将 UV 线框以 JPEG 或 PNG 格式保存到计算机的相应目录下，如图 1-3-11 所示。

图 1-3-11　渲染 UV 模板

1.3.6 模型的 UVW 贴图

第 1 步：绘制贴图。

将模板导入绘图软件，如 Photoshop 中，给生物模型毛毛虫添加颜色，绘制贴图并导出，如图 1-3-12 所示。

图 1-3-12 使用绘图软件绘制贴图并导出

第 2 步：为模型添加贴图。

打开"材质编辑器"窗口，下拉"贴图"卷展栏，单击"漫反射颜色"右侧的"无"按钮，在打开的"材质/贴图浏览器"对话框中选择"位图"，使用上一步保存好的颜色贴图，单击 按钮初步为模型贴图，如图 1-3-13 所示。

第 3 步：处理细节，完成 UVW 贴图。

对比模型参考图，处理模型上的细节，如眼睛、尾巴上的花纹等，先在绘图软件中完成颜色贴图，再在 3ds Max 中为模型 UVW 贴图，最终效果如图 1-3-14 所示。

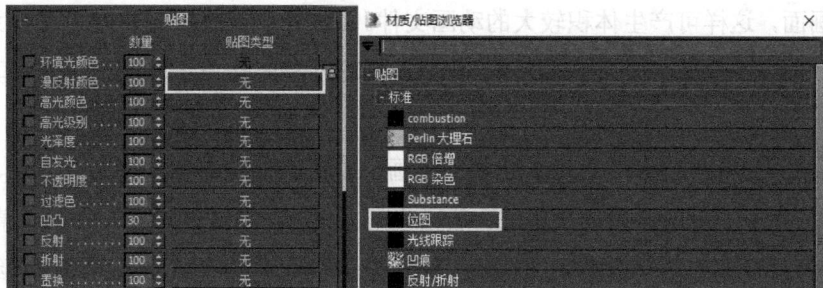

图 1-3-13 UVW 贴图操作

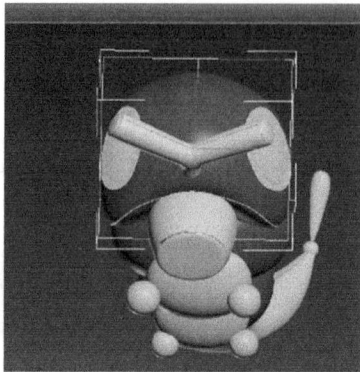

图 1-3-13　UVW 贴图操作（续）

图 1-3-14　UVW 贴图最终完成效果

1.4　制作物体动画

1.4.1　动画界面介绍

3ds Max 是一款非常强大的动画制作软件，在默认状态下，该软件设定动画每秒播放 30 个画面，这样可产生体积较大的动画文件。此外，3ds Max 包括基本动画系统和骨骼动画系统两种制作系统，动画设计师可以运用这两种制作系统制作出优美逼真的动画作品。

动画是一门综合艺术，它是集绘画、漫画、电影、数字媒体、摄影、音乐、文学等众多艺术门类于一身的艺术表现形式。从原理上来说，动画是通过把人物的表情、动作、变化等分解后画成许多动作瞬间的画幅，再用摄影机连续拍摄成一系列画面，给视觉造成连续变化的图画。其与电影、电视一样，都运用了视觉暂留原理。

1．"动画控制"面板

"动画控制"面板位于 3ds Max 软件界面的右下角，用于设置动画关键帧，如图 1-4-1 所示。

图 1-4-1 "动画控制"面板

"动画控制"面板中的重要工具及其功能如表 1-4-1 所示。

表 1-4-1 "动画控制"面板中的重要工具及其功能

名 称	图 片	功 能
设置关键点		单击此按钮，可在指定的帧上设置关键点。该工具的快捷键为 K
自动关键点	自动关键点	单击此按钮，可自动记录关键帧。启用"自动关键点"功能后，时间尺会变成红色，如图 1-4-2 所示，拖曳时间滑块可以控制动画的播放范围及关键帧位置。该工具的快捷键为 N
设置关键点	设置关键点	进入"设置关键点"动画模式后，可以结合使用"设置关键点"及"关键点过滤器"工具为选定对象的各个轨迹创建关键点。利用"设置关键点"工具可以控制设置关键点的对象及时间，可以设置角色的姿势，并使用该姿势来创建关键点。如果将该姿势移动到另一时间点而没有设置关键点，则该姿势会被放弃
选定对象	选定对象	在进入"设置关键点"动画模式时，在该下拉列表中可快速访问命名选择集和轨迹集
关键点过滤器	关键点过滤器…	单击此按钮，系统弹出如图 1-4-3 所示的"设置关键点过滤器"对话框，在其中可选择待设置的关键点的轨迹

图 1-4-2 启用"自动关键点"功能后的时间尺

图 1-4-3 "设置关键点过滤器"对话框

2．"时间配置"对话框

"时间配置"对话框提供了帧速率、时间显示、播放和动画的设置。动画设计师可以使用此对话框来更改动画的帧速率和动画播放的速度，还可以设置活动时间段和动画的开始帧和结束帧位置。

在软件界面的右下角单击"时间配置"按钮，打开"时间配置"对话框，如图 1-4-4 所示。

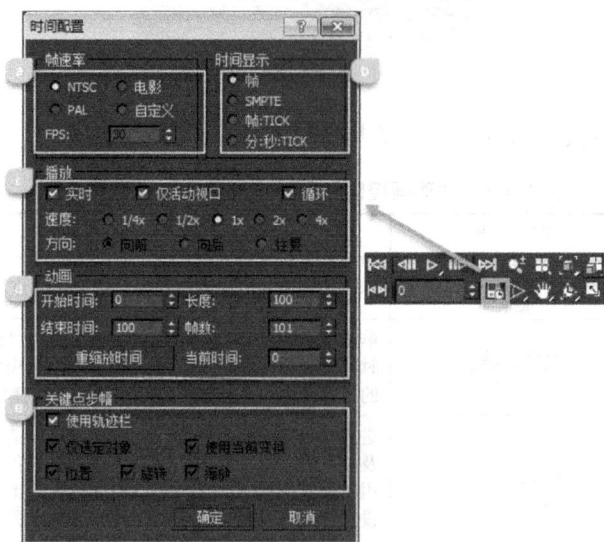

图 1-4-4 "时间配置"对话框

"时间配置"对话框中的重要参数及其功能如表 1-4-2 所示。

表 1-4-2 "时间配置"对话框中的重要参数及其功能

名　　称	功　　能
帧速率	"帧速率"选区中有 4 个选项，分别为"NTSC"、"电影"、"PAL"和"自定义"，可在每秒帧数（FPS）微调器中设置帧速率，前 3 个选项可以强制用户所做的选择使用标准 FPS，分别用于游戏动画、电影和影视动画中，选中"自定义"选项后可通过调整微调器来指定自己的 FPS，如图 1-4-4a 区域所示
时间显示	指定在时间滑块及整个 3ds Max 中显示时间的方法，以帧数、SMPTE 和十字叉或者以分钟数、秒数和刻度数显示，制作动画时常以默认的帧数显示，如图 1-4-4b 区域所示
播放	如图 1-4-4c 区域所示的参数说明如下。 ① 实时：播放时会与当前"帧速率"设置保持一致，如果不勾选"实时"复选框，则播放时将会加快速度，以跳帧的方式快速播放，并且可以激活"方向"中的选项，用于调整播放方向。 ② 仅活动视口：勾选该复选框后，只播放正在操作的活动视口中的动画，其他视图的动画为静止状态。 ③ 循环：控制动画只播放 1 次，还是反复播放。启用后，播放将反复进行，可以通过单击动画控制按钮或时间滑块来停止播放。禁用后，动画播放 1 次后停止。单击"播放动画"按钮将倒回第 1 帧，重新播放。 ④ 速度：可以选择 5 种播放速度，1×是正常速度，1/2×是半速，以此类推。速度设置只影响在视口中播放的动画。默认设置为 1×。 ⑤ 方向：将动画设置为向前播放、向后播放或往复播放（向前，然后反转，重复进行）。其中的选项只影响在交互式渲染器中播放的动画，并不适用于渲染任何图像输出文件的情况。只有在禁用"实时"选项后才可以使用这些选项

续表

名　称	功　能
动画	如图 1-4-4d 区域所示的选项说明如下。 ① 开始时间/结束时间：设置在时间滑块中显示的活动时间段。可以选择第 0 帧之前或之后的任意时间段。例如，可以将活动时间段设置为从第-50 帧到第 250 帧。 ② 长度：显示活动时间段的帧数。如果设置此选项的数值大于活动时间段的总帧数，则将相应增加"结束时间"字段。 ③ 当前时间：指定时间滑块的当前帧。调整此选项时，将相应移动时间滑块，视口将更新。 ④ 重缩放时间：单击"重缩放时间"按钮打开"重缩放时间"对话框，可在里面设置"拉伸或收缩活动时间段"的动画，以适合指定的新时间段，如图 1-4-5 所示

1.4.2　"运动"面板参数设置

　　"运动"面板中的工具与参数主要用来调整选定对象的运动属性，如图 1-4-6 所示，"运动"面板由"参数"工具和"轨迹"工具组成。在"运动"面板中，动画控制器的添加通常在参数设置中完成。

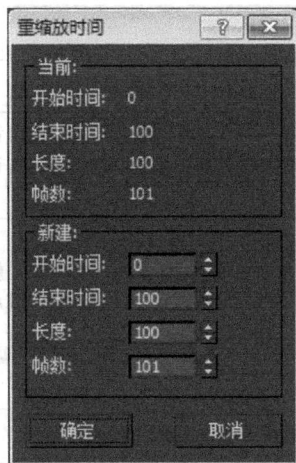

图 1-4-5　"重缩放时间"对话框　　　　图 1-4-6　"运动"面板中的工具与参数

　　动画设计师可以使用"运动"面板中的工具来调整关键点的时间及其缓入和缓出效果。"运动"面板还提供了"轨迹视图"对话框的替代选项来指定动画控制器，如果指定

的动画控制器具有参数，则在"运动"面板中可以显示其他卷展栏。例如，给对象指定参数"路径约束"，则"路径参数"卷展栏将添加到"运动"面板中。

1."参数"工具中的参数

"参数"工具下相关的卷展栏及其功能如表1-4-3所示。

表1-4-3 "参数"工具下相关的卷展栏及其功能

名　称	功　能
指定控制器	在该卷展栏中，可向单个对象指定并追加不同的动画控制器
PRS参数 （位置旋转缩放参数）	在该卷展栏中，提供了用于创建和删除关键帧的工具
关键点信息（基本）	在该卷展栏中，可更改一个或多个选定关键帧的动画值、时间和插值方法
关键点信息（高级）	在该卷展栏中，可通过不同的方法控制动画的运动速度

2."轨迹"工具中的参数

1）子对象

启用关键点编辑动画。使用"移动"命令来更改显示在轨迹上的关键点的位置。

2）"轨迹"卷展栏

"轨迹"卷展栏下的重要参数及其功能如表1-4-4所示。

表1-4-4 "轨迹"卷展栏下的重要参数及其功能

名　称	功　能
删除关键点	从轨迹上删除选中的关键点
添加关键点	向轨迹上添加关键点。这是无模式工具。当单击一次"添加关键点"按钮时，可以通过视口中的轨迹线添加关键点。要退出"添加关键点"模式，可再次单击该按钮
采样范围	在该选区中，可以设置轨迹的开启时间和结束时间。 开始时间/结束时间：为转换指定间隔。如果从位置关键帧转换为样条线对象，就是对轨迹采样的时间间隔；如果从样条线对象转换为位置关键帧，就是新关键点放置之间的间隔。 采样数：设置转换采样的数目。当向任何方向转换时，按照以上指定的时间间隔，转换样条线后样条线上的控制点数目
样条线转化	在该选区中，可以将轨迹转换为样条线，或拾取样条线作为运动轨迹。 转化为/转化自：将关键帧位置轨迹转换为样条线对象，或将样条线对象转换为关键帧位置轨迹。允许为对象创建样条线轨迹，然后将样条线转换为对象的位置轨迹的关键帧，以便实现各种指定关键帧的功能，或者可以将对象的位置关键帧转换为样条线对象

续表

名　　称	功　　能
塌陷变换	在该选区中，可以生成基于当前选中对象的变换的关键点。可以将其应用到指定对象的任何类型的动画控制器中，但是这个功能的主要目的是"塌陷"参数变换效果，例如，将"路径约束"生成的效果"塌陷"为标准的、可编辑的关键点。 ① 塌陷：塌陷选定对象的变换。 ② 位置、旋转、缩放：指定想要塌陷的变换。 ③ 必须至少勾选其中一个复选框以激活"塌陷"按钮

3. 曲线编辑器

这里重点介绍一下在物体动画的制作中经常要用到的"曲线编辑器"，在其中可以通过调整曲线来控制物体的运动形态。"曲线编辑器"是一种"轨迹视图"模式，可以用曲线来表示运动轨迹，而"轨迹视图"模式可以使运动的插值及软件在关键帧之间创建的对象变换更加直观化。

1）打开方式

"轨迹视图-曲线编辑器"窗口的打开方式有以下 4 种。

① 通过单击工具栏上的 按钮打开，如图 1-4-7 所示。

图 1-4-7　通过单击工具栏上的按钮打开

② 选择"图形编辑器"下拉菜单中的"轨迹视图-曲线编辑器"命令，如图 1-4-8 所示。

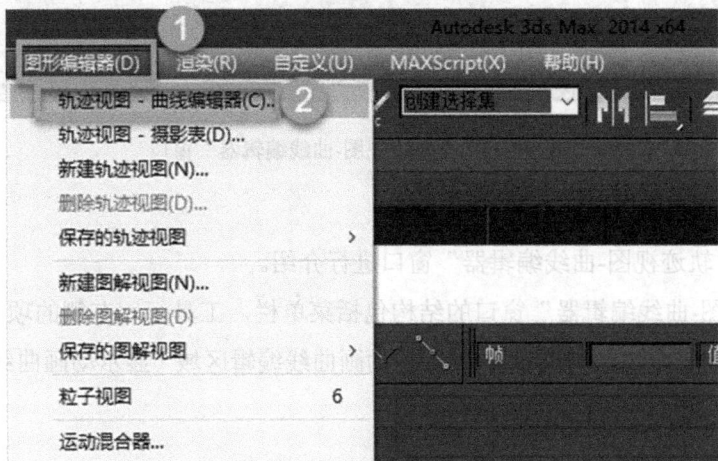

图 1-4-8　通过菜单栏打开

③ 选中场景中的物体并单击鼠标右键，在弹出的快捷菜单中选择"曲线编辑器"命令，也可以打开"轨迹视图-曲线编辑器"窗口，如图1-4-9所示。

④ 直接单击"打开迷你曲线编辑器"按钮，也可以打开"轨迹视图-曲线编辑器"窗口，如图1-4-10所示。

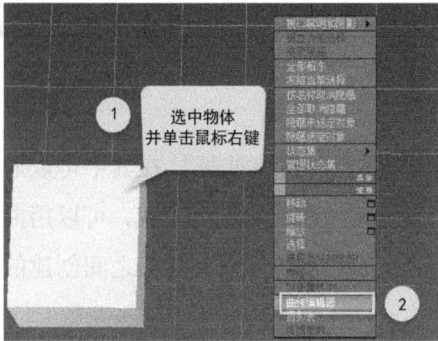

图1-4-9 通过场景打开

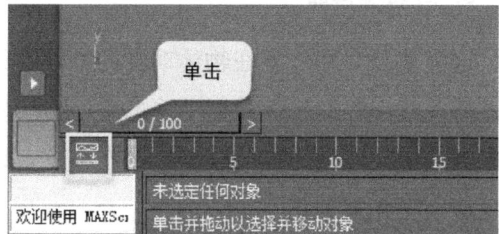

图1-4-10 通过单击"打开迷你曲线编辑器"按钮打开

通过以上4种方式都可以打开"轨迹视图-曲线编辑器"窗口，如图1-4-11所示。

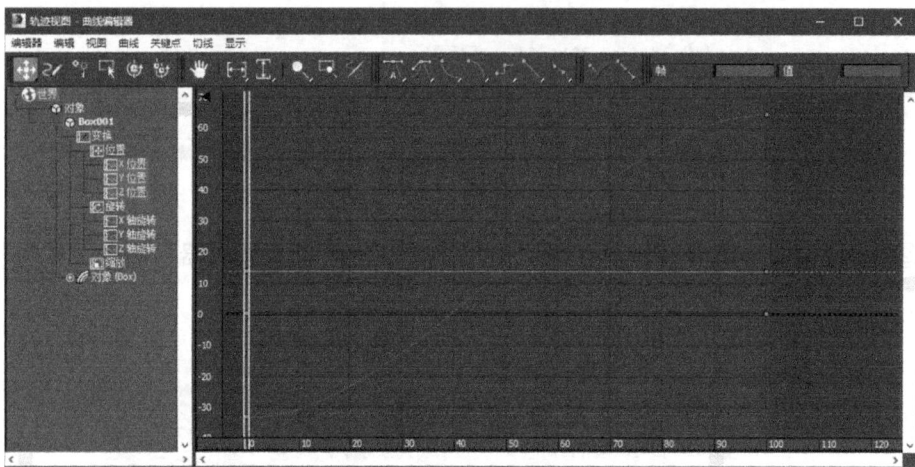

图1-4-11 "轨迹视图-曲线编辑器"窗口

2）结构介绍

下面对"轨迹视图-曲线编辑器"窗口进行介绍。

"轨迹视图-曲线编辑器"窗口的结构包括菜单栏、工具行、左侧的项目管理列表框（列出了所有场景中的控制项目）、右侧的动画曲线编辑区域（显示动画曲线）、下方的状态栏和控制按钮。

① 菜单栏。

如图1-4-12所示，曲线编辑器菜单栏包括编辑器、曲线、关键点、切线等菜单。

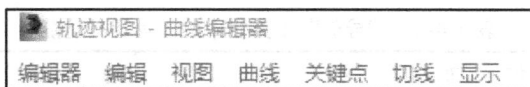

图 1-4-12 曲线编辑器的菜单栏

② 工具行。

在菜单栏的下方就是曲线编辑器的工具行，其中的各个工具栏如图 1-4-13 所示。

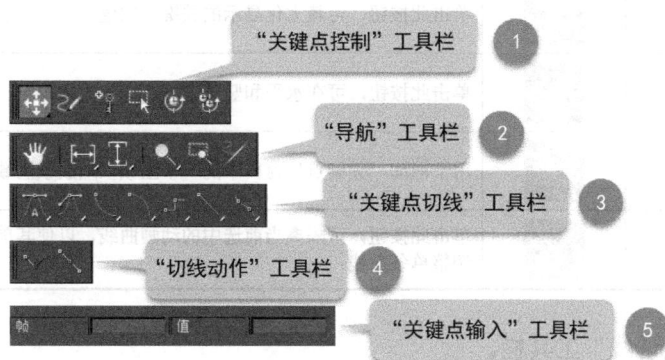

图 1-4-13 曲线编辑器的工具行及其中的工具栏

- "关键点控制"工具栏。

曲线编辑器的"关键点控制"工具栏包含的工具用于移动和缩放关键点，以及绘制曲线和插入关键点，如图 1-4-13①所示，其中各工具的功能如表 1-4-5 所示。

表 1-4-5 "关键点控制"工具栏中的工具及其功能

名　　称	按　钮	功　　能
移动关键点		在"关键点"窗口中水平或竖直移动关键点
绘制曲线		绘制新运动曲线，或直接在功能曲线图上绘制草图来修改已有曲线
添加关键点		在现有曲线上创建关键点
区域关键点工具		在矩形区域内移动和缩放关键点
重定时工具		基于每个轨迹来扭曲时间
对全部对象重定时工具		全局修改动画计时

- "导航"工具栏。

"导航"工具栏中的工具主要用来定义视图的显示范围及编辑曲线，如图 1-4-13②所示，其中各工具的功能如表 1-4-6 所示。

表 1-4-6　"导航"工具栏中的工具及其功能

名　称	按　钮	功　能
平移		使用"平移"工具时，可以单击并拖动"关键点"窗口，以将其向左移、向右移、向上移或向下移
框显水平范围		这是一个按钮组，其中包含"框显水平范围"按钮和"框显水平范围关键点"按钮
框显值范围		单击此按钮，可最大化显示的关键点的值
缩放		单击此按钮，可在水平和竖直方向上缩放时间视图
缩放区域		用于拖动"关键点"窗口中的一个区域以缩放该区域，使其充满窗口
隔离曲线		单击此按钮，可隔离当前选中的动画曲线，以使其单独显示，从而方便调整单条曲线

- "关键点切线"工具栏。

切线用于控制关键点附近的曲线运动平滑度和速度，"关键点切线"工具栏中的工具可以为关键点指定切线，如图 1-4-13③所示，其中各工具的功能如表 1-4-7 所示。

表 1-4-7　"关键点切线"工具栏中的工具及其功能

名　称	按　钮	功　能
将关键点切线设置为自动切线		按关键点附近的功能曲线的形状进行计算，将高亮显示的关键点切线设置为自动切线
将关键点切线设置为样条线切线		可将高亮显示的关键点切线设置为样条线切线，它具有关键点控制柄，可以在"曲线"窗口中拖动该控制柄进行编辑
将关键点切线设置为"加速"函数曲线		可将关键点切线设置为"加速"函数曲线
将关键点切线设置为"慢速"函数曲线		可将关键点切线设置为"慢速"函数曲线
将关键点切线设置为阶梯式		可将关键点切线设置为阶梯式。使用阶跃来冻结从一个关键点到另一个关键点的移动
将关键点切线设置为线性		可将关键点切线设置为线性
将关键点切线设置为平滑		可将关键点切线设置为平滑

- "切线动作"工具栏。

"切线动作"工具栏如图 1-4-13④所示，其中的工具可以对关键点切线执行统一或断开操作，其中各工具的功能如表 1-4-8 所示。

表 1-4-8 "切线动作"工具栏中的工具及其功能

名 称	按 钮	功 能
断开切线		允许将 2 条切线(控制柄)连接到一个关键点上,使其能够独立移动,以便不同的运动能够进出关键点
统一切线		如果切线是统一的,则按任意方向移动控制柄,从而使控制柄之间保持最小角度

- "关键点输入"工具栏。

在"关键点输入"工具栏中可以自定义单个关键点的数值,如图 1-4-13⑤所示,其中各工具的功能如表 1-4-9 所示。

表 1-4-9 "关键点输入"工具栏中的工具及其功能

名 称	按 钮	功 能
帧	帧	该选项显示选定关键点的帧编号,即在时间中的位置。可输入新的帧数或一个表达式,将关键点移至其他帧
值	值	该选项显示选定关键点的值,即在空间中的位置,可输入新的值或表达式来更改关键点的值

③ 项目管理列表框。

"轨迹视图-曲线编辑器"窗口左侧是项目管理列表框,如图 1-4-14 所示,在其中可设置"世界"等属性。

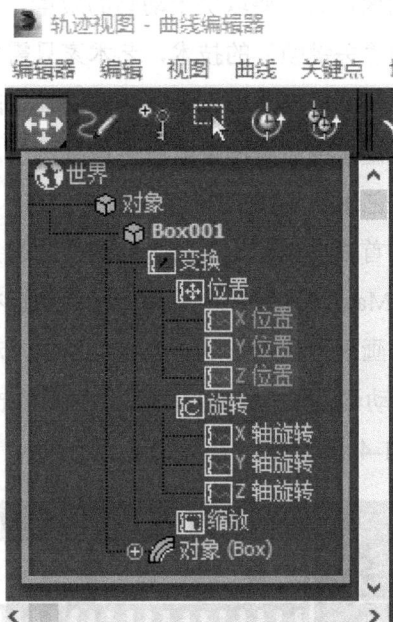

图 1-4-14 项目管理列表框

④ 曲线编辑区域。

"轨迹视图-曲线编辑器"窗口右侧是曲线编辑区域，如图 1-4-15 所示，在其中可以对曲线的关键点进行编辑。

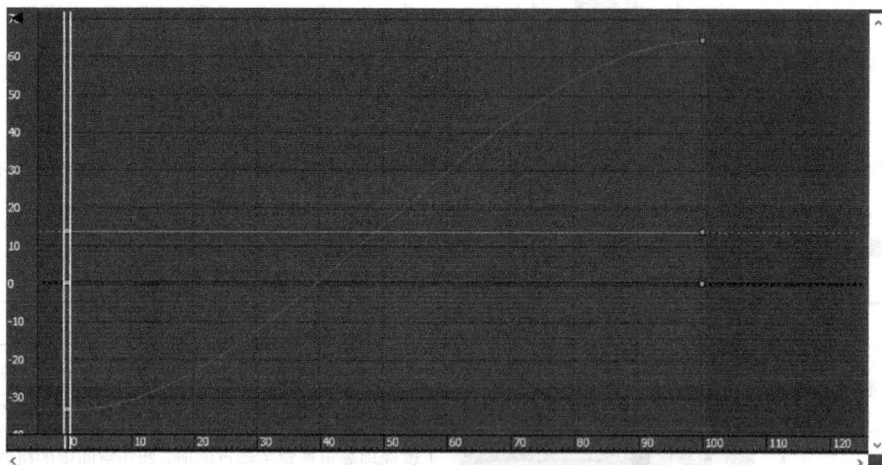

图 1-4-15 曲线编辑区域

1.4.3 关键点的概念

早期创建动画的主要难点在于动画设计师必须绘制大量单个图像，一分钟的动画大概需要 720～1800 个单独图像，这还要取决于动画的质量。手动绘制图像是一项艰巨的任务，因此出现了一种称为"关键帧"的技术，艺术家只需要绘制重要的帧，称为关键帧，然后计算出关键帧之间需要的帧即可，填充在关键帧中的帧称为中间帧。画出所有关键帧和中间帧之后，需要链接或渲染图像以产生最终图像。即使在今天，传统动画的制作过程通常也需要数百名艺术家生成上千个图像。

在 3ds Max 中建立动画首先要创建记录每个动画序列起点和终点的关键帧，这些关键帧的值称为关键点。3ds Max 将计算各个关键点之间的插补值，从而生成完整动画。单位时间中的帧数越多，动画画面就越细腻、流畅；反之，动画画面则会产生抖动和闪烁的现象。想要形成流畅的动画效果，则画面每秒至少要播放 15 帧才可以，传统的电影通常每秒播放 24 帧，如图 1-4-16 所示。

图 1-4-16 时间帧

下面通过制作一个机械模型爆炸的动画案例来进一步了解关键点的概念。

第 1 步：导入一个机械模型，将其作为要指定的动画控制器的对象，用它的结构展示来介绍关键点，如图 1-4-17 所示。

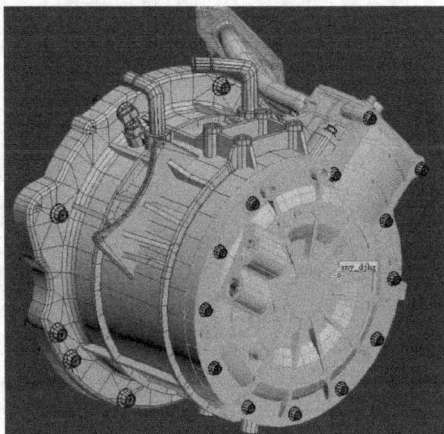

图 1-4-17　导入已经创建好的机械模型

第 2 步：打开"创建"面板，单击"辅助对象"按钮，在"对象类型"卷展栏中单击"虚拟对象"按钮，创建虚拟对象，如图 1-4-18 所示。

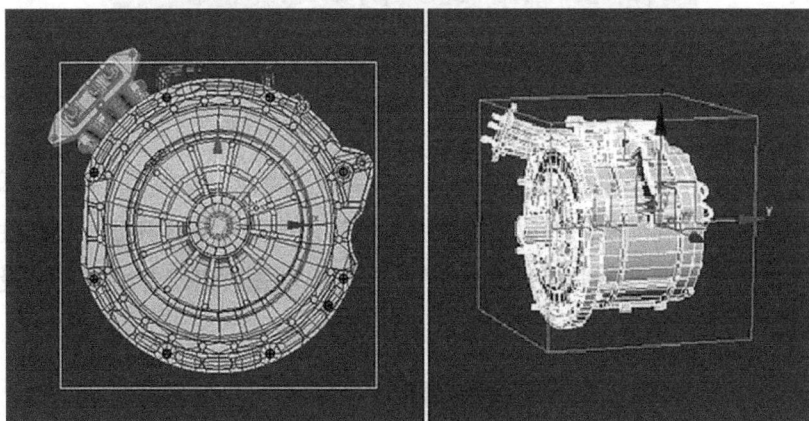

图 1-4-18　创建虚拟对象

第 3 步：单击"选择并链接"按钮，将模型结构中的所有零件模型链接在一起，如图 1-4-19 所示。

第 4 步：设置动画关键帧，有以下两种方法。

● 第 1 种方法：单击 自动关键点 按钮，启用"自动关键点"功能后，时间尺变成红色，拖曳时间滑块可以控制动画的播放范围和关键帧等，如图 1-4-20 所示。采用这种方法移动模型之后将会自动生成关键帧。

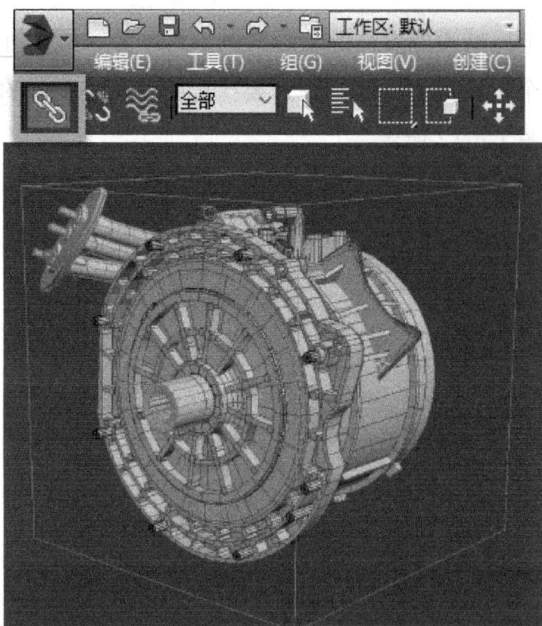

图 1-4-19　将所有的零件模型链接在一起

图 1-4-20　启用"自动关键点"功能

● 第 2 种方法：单击 设置关键点 按钮，启用"设置关键点"功能后，时间尺变成红色，拖曳时间滑块可以控制动画的播放范围和关键帧等，如图 1-4-21 所示。需要注意的是，此时移动模型之后不会自动生成关键帧，需要手动单击 按钮或者按 K 键来设置机械模型的关键帧。

图 1-4-21　启用"设置关键点"功能

第 5 步：选中机械模型的盖子，使其发生位移，就可以制作出盖子从机械模型上分离出来的动画效果，如图 1-4-22 所示。但是，此时盖子上的螺丝并没有随盖子一同发生位移，这是不符合机械模型拆卸逻辑的，需要再次进行调整。

图 1-4-22　拆卸机械模型一个外壳组件

第 6 步：选中机械模型盖子上的螺丝配件，单击"选择并链接"按钮，可将盖子上面的螺丝配件链接在一起，如图 1-4-23 所示。此时，再选中螺丝配件所在的模型盖，即可实现模型盖和螺丝配件的同步位移，将它们从机械模型上拆卸下来。

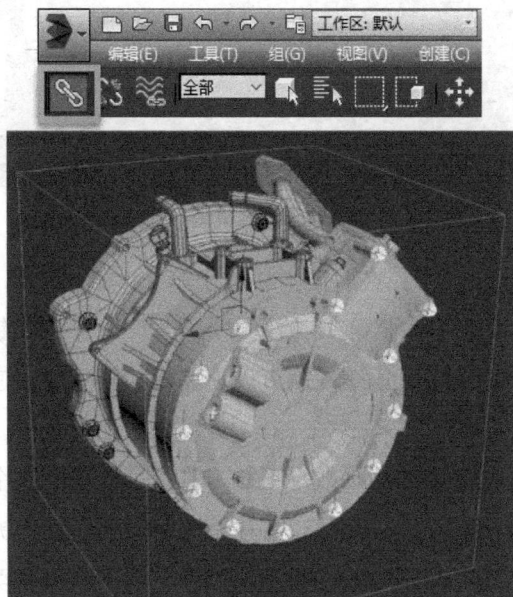

图 1-4-23　将螺丝配件链接在一起

第 7 步：重复以上的操作，可将机械模型的其他结构按照模型拆卸的逻辑逐一从机械模型上拆卸下来，此时就形成了一个简单的机械模型爆炸动画效果，如图 1-4-24 所示，但节奏均匀，没有震撼感，需要再次进行调整。

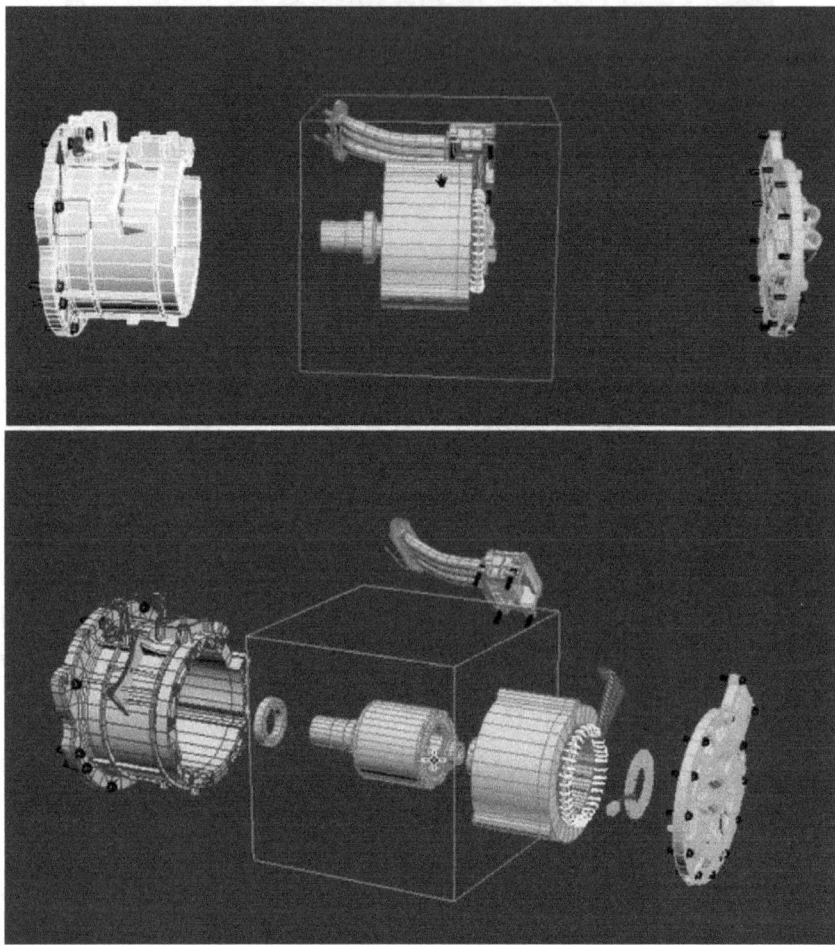

图 1-4-24　简单的机械模型爆炸动画效果

第 8 步：如图 1-4-25 所示，在时间滑块位于第 25 帧位置时，选择需要调整播放速度的结构。之后将时间滑块拖动至第 20 帧位置，设置一个新的关键帧，再将时间滑块拖动至第 7 帧位置，对关键帧进行压缩，就可以使爆炸动画呈现快速炸开又停顿的效果，如图 1-4-26 所示。

第 9 步：为了让机械模型的动画效果更加丰富，可以选中整个机械模型，对其进行旋转，参考第 8 步的方法，设置关键帧，并移动时间滑块，使机械模型拥有爆炸和旋转的效果，如图 1-4-27 所示。动画设计师可以通过在时间轴上调整动画的时长来调整动画展示的节奏，使动画呈现更好的效果。

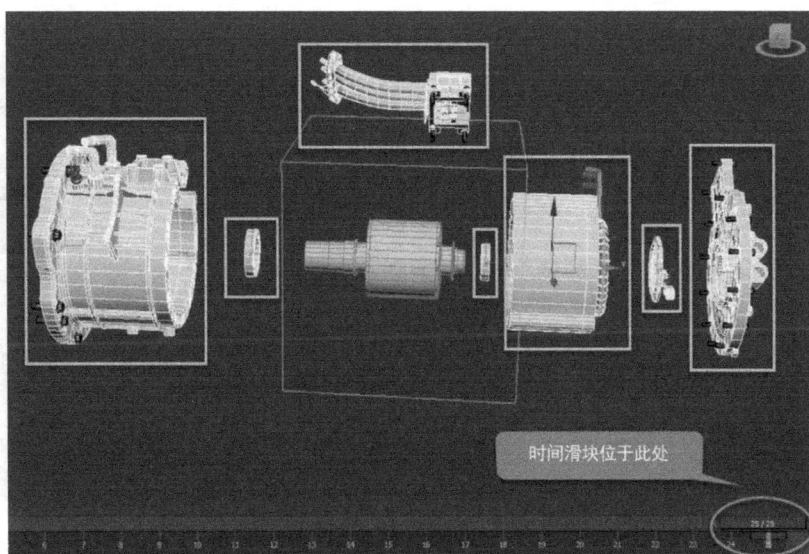

图 1-4-25　选择需要调整播放速度的结构

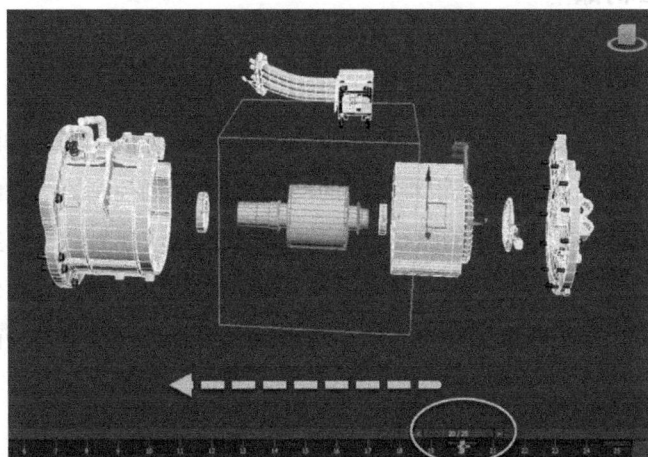

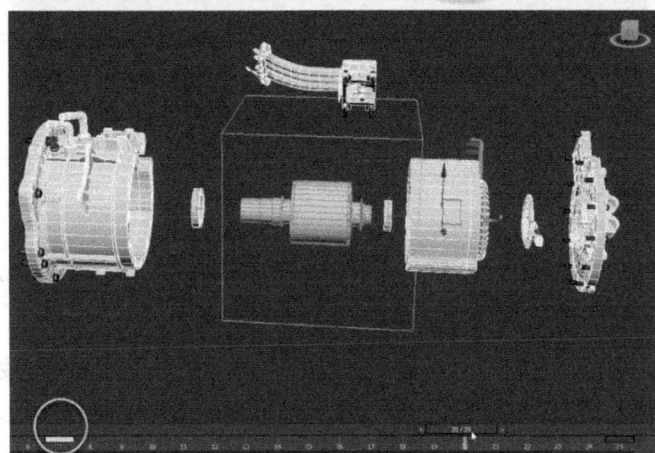

图 1-4-26　压缩关键帧

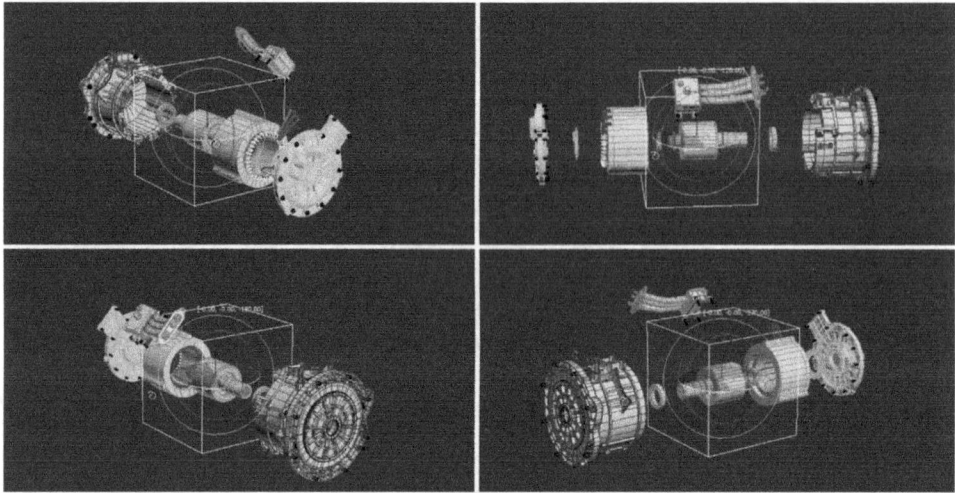

图 1-4-27　爆炸和旋转的动画效果

1.4.4　动画控制器

1. 动画控制器的概念

在 3ds Max 中，很多动画设置都可以通过动画控制器完成。利用动画控制器可以设置出很多应用关键帧或 IK 值方法很难实现的动画效果。动画控制器可以约束对象的运动状态，比如，可以使对象沿特定的路径运动和使对象始终注视另一个对象等。

总的来说，动画控制器是针对对象动画进行加工的操作控制，它存储并管理了所有动画关键点的值，当一个对象的参数指定了动画后，系统会自动指定动画控制器，控制该对象的动画情况。

动画控制器存储以下多种信息：

（1）存储动画关键点的数值信息；

（2）存储程序动画的设置信息；

（3）存储动画关键点之间的插值计算信息。

2. 动画控制器的作用

系统针对不同类别的项目设定不同的默认动画控制器，在指定关键点时自动指定，设计师可以对它进行修改，转换为其他的动画控制器类型。

动画控制器主要控制物体的"位置"、"旋转"和"缩放"控制项的数据。"位置"控制项的默认动画控制器是"位置 XYZ"；"旋转"控制项的默认动画控制器是"Euler XYZ"；"缩放"控制项的默认动画控制器是"Bezier 缩放"。

3. 常用动画控制器的介绍

3ds Max 提供了十多种动画控制器，这里主要介绍常用的动画控制器，包括音频控制器、列表控制器、噪波控制器和波形控制器。

1）音频控制器

音频控制器几乎可以为所有参数设置动画，如图 1-4-28 所示。它可以将指定的声音文件振幅或实时声波转换为可以设置动画的参数值。使用音频控制器，可以实现对声音通道的选择以及基础阈值、重复采样和参数范围的完全控制。

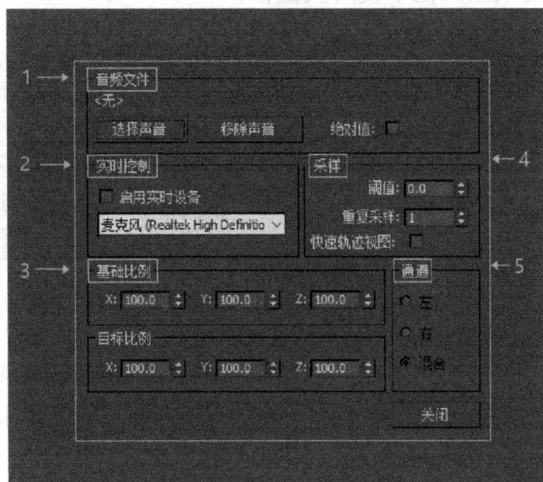

图 1-4-28　音频控制器相关选区

相关选区解读如下。

① 音频文件：在该选区中，可以添加或删除声音文件，还可以调整振幅。

② 实时控制：在该选区中，可以创建交互式动画，这些动画由捕获自外部音频源（如麦克风）的声音驱动。

③ 基础比例：基础比例为最低波形时产生的效果。

④ 采样：在该选区中，提供含有滤除背景噪波、平滑波形以及在"轨迹视图"对话框中控制显示的控件。

⑤ 通道：在该选区中，可以选择驱动音频控制器输出值的通道。只有选择立体声音文件时，这些选项才可用。

2）列表控制器

列表控制器是一个复合控制器，如图 1-4-29 所示。它可以将多个控制器属性按从上到下的顺序进行计算，从而合成一个单独的效果。

动画设计师可以利用列表控制器的权重值设置动画来获得相当于非线性动画系统的

效果。每个列表控制器轨迹都可以设置帧与帧之间不同的权重值。

相关参数解读如下。

① 层：在列表中，可以通过控制器应用的先后顺序来排列应用的控制器。

② 权重：在列表中，可以通过权重值的大小来排列应用的控制器。

③ 平均权重：勾选该复选框，列表中所有控制器的权重值被平均化。

3）噪波控制器

噪波控制器会在一系列帧上产生随机的、基于分形的动画，如图 1-4-30 所示。它可设置参数作用于一系列帧上，但不使用关键帧。

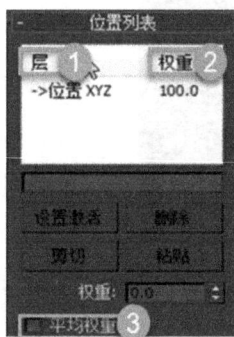

图 1-4-29　列表控制器相关参数　　　　图 1-4-30　噪波控制器相关参数

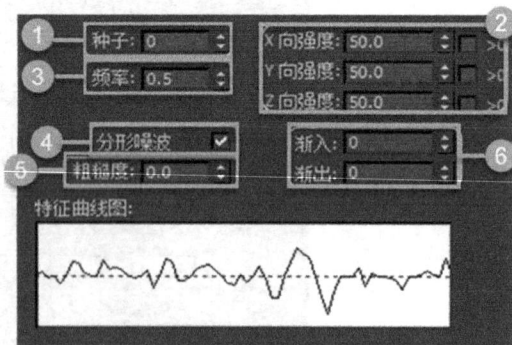

相关参数解读如下。

① 种子：开始噪波计算，改变种子来创建一条新的曲线。

② 强度：设置噪波输出值的范围。

③ 频率：控制噪波曲线的波峰和波谷。

④ 分形噪波：勾选该复选框，使用分形布朗运动生成噪波。

⑤ 粗糙度：改变噪波曲线的粗糙度。

⑥ 渐入/渐出：设置噪波用于构建为全部强度或下落至 0 时的时间量。

提示："频率"的适用范围是 0.01～1.0，较大的值会创建锯齿状的、重震荡的噪波曲线，而较小的值会创建柔和的噪波曲线。

4）波形控制器

波形控制器是浮动的控制器，如图 1-4-31 所示。它可提供规则和周期波形，用于控制闪烁的灯光等效果。

相关参数解读如下。

① 列表区域：在列表中显示波形。

② 特征曲线图：在特征曲线图中可显示不同的波形。

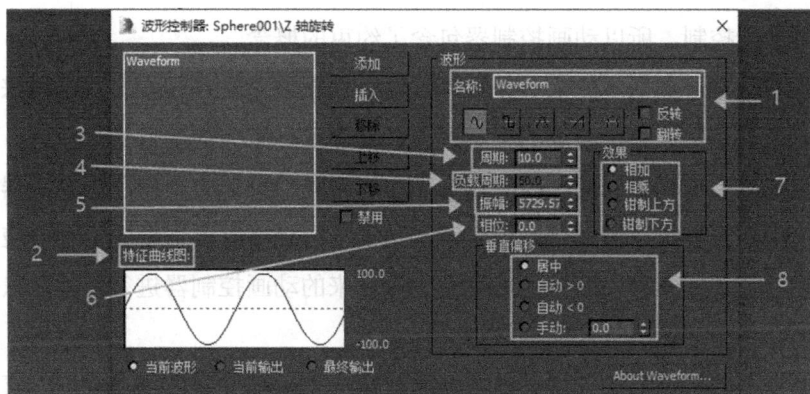

图 1-4-31　波形控制器相关参数

③ 周期：设置完成一个波形图案需要的帧数。

④ 负载周期：波形处于启用状态时指定时间的百分比。

⑤ 振幅：设置波形的高度。

⑥ 相位：设置波形的偏移量。

⑦ 效果：在该选区中，可以为不同的波形选择不同的应用效果。

⑧ 垂直偏移：在该选区中，可以更改波形的输出值。

提示：3ds Max 提供了 5 种波形类型，包括正弦波、方波、三角波、锯齿波和半正弦波。

4. 动画控制器的添加

用户可以通过"轨迹视图"对话框和"运动"面板来直接使用动画控制器。

① "轨迹视图"对话框：动画控制器在"轨迹视图"对话框的"层次"列表中，每个动画控制器都具有自己的图标。使用"轨迹视图"对话框，无论是在"曲线编辑器"还是在"摄影表"模式中，都可以对所有对象和所有参数查看和使用动画控制器。

② "运动"面板："运动"面板包含许多动画控制器，例如，曲线编辑器、加号控制以及使用 IK 解算器这样的特殊控制器。使用"运动"面板可以查看和使用一个选定对象的动画控制器。

用户可通过两种方法来为对象添加动画控制器：第 1 种方法是单击主工具栏中的"轨迹视图（打开）"按钮，在打开的"轨迹视图"对话框中为对象添加动画控制器；第 2 种方法是进入"运动"面板，从该面板中为对象添加动画控制器。

如果通过"运动"面板或"动画"菜单添加动画控制器，需要注意动画控制器和动画约束的概念，在 3ds Max 之前的版本中，"约束"也是一种动画控制器，但是目前它已经独立出来使用。"约束"处理的是对象与对象之间的动画关系，而动画控制器是对对象的所有动画进行控制，所以动画控制器包含了约束的概念。

习惯了 3ds Max 旧版本的人会使用"运动"面板或"轨迹视图"对话框来指定动画控制器，可以说这是一种更高级的指定方式，需要选择具体的项目进行指定，而且新指定的动画控制器会取代旧的动画控制器，而在"动画"菜单中，将动画控制器按类别放置在菜单中供用户使用。通过"动画"菜单指定动画控制器不需要先选择对应的具体项目，只需要选择对象即可，而且指定后不是对原来的动画控制器进行替换，只是增加新的动画控制器类型，形成复合控制的结果。

动画控制器的指定方法大同小异，下面介绍在"运动"面板和"动画"菜单中如何指定动画控制器。

在"运动"面板中指定动画控制器的方法：首先选择要指定动画控制器的对象，单击 按钮进入"运动"面板；然后在"指定控制器"卷展栏中，单击列表中需要指定动画控制器的对象项目，单击 按钮，在弹出的"指定控制器"面板中单击相应项目，最后单击 确定 按钮，这样就为对象指定了某一种动画控制器。

在"动画"菜单中指定动画控制器的方法：首先选择要指定动画控制器的对象，然后选择"动画"菜单中的相应动画控制器项目即可。

1.4.5 骨骼的概念

动物的身体是由骨骼、肌肉和皮肤组成的。从功能上来看，骨骼主要用来支撑动物的躯体，它本身不产生运动。动物的运动实际上是由肌肉来控制的，在肌肉的带动下，筋腱拉动骨骼沿着各个关节产生转动或在某个局部发生移动，从而表现出整个形体的运动效果。图 1-4-32 所示为人与狗的骨骼结构图。

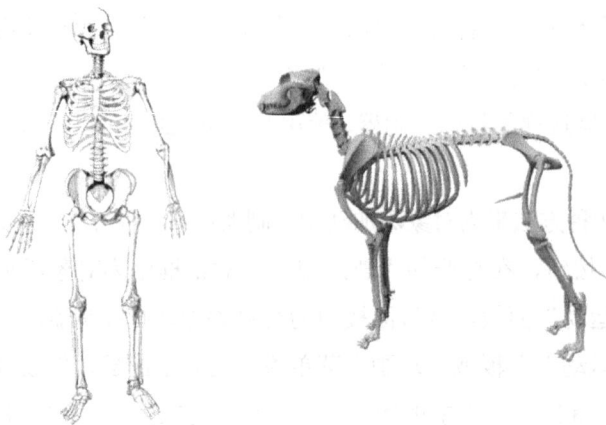

图 1-4-32　人与狗的骨骼结构图

3ds Max 2014 提供了一套非常优秀的动画控制系统——骨骼，创建骨骼需要用到"骨骼"工具。在"创建"面板中单击"系统"按钮，然后设置系统类型为"标准"，接着单击"骨骼"按钮即可选择"骨骼"工具，如图 1-4-33 所示。

1. 创建骨骼

使用"骨骼"工具在场景中拖曳鼠标即可创建骨骼，如图 1-4-34 所示，再次拖曳鼠标可以创建另一根骨骼，如图 1-4-35 所示。

图 1-4-33　单击"骨骼"按钮
选择"骨骼"工具

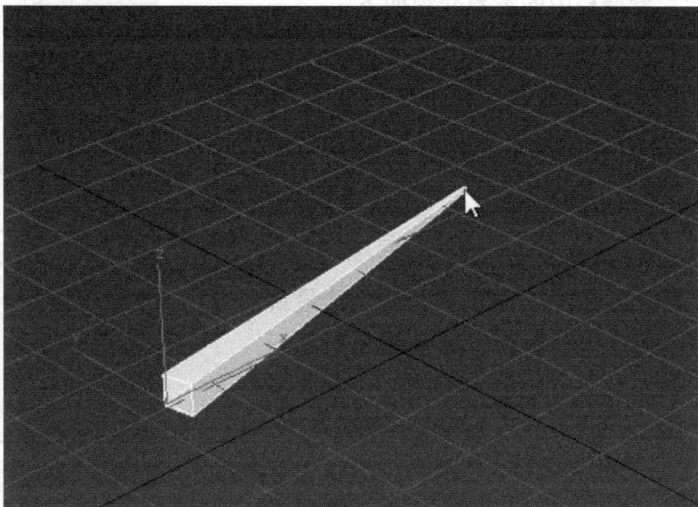

图 1-4-34　创建一根骨骼

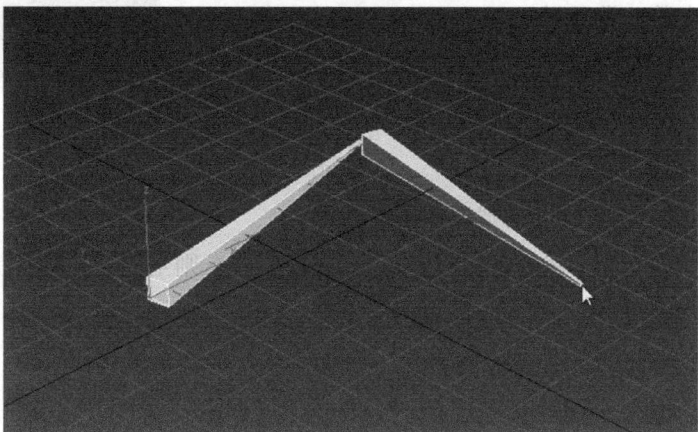

图 1-4-35　创建另一根骨骼

"骨骼"工具包含两个卷展栏，分别是"IK 链指定"卷展栏（需要注意的是，该卷展栏只有在创建骨骼时才会出现）和"骨骼参数"卷展栏，如图 1-4-36 所示。

1）"IK 链指定"卷展栏

展开"IK 链指定"卷展栏，如图 1-4-37 所示。

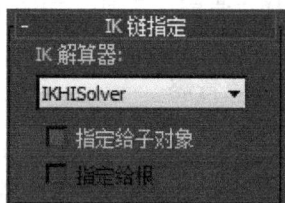

图 1-4-36　"IK 链指定"卷展栏和"骨骼参数"卷展栏　　图 1-4-37　"IK 链指定"卷展栏展开效果

"IK 链指定"卷展栏中的参数介绍如下。

① IK 解算器：在"IK 解算器"下拉列表中可以选择 IK 解算器的类型。需要注意的是，只有在勾选了"指定给子对象"复选框后，指定的 IK 解算器才有用。

② 指定给子对象：如果勾选该复选框，则在"IK 解算器"下拉列表中指定的 IK 解算器将指定给最新创建的所有骨骼（除第 1 根骨骼以外）；如果取消勾选该复选框，则为骨骼指定标准的"PRS 变换"控制器。

③ 指定给根：如果勾选该复选框，则为最新创建的所有骨骼（包括第 1 根骨骼）指定 IK 解算器。

2）"骨骼参数"卷展栏

展开"骨骼参数"卷展栏，如图 1-4-38 所示。

"骨骼参数"卷展栏中的参数介绍如下。

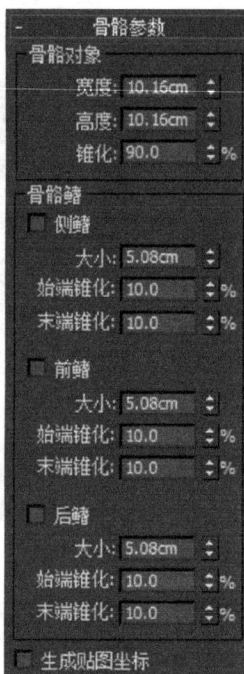

图 1-4-38　"骨骼参数"卷展栏展开效果

① "骨骼对象"选区。

● 宽度/高度：设置骨骼的宽度和高度。

● 锥化：调整骨骼形状的锥化程度。如果设置为 0，则生成的骨骼形状为长方体。

② "骨骼鳍"选区。

● 侧鳍：在所创建的骨骼的侧面添加一组鳍。

➢ 大小：设置侧鳍的大小。

➢ 始端锥化/末端锥化：设置侧鳍的始端和末端的锥化程度。

- 前鳍：在所创建的骨骼的前端添加一组鳍。
  - ➢ 大小：设置前鳍的大小。
  - ➢ 始端锥化/末端锥化：设置前鳍的始端和末端的锥化程度。
- 后鳍：在所创建的骨骼的后端添加一组鳍。
  - ➢ 大小：设置后鳍的大小。
  - ➢ 始端锥化/末端锥化：设置后鳍的始端和末端的锥化程度。

③ "生成贴图坐标"复选框。

生成贴图坐标：骨骼是可渲染的，勾选该复选框后可以对其使用贴图坐标。

2. 修改骨骼

如果需要修改骨骼，则可以执行"动画→骨骼工具"菜单命令，然后在弹出的"骨骼工具"窗口中进行调整。"骨骼工具"窗口包含 3 个卷展栏，分别是"骨骼编辑工具"卷展栏、"鳍调整工具"卷展栏和"对象属性"卷展栏，如图 1-4-39 所示。

1）"骨骼编辑工具"卷展栏

展开"骨骼编辑工具"卷展栏，如图 1-4-40 所示。

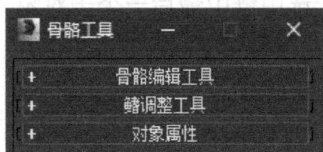

图 1-4-39 "骨骼工具"窗口   图 1-4-40 "骨骼编辑工具"卷展栏展开效果

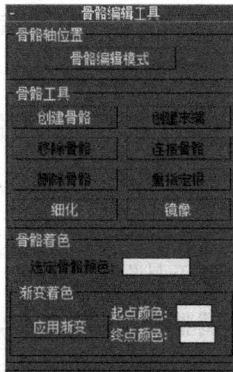

"骨骼编辑工具"卷展栏中的工具/参数介绍如下。

① "骨骼轴位置"选区。

骨骼编辑模式：使用该工具可以更改骨骼的长度及骨骼之间的相对位置。启用该按钮后，可以通过移动骨骼中的子骨骼来更改骨骼长度。需要注意的是，启用"骨骼编辑模式"按钮后，不能设置动画，而且当启用"自动关键点"或"设置关键点"按钮时，"骨骼编辑模式"按钮也不可用。

② "骨骼工具"选区。

- 创建骨骼：该工具与"骨骼"工具的作用完全相同。

● 创建末端：在当前选中的骨骼的末端创建一个骨节。如果选中的骨骼不是链的末端，那么在选中的骨节下方建立新骨骼。

● 移除骨骼：移除当前选中的骨骼。

● 连接骨骼：在当前选中的骨骼与另一个骨骼之间创建连接骨骼。

● 删除骨骼：删除当前选中的骨骼，并移除其所有父/子关联。

● 重指定根：让当前选中的骨骼成为骨骼结构的根（父）对象。如果当前选中的骨骼已经是根，那么单击该按钮将不起作用；如果当前选中的骨骼是链的末端，那么链将完全反转；如果当前选中的骨骼在链的中间，那么链将成为一个分支结构。

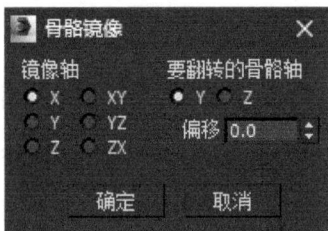

图 1-4-41 "骨骼镜像"对话框

● 细化：使用该按钮在想要分割的地方单击鼠标左键，可以将骨骼一分为二。

● 镜像：单击该按钮可以打开"骨骼镜像"对话框，如图 1-4-41 所示。

③ "骨骼着色"选区。

选定骨骼颜色：为选中的骨骼设置颜色。

④ "渐变着色"选区。

"渐变着色"选区用于为两根或两根以上的骨骼设置渐变色。

● 应用渐变：根据"起点颜色"和"终点颜色"将渐变的颜色应用到多根骨骼上。只有在选中两根或两根以上的骨骼时，该按钮才可用。

● 起点颜色：设置渐变的起点颜色。起点颜色应用于选中链中最高级的父骨骼。

● 终点颜色：设置渐变的终点颜色。终点颜色应用于选中链中最后一个子对象。

2）"鳍调整工具"卷展栏

展开"鳍调整工具"卷展栏，如图 1-4-42 所示。

"鳍调整工具"卷展栏中的参数简单介绍如下。

绝对：将鳍参数设置为绝对值，使用该选项可以为所有选定的骨骼设置相同的鳍值。

相对：相对于当前值设置鳍参数，使用该选项可以保持不同鳍大小的骨骼之间的大小关系。

复制：复制当前选定的骨骼的骨骼和鳍设置，以便粘贴到另一根骨骼上。

粘贴：将复制的骨骼和鳍设置粘贴到当前选定的骨骼上。

关于"鳍调整工具"卷展栏下的其他参数请参考前面的"骨骼参数"卷展栏，这里不再展开介绍。

3）"对象属性"卷展栏

展开"对象属性"卷展栏，如图 1-4-43 所示。

"对象属性"卷展栏中的参数介绍如下。

"骨骼属性"选区用于设置骨骼的属性,其中的参数如下。

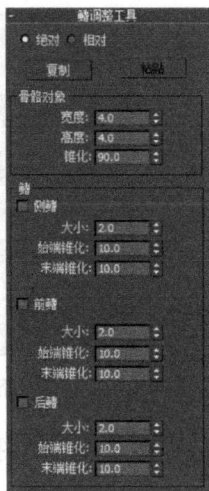

图 1-4-42 "鳍调整工具"卷展栏展开效果　　　图 1-4-43 "对象属性"卷展栏展开效果

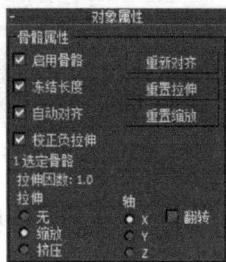

启用骨骼:勾选该复选框后,选定的骨骼或对象将作为骨骼进行操作。需要注意的是,勾选"启用骨骼"复选框并不会使对象立即对齐或拉伸。

冻结长度:勾选该复选框后,骨骼将保持其长度。

自动对齐:取消勾选该复选框,骨骼的轴点将不能与其子对象对齐。

校正负拉伸:勾选该复选框后,会造成负缩放因子的骨骼拉伸被更正为正数。

重新对齐:使骨骼的 X 轴对齐,并指向子骨骼(或多根子骨骼的平均轴)。

重置拉伸:如果子骨骼移离骨骼,则将拉伸该骨骼,以到达其子骨骼对象。

重置缩放:在每个轴上,将内部计算缩放的拉伸骨骼重置为100%。

选定骨骼:在该选项的前面会显示选定骨骼的数量。

拉伸因数:显示有关所选骨骼的信息和 3 个轴各自的拉伸因子信息。

拉伸:决定在变换子骨骼并取消勾选"冻结长度"复选框时发生的拉伸种类。"无"表示不发生拉伸,"缩放"表示缩放骨骼,"挤压"表示挤压骨骼。

轴:决定用于拉伸的轴。

翻转:沿着选定轴翻转拉伸。

4)骨骼修改实例

下面通过一个案例来掌握修改骨骼的方法。

第 1 步:打开"系统"面板,在"对象类型"卷展栏中单击"骨骼"按钮,创建骨骼模型,如图 1-4-44 所示。

第 2 步：打开"骨骼工具"窗口，选中骨骼模型，单击"骨骼编辑模式"按钮，如图 1-4-45 所示。此时就进入了可对骨骼模型进行编辑的模式。

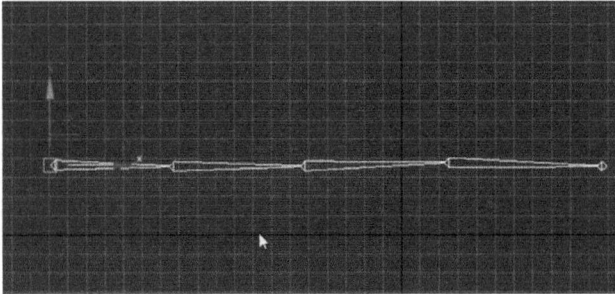

图 1-4-44　创建骨骼模型　　　　　　　　图 1-4-45　单击"骨骼编辑模式"按钮

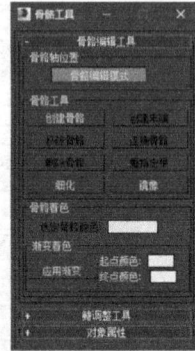

第 3 步：打开"图形"面板，单击"线"按钮，创建一条曲线，如图 1-4-46 所示。

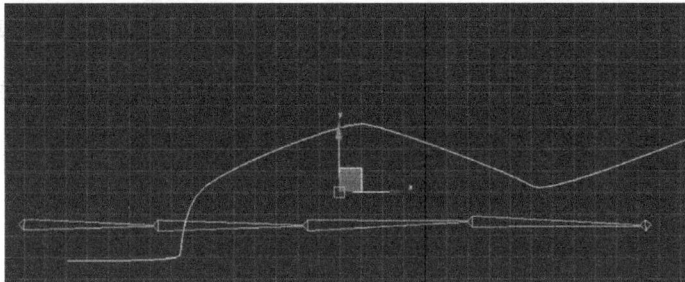

图 1-4-46　创建一条曲线

第 4 步：通过"修改"面板，打开"渲染"卷展栏，在其中调整参数。创建一个可用来调整骨骼形态的参照曲面，如图 1-4-47 所示。

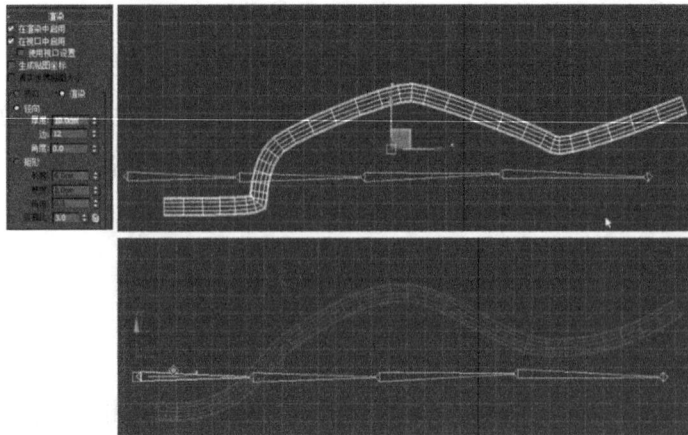

图 1-4-47　完成曲面的创建

第 5 步：沿着曲面，对骨骼的形态进行调整，如图 1-4-48 所示。

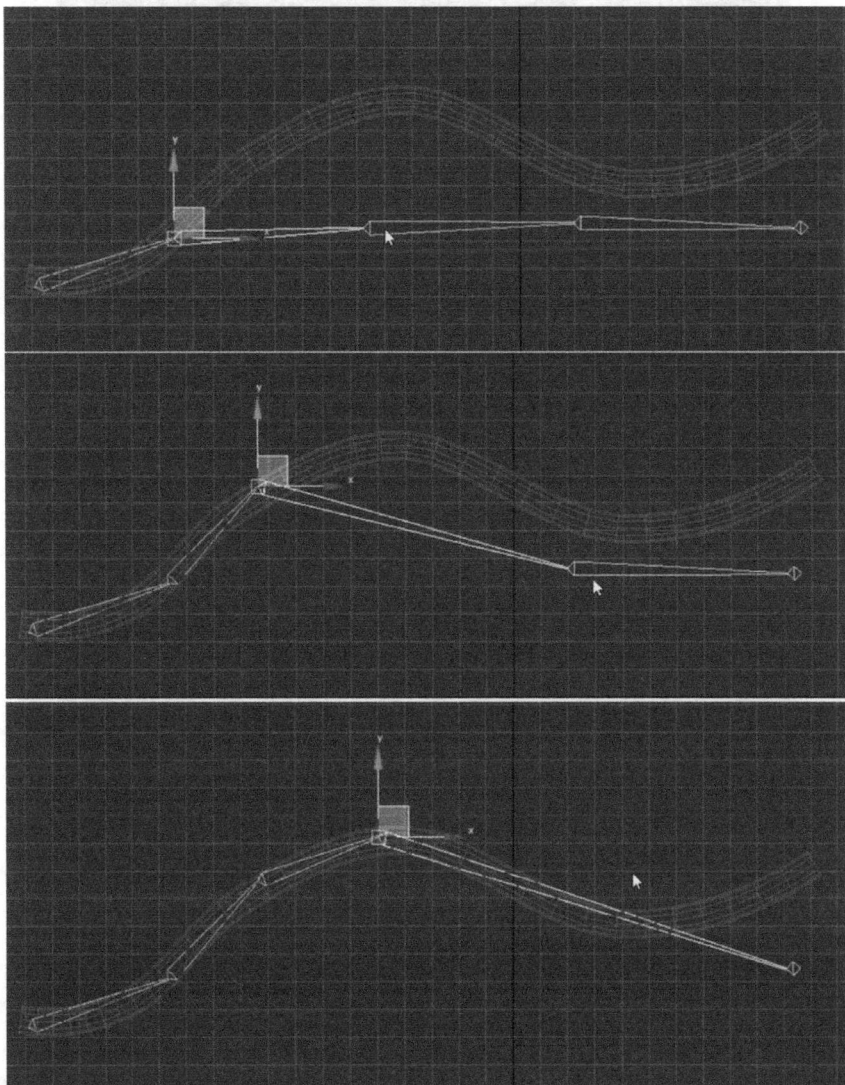

图 1-4-48　调整骨骼形态

第 6 步：对于比较长的骨骼，设计师可以在"骨骼工具"窗口中单击"细化"按钮，重复操作，最终可将骨骼模型完全沿着曲面的形状进行调整，如图 1-4-49 所示。

3. 添加关节

在使用"骨骼"工具创建完骨骼后，还可以继续向骨骼添加关节。图 1-4-50 中有一根骨骼，将鼠标指针放在骨骼上的任何位置，当鼠标指针变成十字形时，单击并拖曳鼠标即可在骨骼的末端添加关节，如图 1-4-51 所示。

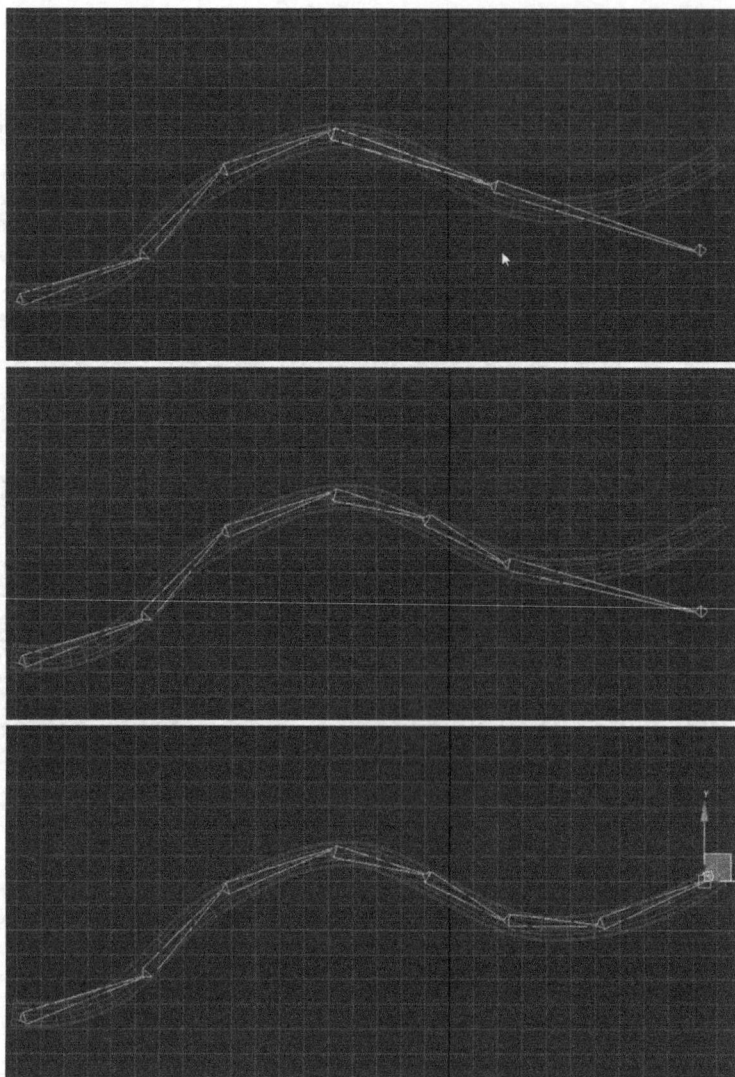

图 1-4-49　细化较长的骨骼

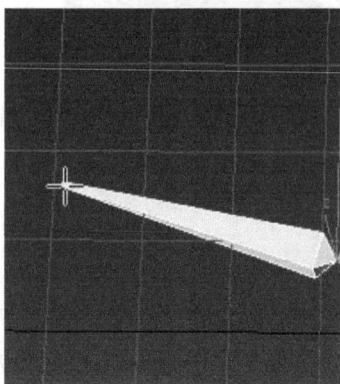

图 1-4-50　光标变成十字

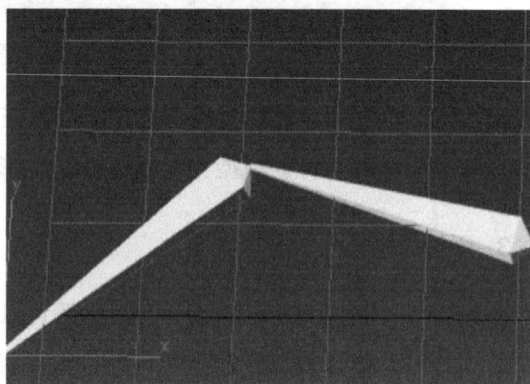

图 1-4-51　在骨骼的末端添加关节

1.4.6 父子关系的概念

在生成计算机动画时，常用的方式就是将对象链接在一起形成层级结构，通过将一个对象与另一个对象链接，可以创建父子关系，应用于父对象的变换将同时传递给子对象，链也被称为层级。

层级链接关系将一个对象链接到另一个对象上，可以建立一种父子关系，当变换作用在父对象上的同时，也通过链接关系将变换传输给子对象，或者反之将对子对象的变换传输给父对象。通过层级链接建立复杂的层级关系，可以认为链接是从子对象的支点到父对象的支点的联系。

主工具栏中的"选择并链接"工具主要用于建立对象之间的父子链接关系与定义层级关系，但只能是父对象带动子对象，而子对象的变化不会影响父对象。例如，使用"选择并链接"工具将一个球体拖曳到一个导向板上，可以让球体与导向板建立链接关系，使球体成为导向板的子对象，那么在移动导向板时，球体也会跟着移动；但在移动球体时，导向板不会跟着移动，如图 1-4-52 所示。

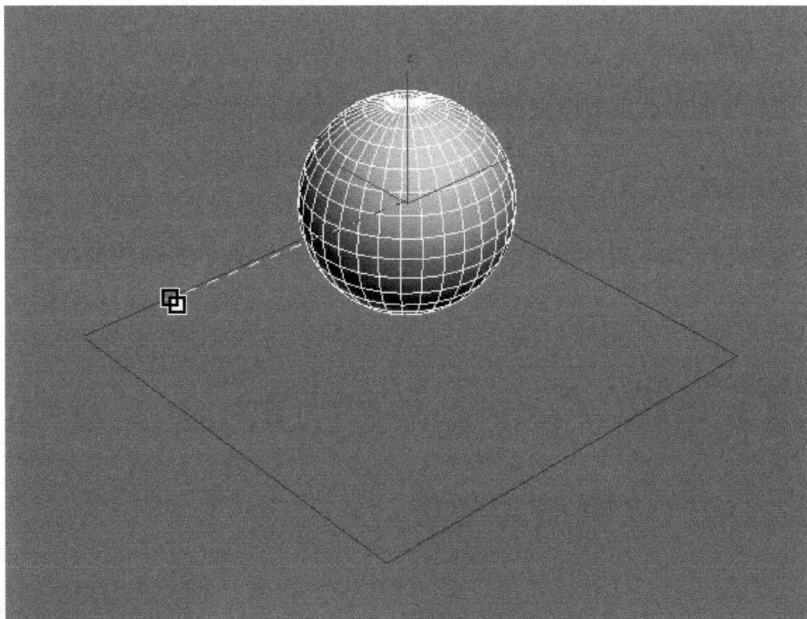

图 1-4-52 球体与导向板建立链接关系

而在"层次"面板中可以调整对象之间的层次链接信息，通过将一个对象与另一个对象链接，可以创建对象之间的父子关系，如图 1-4-53 所示。

下面对"层次"面板中的工具进行详细介绍。

图 1-4-53 "层次"面板

1."轴"工具

"轴"工具下的参数主要用来调整对象和修改器的中心位置，以及定义对象之间的父子关系和反向动力学（IK）的关节位置等，如图 1-4-54 所示。

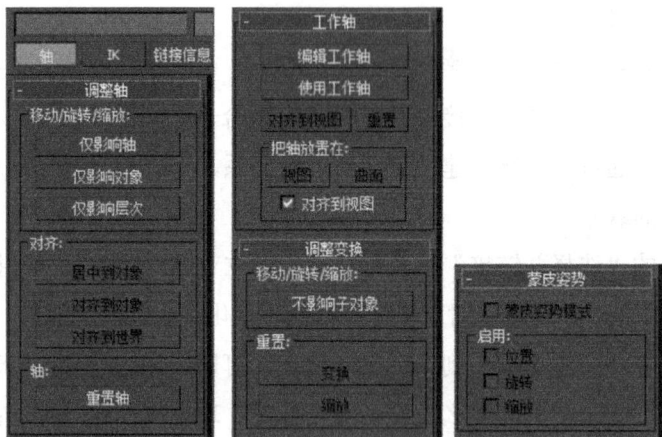

图 1-4-54　"轴"工具下的参数

2."IK"工具

"IK"工具下的参数主要用来设置动画的相关属性，如图 1-4-55 所示。

3. "链接信息"工具

"链接信息"工具下的参数主要用来限制对象在特定轴中的移动关系，如图 1-4-56 所示。

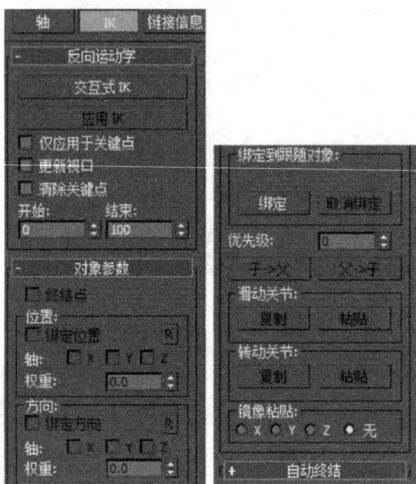

图 1-4-55　"IK"工具下的参数　　　　图 1-4-56　"链接信息"工具下的参数

1.4.7 FK 和 IK 的概念

从对运动控制的性质来分，3ds Max 有正向动力学（简称 FK）和反向动力学（简称 IK）两种模式。正向动力学的特点是动作单向传递，由父级向子级传递，父对象的运动牵动子对象的运动，子对象的运动不影响父对象。它是构成结构级别关系的基础。在反向动力学中，父级与子级的数据传递是双向的，父对象的运动会影响子对象，子对象的运动也会对父对象产生影响。

1. 正向

正向动力学也是层次链接运动的一种，实际就是按默认的父级到子级的链接顺序处理层次之间的关系，并且轴点位置定义了链接对象的连接关节。

1）设置父对象动画

当设置一个层级链接中父对象的动画时，也同时设置了附加到父对象上的子对象的动画。

2）设置子对象动画

在正向动力学中，子对象到父对象的链接不约束子对象，可以独立于父对象单独移动、旋转和缩放。

3）设置层级动画

在为整个层级设置动画时，子对象继承父对象的变换，父对象沿着层级向上继承其更高层级对象的变换，直到根节点。所以只要设置根对象的动画，整个层级就会发生变换。

提示：在一般情况下，会将复杂运动划分为简单组件，使返回和编辑动画变得更容易。

使用正向运动学可以很好地控制层级中每个对象的确切位置。但是，在调整庞大而复杂的层级时，需要使用反向运动学。

2. 反向

反向动力学也建立在层级链接的概念上，与正向动力学相反，其使用目标导向的方法来定位目标对象，并且以特定的方式计算链的末端位置和方向，在所有计算都完成后，层级的最终位置就被称为 IK 解决方案。

3ds Max 提供了 6 种反向动力学控制模式，分别是交互式 IK、应用式 IK、HD 解算器、HI 解算器、IK 肢体解算器和样条线 IK 解算器。交互式 IK 和应用式 IK 是 3ds Max1～3ds Max3 系统中提供的 IK 解算器，目前已经不用于角色 IK 的计算了，保留的原因是一些工业动画可能会应用。

在 3ds Max 2014 中包括以下 4 种 IK 解算器，如图 1-4-57 所示。

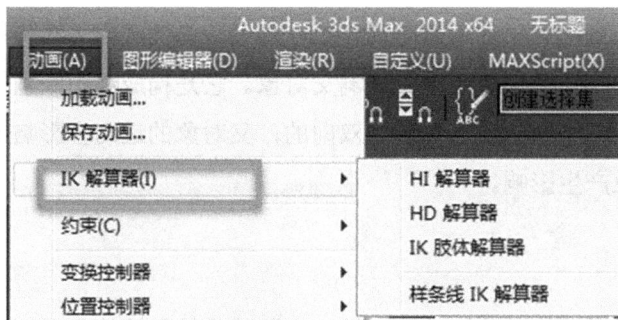

图 1-4-57　3dx Max 2014 中的 4 种 IK 解算器

主要作用如下。

① HI 解算器：常用于四肢骨骼的 IK 设定。

② HD 解算器：常用于机械动画的设定。

③ IK 肢体解算器：常用于分支关节的设定，例如，肩部关节要同时连接躯干和手臂的骨骼。

④ 样条线 IK 解算器：常用于柔体变形骨骼的设定，例如，脊柱骨骼、蛇等爬行动物的骨骼。

1.4.8　约束的概念

动画约束功能能够实现动画过程的自动化，可以将一个对象的变换运动（移动、旋转、缩放）通过建立绑定关系约束到其他对象上，使受约束对象按照约束的方式或范围进行运动。约束其实也是一种动画控制器，不过它控制的是对象与对象之间的动画关系，具体的设置参数在"运动"面板上，其中的调节参数又属于可设置动画的项目，所以参数也会列在"轨迹视图"对话框的管理区域中，但无法在"轨迹视图"对话框中调节约束的属性。

创建一个约束关系需要一个受约束对象和至少一个目标对象，目标对象能够对受约束对象施加特殊的限制，当目标对象进行运动变换时，受约束对象也会依据指定的约束方式一同运动。例如，要制作飞机沿着特定轨迹飞行的动画，可以通过"路径约束"将飞机的运动约束到样条线上。约束与其目标对象的绑定关系在一段时间内可以开启或关闭。

以下是约束应用的场景。

● 在一段时间内将一个对象链接到另一个对象上，例如，角色的手拾起一根棒球棍。

- 将一个对象的位置或旋转运动链接到另一个或几个对象上。
- 在两个或多个对象之间保持某个对象的位置。
- 将对象约束到一条或多条路径上。
- 将对象约束到表面。
- 使某对象点朝向另一个对象的轴心点。例如，控制角色眼睛的注视方向。
- 保持某对象与另一个对象的相对方向。

1. 约束的类型

3ds Max 2014 提供了 7 种约束类型，如图 1-4-58 所示。

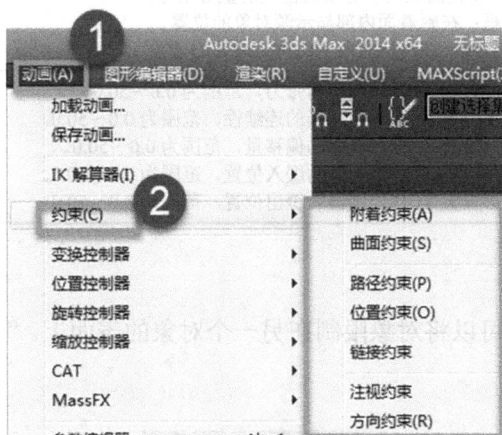

图 1-4-58　3ds Max 2014 中的 7 种约束类型

1）附着约束

"附着约束"是一种位置约束，它可以将一个对象的位置附着到另一个对象的面上（目标对象无须是网格，但必须能够转换为网格），其参数设置面板如图 1-4-59 所示。

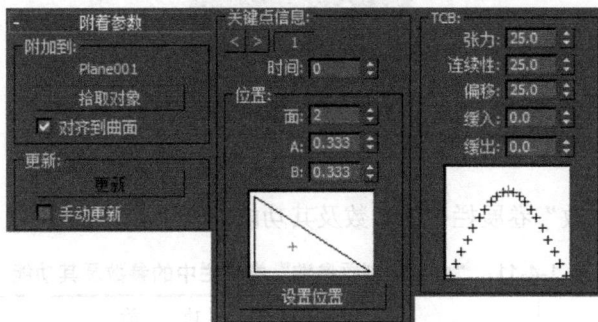

图 1-4-59　"附着约束"参数设置面板

要查看约束的参数，首先需要进入"运动"面板，然后打开约束对应的卷展栏。

"附着参数"卷展栏中的参数及其功能如表 1-4-10 所示。

表 1-4-10 "附着参数"卷展栏中的参数及其功能

名　称	功　能
附加到	对象名称：显示所要附着的目标对象。 拾取对象：在视图中拾取目标对象。 对齐到曲面：勾选该复选框后，可以将附着对象的方向固定在其所指定的面上；取消勾选该复选框后，附着对象的方向将不受目标对象上的面的方向的影响
更新	更新：更新显示的附着效果。 手动更新：勾选该复选框后，可以使用"更新"按钮
关键点信息	当前关键点：显示当前关键点编号并可以移动到其他关键点。 时间：显示当前帧，并可以将当前关键点移动到不同的帧中
位置	面：提供对象所附着到的面的索引。 A/B：设置面上附着对象的位置的重心坐标。 显示框：在附着面内部显示源对象的位置。 设置位置：在目标对象上调整源对象的位置
TCB	张力：设置 TCB 控制器的张力，范围为 0.0～50.0。 连续性：设置 TCB 控制器的连续性，范围为 0.0～50.0。 偏移：设置 TCB 控制器的偏移量，范围为 0.0～50.0。 缓入：设置 TCB 控制器的缓入位置，范围为 0.0～50.0。 缓出：设置 TCB 控制器的缓出位置，范围为 0.0～50.0

2）曲面约束

使用"曲面约束"可以将对象限制在另一个对象的表面上。"曲面约束"参数设置面板如图 1-4-60 所示。

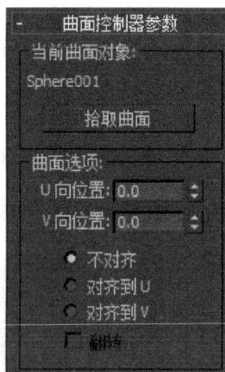

图 1-4-60　"曲面约束"参数设置面板

"曲面控制器参数"卷展栏中的参数及其功能如表 1-4-11 所示。

表 1-4-11 "曲面控制器参数"卷展栏中的参数及其功能

名　称	功　能
当前曲面对象	对象名称：显示选定对象的名称。 拾取曲面：选择需要用作曲面的对象

续表

名　称	功　能
曲面选项	U 向位置：调整控制对象在曲面对象 U 轴上的位置。 V 向位置：调整控制对象在曲面对象 V 轴上的位置。 不对齐：启用该选项后，不管控制对象在曲面对象上的什么位置，它都不会重定向。 对齐到 U：将控制对象的局部 Z 轴对齐到曲面对象的曲面法线，同时将 X 轴对齐到曲面对象的 U 轴。 对齐到 V：将控制对象的局部 Z 轴对齐到曲面对象的曲面法线，同时将 X 轴对齐到曲面对象的 V 轴。 翻转：翻转控制对象的局部 Z 轴的对齐方式

3）路径约束

使用"路径约束"（这是约束里面最重要的一种）可以将一个对象沿着样条线或在多条样条线的平均距离间移动。"路径约束"参数设置面板如图 1-4-61 所示。

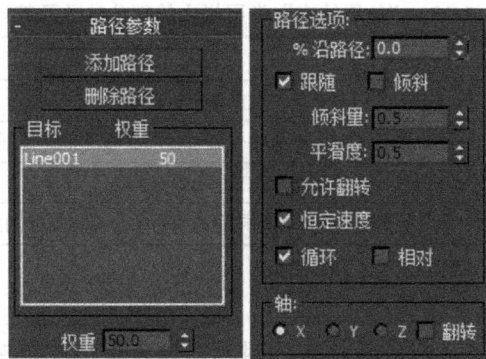

图 1-4-61　"路径约束"参数设置面板

"路径参数"卷展栏中的参数及其功能如表 1-4-12 所示。

表 1-4-12　"路径参数"卷展栏中的参数及其功能

名　称	功　能
添加路径	添加一个新的样条线路径使之对约束对象产生影响
删除路径	从目标列表中移除一个路径
目标/权重	其中的列表框用于显示样条线路径名称及其权重值
权重	为每个目标对象指定权重值并设置动画
路径选项	%沿路径：设置对象沿路径的位置百分比。 跟随：在对象跟随轮廓运动的同时将对象指定给轨迹。 倾斜：当对象通过样条线的曲线时允许对象倾斜（滚动）。 倾斜量：调整该数值使倾斜从一边或另一边开始。 平滑度：控制对象在转弯时翻转角度改变的快慢程度。 允许翻转：勾选该复选框后，可以避免在对象沿着垂直方向的路径行进时有翻转的情况。 恒定速度：勾选该复选框后，可以沿着路径提供一个恒定的速度。 循环：在一般情况下，当约束对象到达路径末端时，它不会越过末端点。而"循环"功能可以改变这一行为，当约束对象到达路径末端时会循环回到起始点。 相对：勾选该复选框后，可以保持约束对象的原始位置
轴	定义对象的轴与路径轨迹对齐

注意："%沿路径"的值基于样条线路径的 U 值。一条 NURBS 曲线可能没有均匀的空间 U 值，因此，如果"%沿路径"的值为 50.0，则可能不会直观地转换为 NURBS 曲线长度的 50%。

4）位置约束

使用"位置约束"可以使对象跟随另一个对象的位置或者几个对象的权重平均位置变换。"位置约束"参数设置面板如图 1-4-62 所示。

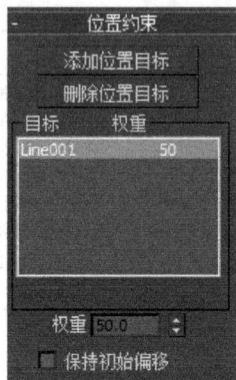

"位置约束"卷展栏中的部分参数及其功能如表 1-4-13 所示。

图 1-4-62　"位置约束"参数设置面板

表 1-4-13　"位置约束"卷展栏中的部分参数及其功能

名　称	功　能
添加位置目标	添加影响受约束对象位置的新目标对象
删除位置目标	移除位置目标对。一旦将位置目标对象移除，其将不再影响受约束对象
权重	为每个目标对象指定权重值并设置动画
保持初始偏移	勾选该复选框后，可以保持受约束对象与目标对象的原始距离

5）链接约束

使用"链接约束"可以创建源对象与目标对象之间彼此链接的动画。"链接约束"参数设置面板如图 1-4-63 所示。

图 1-4-63　"链接约束"参数设置面板

"链接参数"卷展栏中的部分参数及其功能如表 1-4-14 所示。

表 1-4-14 "链接约束"卷展栏中的部分参数及其功能

名　称	功　能
添加链接	添加一个新的链接目标
链接到世界	将对象链接到世界（整个场景）
删除链接	移除高亮显示的链接目标
开始时间	指定或编辑目标的帧值
关键点模式	无关键点：启用该选项后，在约束对象或目标中不会写入关键点。 设置节点关键点：启用该选项后，可以将关键帧写入指定的选项，包含"子对象"和"父对象"两种。 设置整个层次关键点：用指定选项在层次上部设置关键帧，包含"子对象"和"父对象"两种

6）注视约束

使用"注视约束"可以控制对象的方向，并使它一直注视另一个对象。"注视约束"参数设置面板如图 1-4-64 所示。

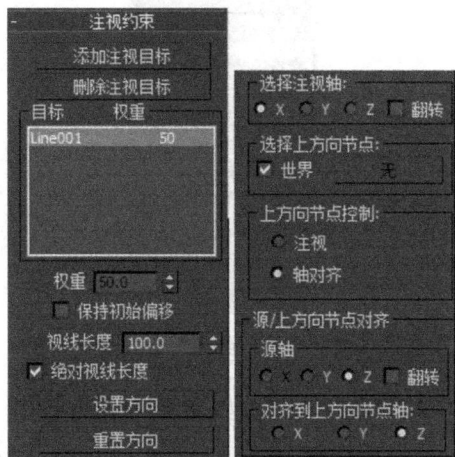

图 1-4-64 "注视约束"参数设置面板

"注视约束"卷展栏中的参数及其功能如表 1-4-15 所示。

表 1-4-15 "注视约束"卷展栏中的参数及其功能

名　称	功　能
添加注视目标	用于添加影响受约束对象的新目标对象
删除注视目标	用于移除影响受约束对象的目标对象
权重	用于为每个目标对象指定权重值并设置动画
保持初始偏移	将约束对象的原始方向保持为相对于约束方向上的一个偏移
视线长度	定义从约束对象轴到目标对象轴所绘制的视线长度。启用该选项后，3ds Max 仅使用"视线长度"设置主视线的长度

续表

名　称	功　能
设置方向	允许手动定义约束对象的偏移方向
重置方向	将约束对象的方向设置为默认值
选择注视轴	用于定义注视目标的轴
选择上方向节点	选择注视的上部节点，默认设置为"世界"
上方向节点控制	允许在注视的上部节点控制器和轴对齐之间快速翻转
源/上方向节点对齐	源轴：选择与上部节点轴对齐的约束对象的轴。 对齐到上方向节点轴：选择与选中的源轴对齐的上部节点轴

7）方向约束

使用"方向约束"可以使某个对象的方向沿着另一个对象的方向或若干个对象的平均方向运动。"方向约束"参数设置面板如图 1-4-65 所示。

图 1-4-65　"方向约束"参数设置面板

"方向约束"卷展栏中的参数及其功能如表 1-4-16 所示。

表 1-4-16　"方向约束"卷展栏中的参数及其功能

名　称	功　能
添加方向目标	添加影响受约束对象的新目标对象
将世界作为目标添加	将受约束对象与世界坐标轴对齐
删除方向目标	移除目标对象。移除目标对象后，将不再影响受约束对象
权重	为每个目标对象指定权重值并设置动画
保持初始偏移	勾选该复选框后，可以保留受约束对象的初始方向
变换规则	将"方向约束"应用于层次中的某个对象后，即确定是将局部节点变换还是将父变换应用于"方向约束"。 局部：选择该选项后，"方向约束"将应用局部节点变换。 世界：选择该选项后，"方向约束"将应用父变换或世界变换，而不是应用局部节点变换

2. 约束的操作

下面通过操作实例来进一步了解 3ds Max 2014 提供的 7 种约束类型。

1）附着约束

第 1 步：先创建一个茶壶，再创建一个平面，如图 1-4-66 所示。在"参数"卷展栏下调整平面的"长度分段"和"宽度分段"的数值，如图 1-4-67 所示。

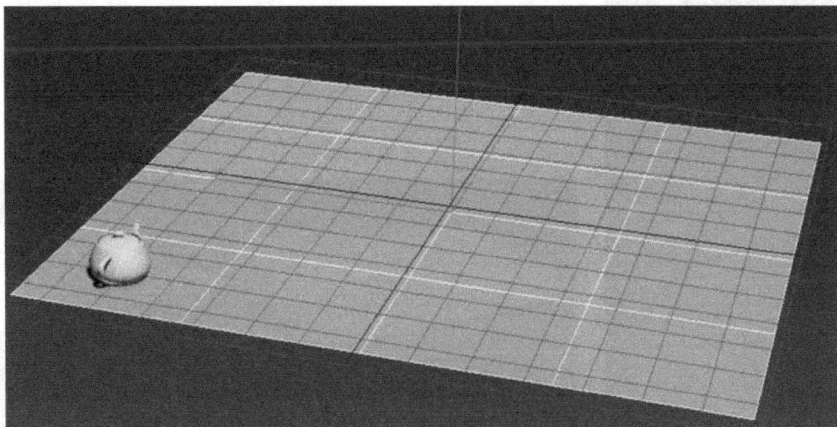

图 1-4-66　创建基本体

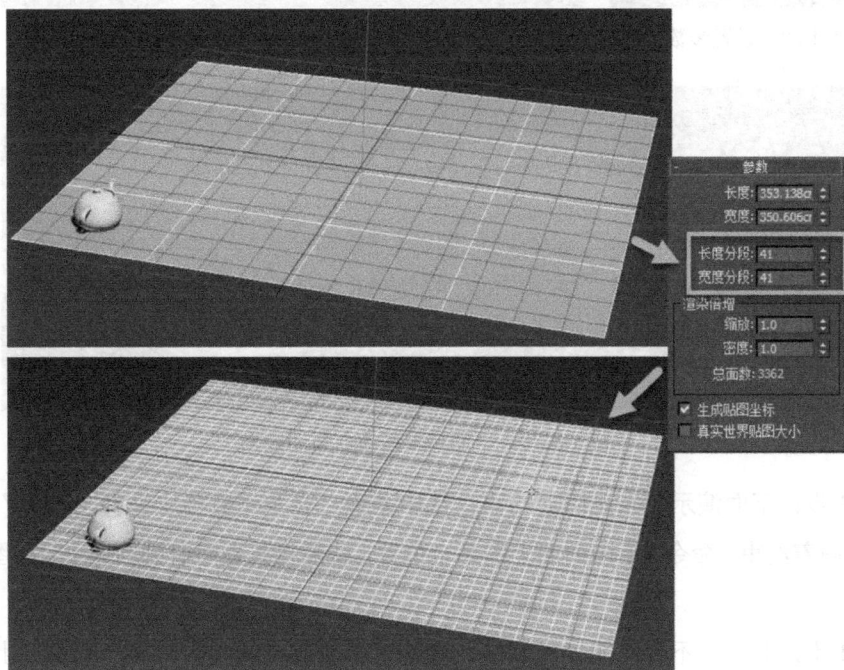

图 1-4-67　调整平面参数

第 2 步：将平面转换为可编辑多边形，然后在"选择"卷展栏下单击"顶点"按钮，并单击"显示最终结果开/关切换"按钮，在"软选择"卷展栏下勾选"使用软选择"复选框，如图 1-4-68 所示，对平面进行调整，将平面调整成曲面，如图 1-4-69 所示，完成效果如图 1-4-70 所示。

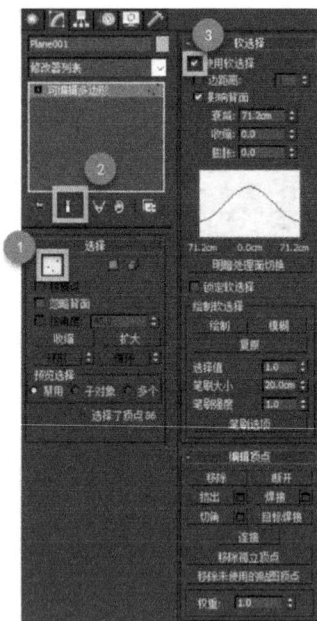

图 1-4-68　设置参数

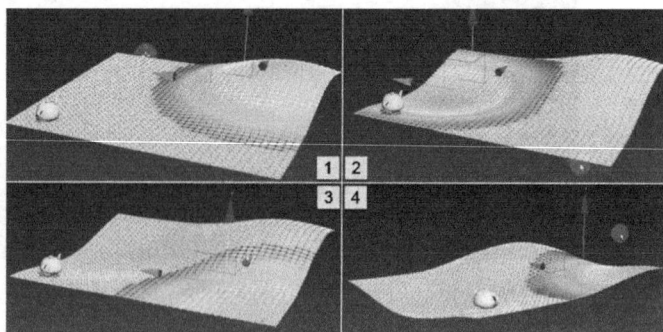

图 1-4-69　将平面调整成曲面

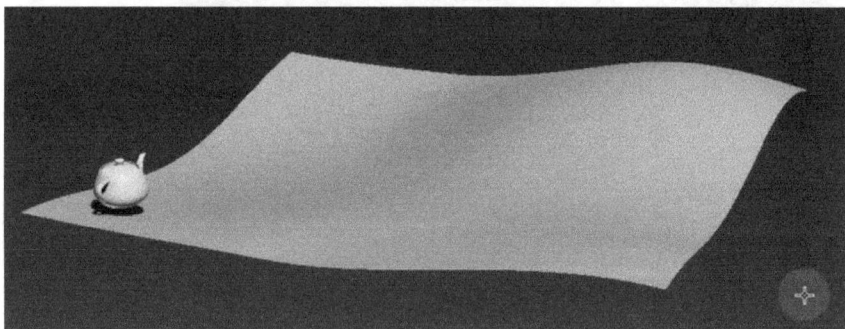

图 1-4-70　平面调整成曲面后的效果

第 3 步：下面演示什么是附着约束。选中茶壶，在主工具栏中选择"动画"→"约束"→"附着约束"命令，单击曲面上的某个位置，就能将茶壶附着到曲面上，如图 1-4-71 所示。

第 4 步：此时，不管曲面如何旋转、位移，茶壶始终都是附着在这个曲面上的，茶壶的坐标是与曲面的切线垂直的，如图 1-4-72 所示。但需要注意的是，当缩放曲面时，茶壶是不会跟着缩放的。

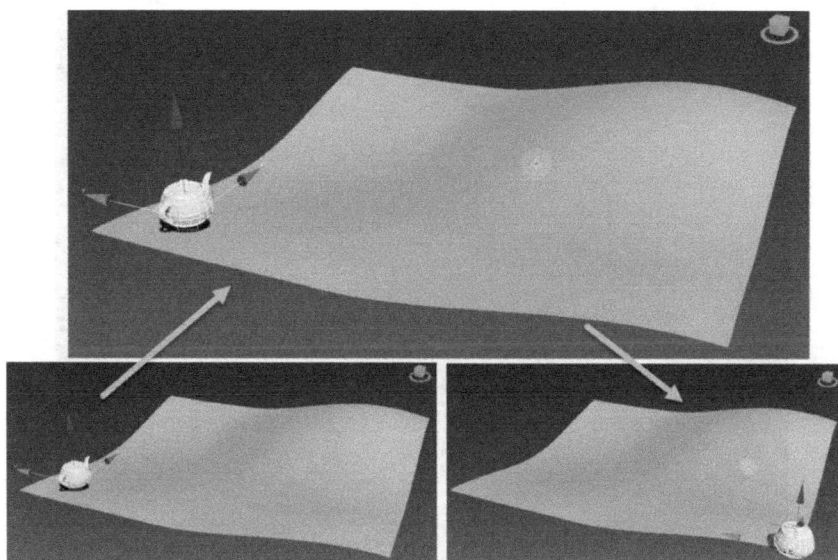

图 1-4-71　将茶壶附着到曲面上

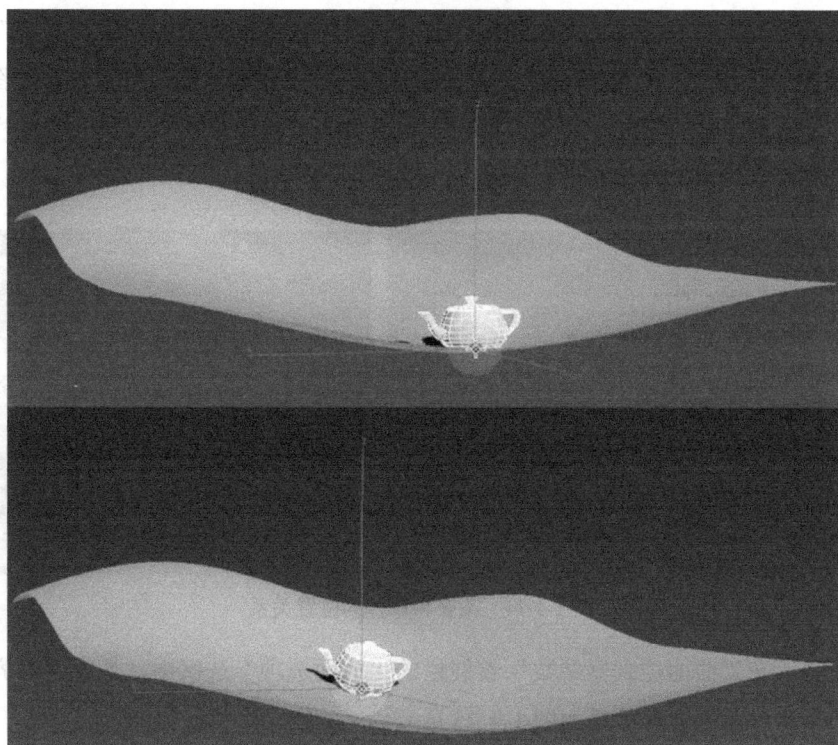

图 1-4-72　附着约束效果

2）曲面约束

第 1 步：先创建一个茶壶，再创建一个球体，如图 1-4-73 所示。在"参数"卷展栏下调整平面的"长度分段"和"宽度分段"的数值。

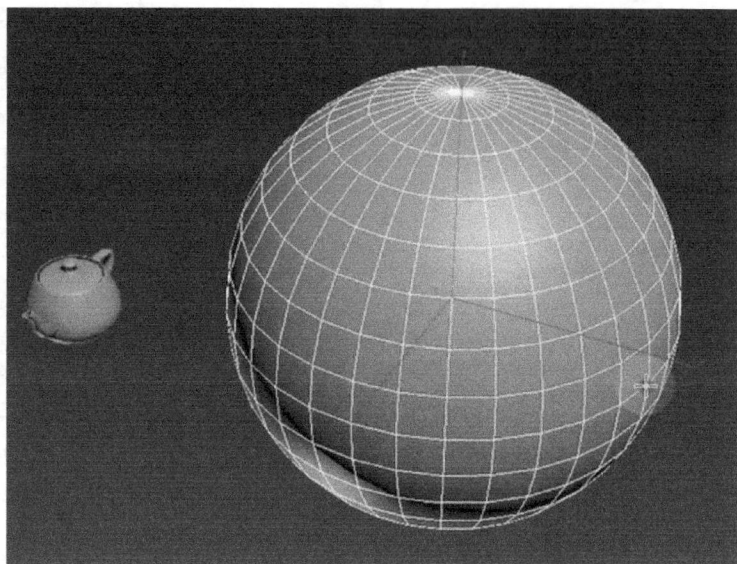

图 1-4-73　创建基本体

第 2 步：下面演示什么是曲面约束。选中茶壶，在主工具栏中选择"动画"→"约束"→"曲面约束"命令，单击球体上的某个位置，此时茶壶和球体的位置关系如图 1-4-74 所示。需要注意的是，此时，打开"运动"面板，在"曲面控制器参数"卷展栏的"曲面选项"选区中，默认选择的是"不对齐"选项。

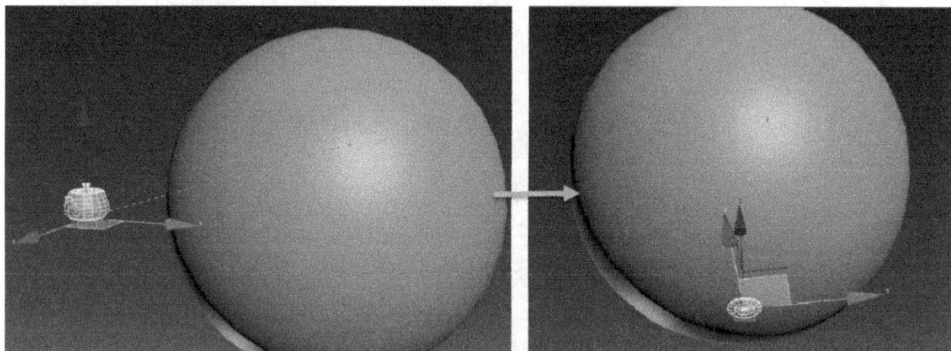

图 1-4-74　茶壶和球体的位置关系

第 3 步：在"曲面控制器参数"卷展栏的"曲面选项"选区中，选择"对齐到 U"选项，茶壶和球体的位置关系如图 1-4-75 所示。

第 4 步：在"曲面控制器参数"卷展栏的"曲面选项"选区中，选择"对齐到 V"选项，茶壶和球体的位置关系如图 1-4-76 所示。

第 5 步：如图 1-4-77 所示，通过微调"V 向位置"的参数值，可使茶壶与球体的曲面切线垂直，此时，茶壶在球体上是不可移动的。

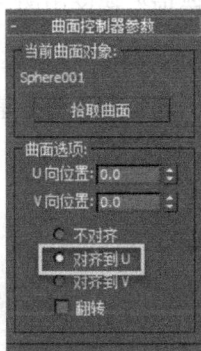

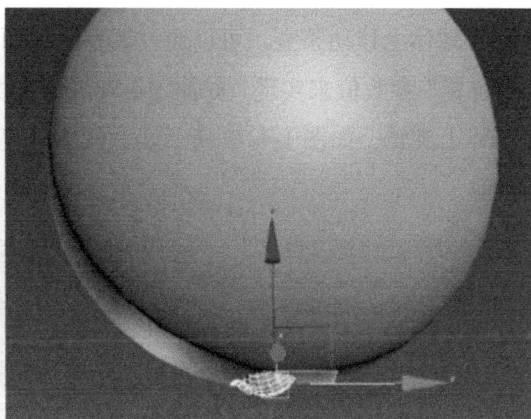

图 1-4-75　选择"对齐到 U"选项后茶壶和球体的位置关系

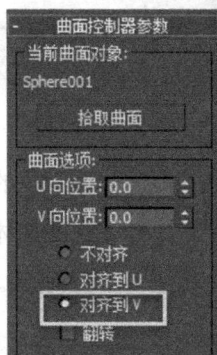

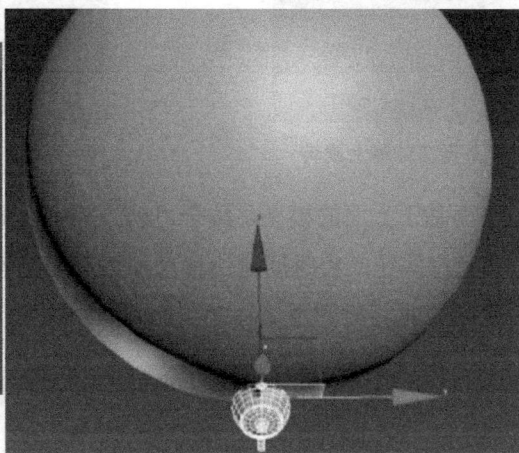

图 1-4-76　选择"对齐到 V"选项后茶壶和球体的位置关系

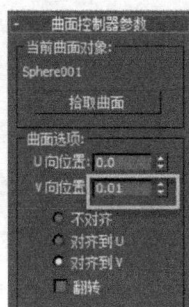

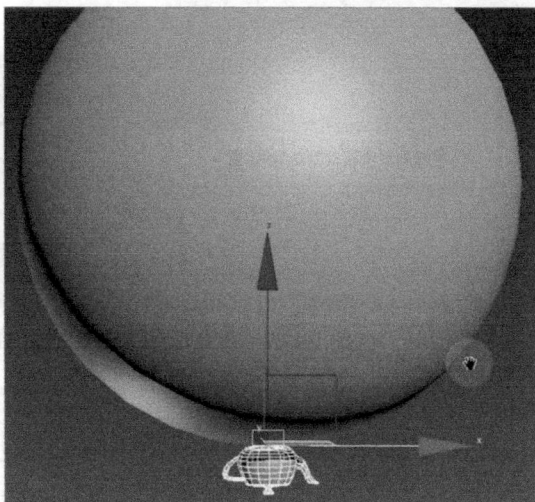

图 1-4-77　调整"V 向位置"参数值后茶壶和球体的位置关系

第 6 步：要在球体上移动茶壶，可以通过调整"曲面选项"选区中的"U 向位置"参数值和"V 向位置"参数值来实现。如图 1-4-78 所示，大幅调整"U 向位置"参数值，可以使茶壶在球体上旋转。如图 1-4-79 所示，大幅调整"V 向位置"参数值，可以使茶壶在球体上滑动。

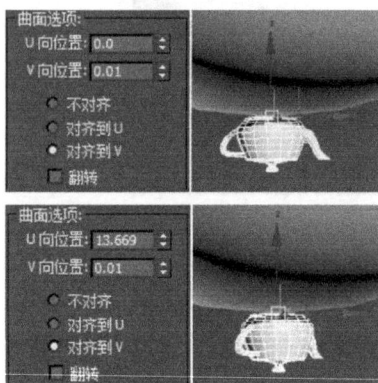

图 1-4-78　使茶壶在球体上旋转

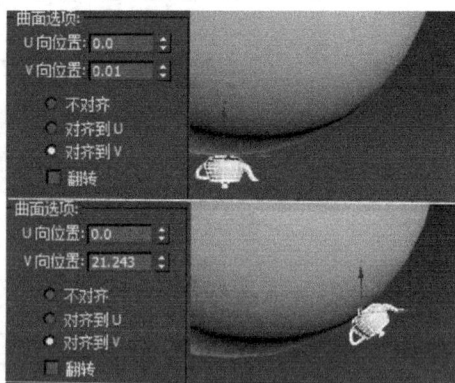

图 1-4-79　使茶壶在球体上滑动

第 7 步：下面基于上面的模型，结合"动画控制"面板实现一种简单的动画效果。单击"自动关键点"按钮，将时间滑块移动到第 0 帧位置，此时茶壶在球体上的初始位置如图 1-4-80 所示，再将时间滑块移动到第 100 帧位置，如图 1-4-81 所示。

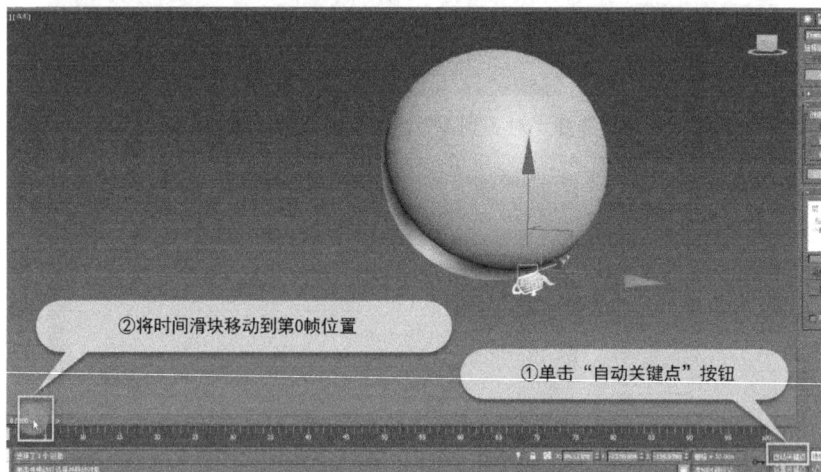

图 1-4-80　茶壶在球体上的初始位置

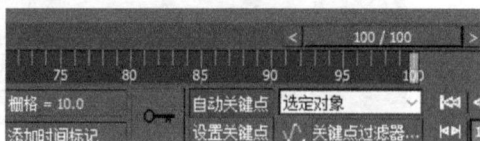

图 1-4-81　将时间滑块移动到第 100 帧位置

第 8 步：选中茶壶，打开"运动"面板中的"曲面控制器参数"卷展栏。参考第 6 步，对"V 向位置"参数值进行调整，使茶壶在球体上发生位移，并确定茶壶在球体上的最终位置，如图 1-4-82 所示。

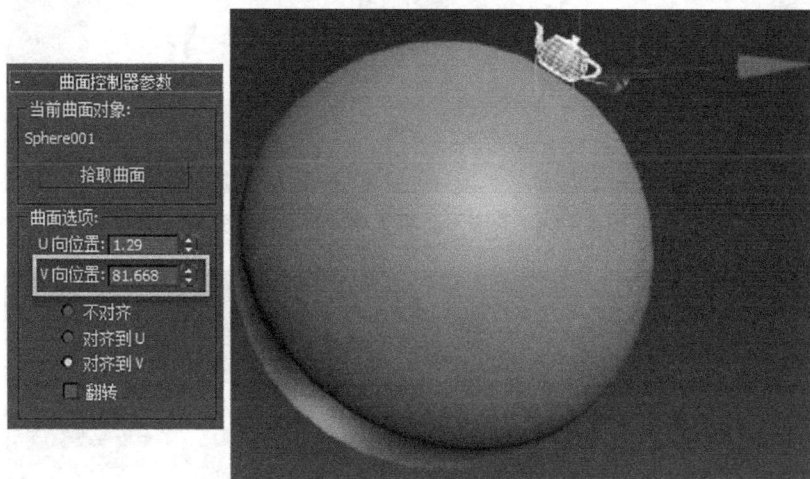

图 1-4-82　确定茶壶在球体上的最终位置

第 9 步：单击"自动关键点"按钮。经过播放测试，最终可以得到茶壶贴合球体表面向上滑动的动画效果，如图 1-4-83 所示。

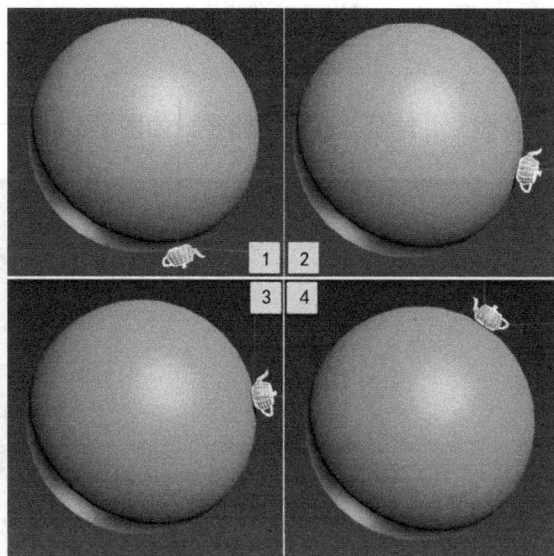

图 1-4-83　茶壶贴合球体表面向上滑动的动画效果

在使用"曲面约束"时，无论如何缩放球体，茶壶都不会跟着缩放，如图 1-4-84 所示；而在旋转、移动球体时，茶壶会随之旋转和移动，如图 1-4-85 所示。

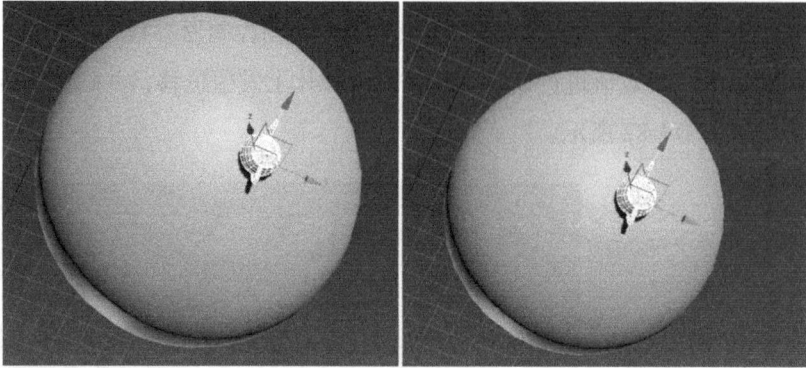

图 1-4-84　茶壶不会随着球体的缩放而变化

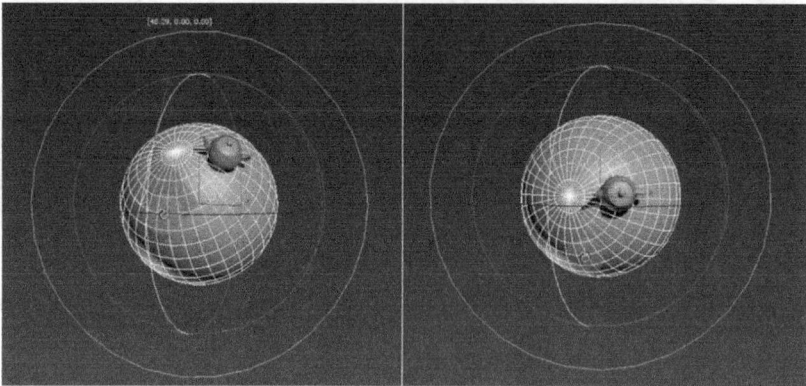

图 1-4-85　茶壶会随着球体旋转和移动

3）路径约束

第 1 步：创建一个茶壶，并绘制一条曲线路径，如图 1-4-86 所示。

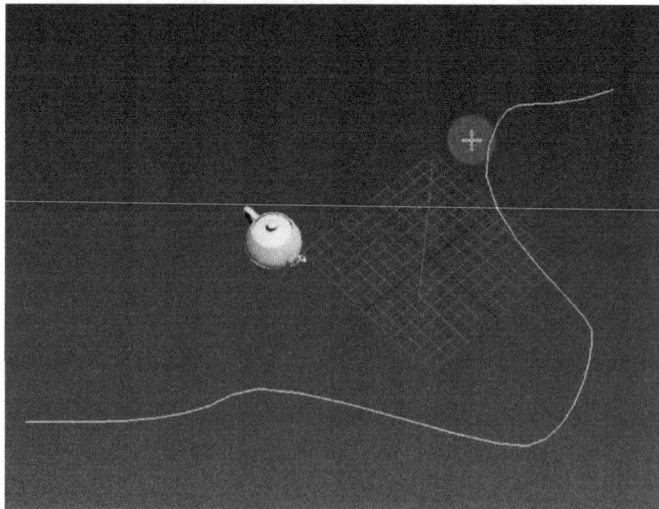

图 1-4-86　创建基本体

第 2 步：选中茶壶，在主工具栏中选择"动画"→"约束"→"路径约束"命令，会发现茶壶与鼠标指针之间有一条约束虚线，如图 1-4-87 左图所示。单击路径，此时茶壶和路径的位置关系如图 1-4-87 右图所示。此时便创建了一条可供茶壶运动的路径。

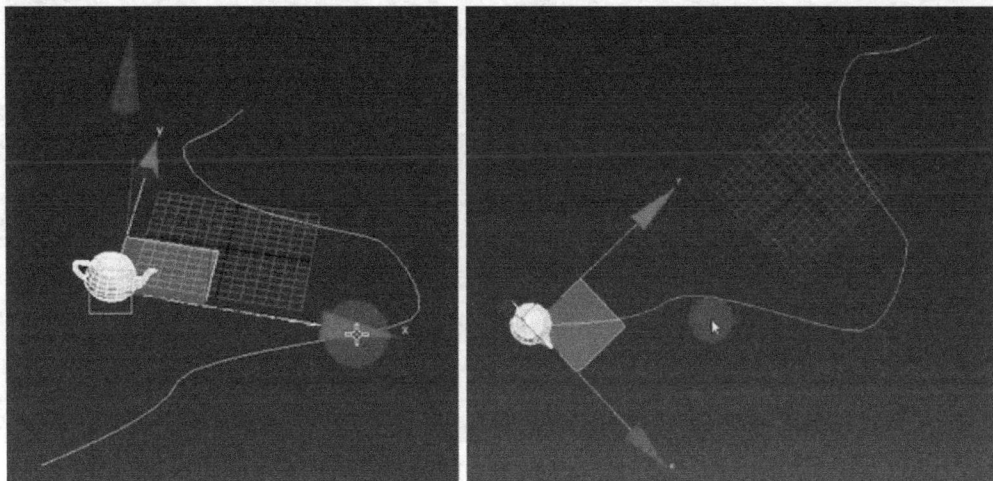

图 1-4-87　茶壶和路径的位置关系

第 3 步：观察下方的时间轴，会发现在时间轴的第 0 帧和第 100 帧位置，软件自动添加关键帧生成了一个动画，如图 1-4-88 所示。单击"播放动画"按钮▷，茶壶运动路径如图 1-4-89 所示。需要注意的是，此时茶壶运动路径的起始位置与曲线路径绘制的起始位置保持一致。

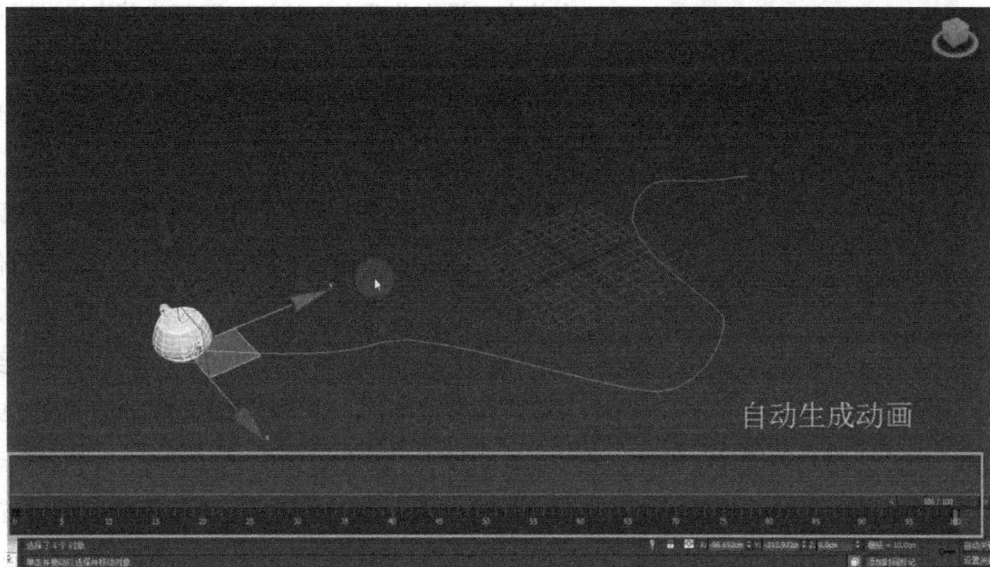

图 1-4-88　自动生成动画

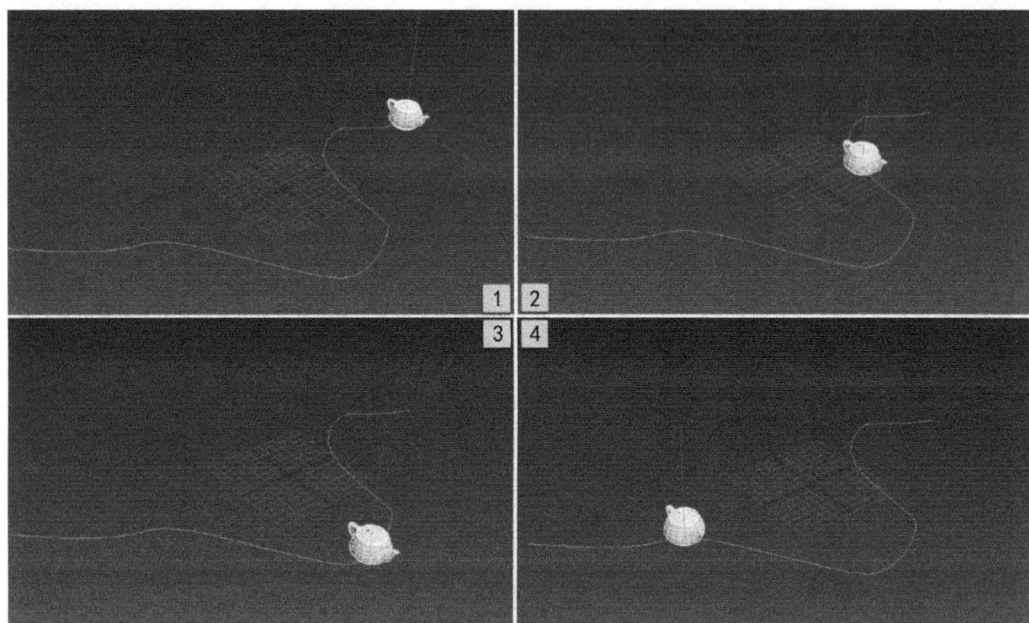

图 1-4-89　茶壶运动路径

图 1-4-90　单击相关按钮

第 4 步：要改变茶壶运动路径的起始位置，有两种方法可供用户使用。下面先来演示第 1 种方法。选中曲线路径，单击"修改"面板中的 ![按钮] 按钮，在"选择"卷展栏中单击"顶点"按钮 ![ ]，如图 1-4-90 所示。然后选中路径的终点，在"几何体"卷展栏中单击"设为首顶点"按钮，即可将茶壶运动时原路径的终点变为起点，如图 1-4-91 所示。

第 5 步：下面来演示第 2 种方法。经过第 4 步的操作，茶壶运动路径的起止点如图 1-4-92 所示。选中茶壶，单击"运动"面板中的 ![按钮] 按钮，在"路径参数"卷展栏中通过修改"%沿路径"的参数值来更改茶壶运动路径的起止点，如图 1-4-93 所示。当"%沿路径"的参数值为"100.0"时，可以看到茶壶位于终点位置，即原动画的尾帧，如图 1-4-94

所示。单击"自动关键点"按钮，将"%沿路径"的参数值改为"0.0"，可以看到茶壶位于起点位置，即原动画的首帧，如图 1-4-95 所示，此时就完成了两个关键帧的设置。最后，将时间滑块从第 0 帧移动到第 100 帧位置，即可完成茶壶运动路径的起止点变更，如图 1-4-96 所示。

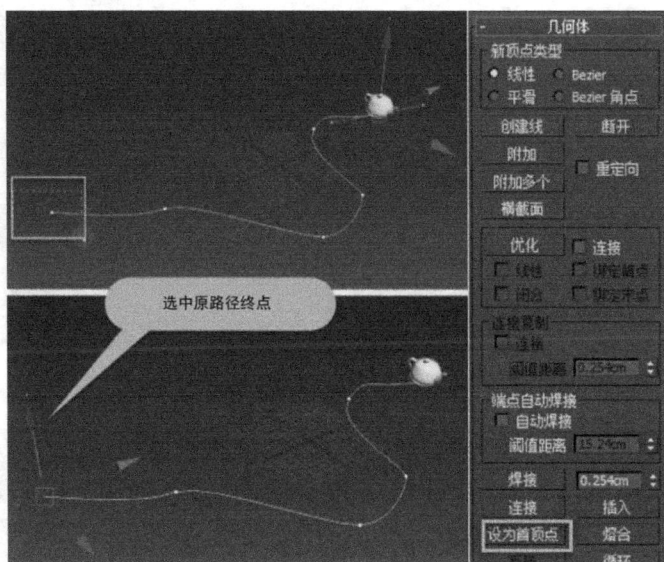

图 1-4-91　将原路径的终点变为起点

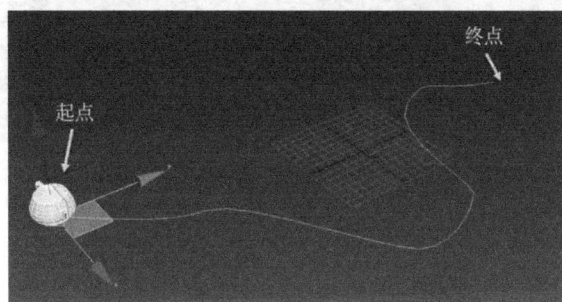

图 1-4-92　经过第 4 步操作后的茶壶运动路径的起止点

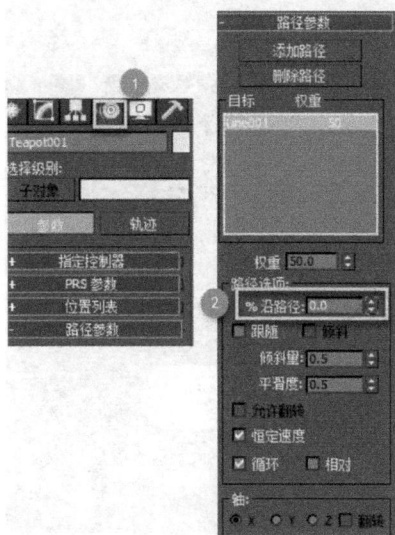

图 1-4-93　通过修改"%沿路径"的参数值更改路径的起止点

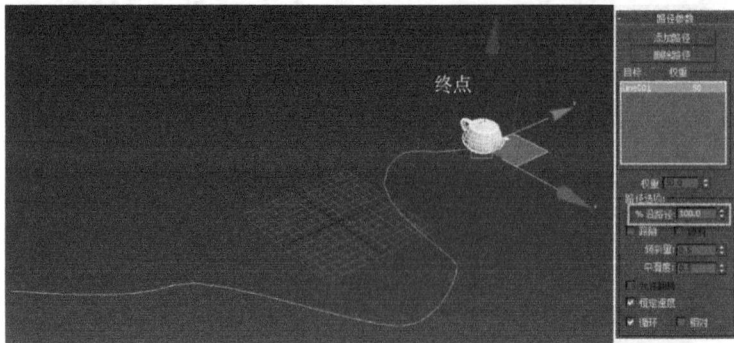

图 1-4-94 "%沿路径"的参数值为"100.0"

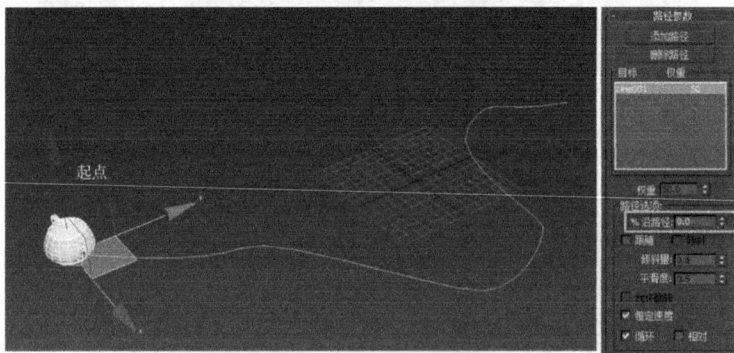

图 1-4-95 "%沿路径"的参数值为"0.0"

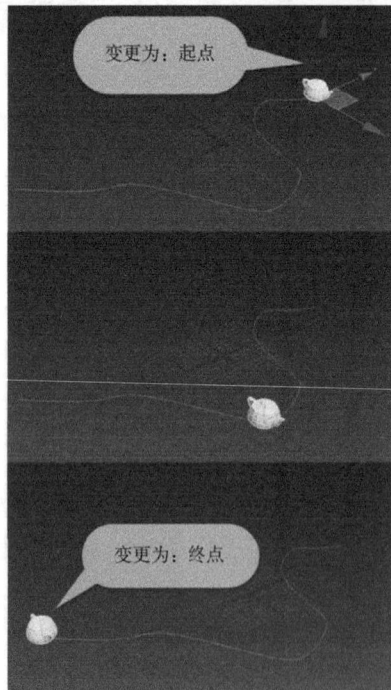

图 1-4-96 茶壶运动路径的起止点再次变更

第 6 步：如图 1-4-97 左图所示，茶壶的壶嘴并没有正对着运动路径，在"路径参数"卷展栏中勾选"跟随"复选框，即可实现如图 1-4-97 右图所示的效果。

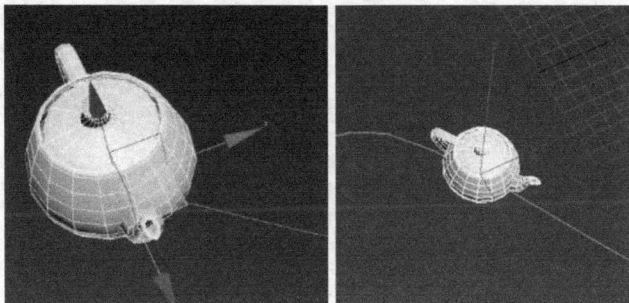

图 1-4-97　使茶壶的壶嘴对齐运动路径

4）位置约束

第 1 步：创建一个长方体和一个正方体，如图 1-4-98 所示。

图 1-4-98　创建基本体

第 2 步：选中长方体，在主工具栏中选择"动画"→"约束"→"位置约束"命令，会发现长方体与鼠标指针之间有一条约束虚线，如图 1-4-99 左图所示。单击长方体，此时长方体和正方体的位置关系如图 1-4-99 右图所示。此时，无论是缩放正方体，还是旋转正方体，长方体都不会跟着变化，如图 1-4-100 和图 1-4-101 所示。只有当正方体发生位移时，长方体才会随之发生位移，如图 1-4-102 所示。

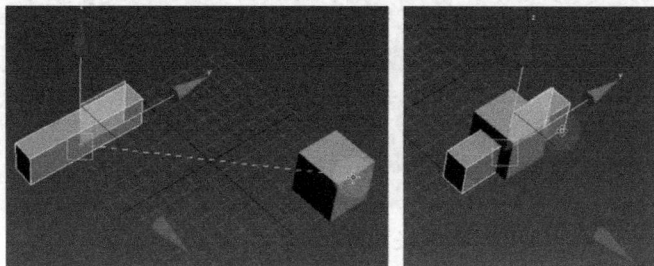

图 1-4-99　长方体和正方体的位置关系

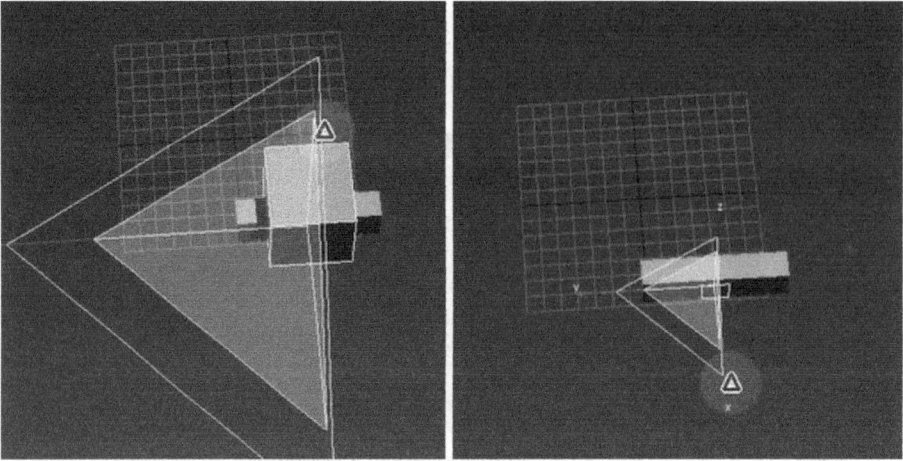

图 1-4-100　长方体不因正方体缩放而变化

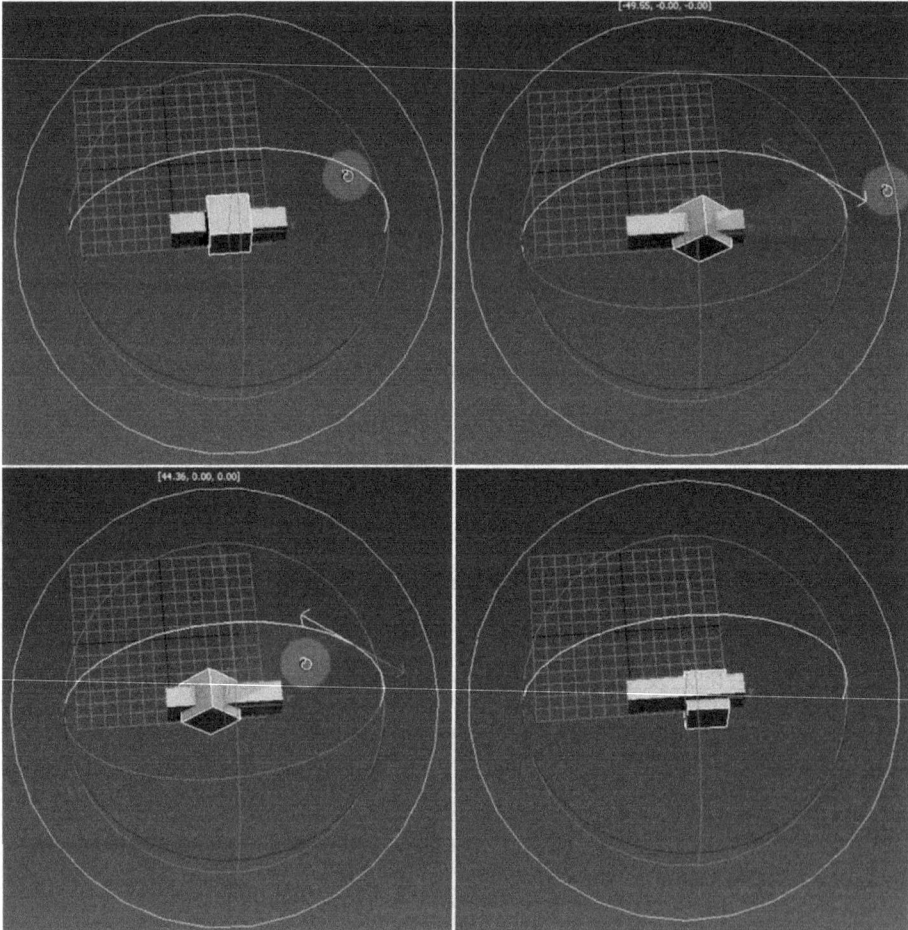

图 1-4-101　长方体不因正方体旋转而变化

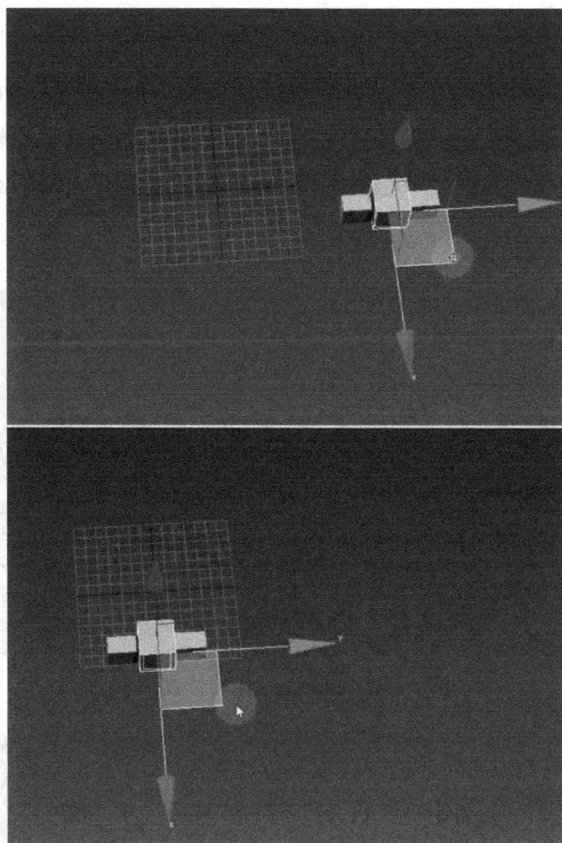

图 1-4-102 长方体因正方体发生位移而变化

由此可见，"位置约束"仅仅约束物体的位移状态，而对物体的旋转值和缩放值没有影响。

5）链接约束

第 1 步：创建一个蓝色球体和一个绿色球体，如图 1-4-103 所示。

图 1-4-103 创建基本体

第 2 步：选中蓝色球体，在主工具栏中选择"动画"→"约束"→"链接约束"命令，蓝色球体与鼠标指针之间有一条约束虚线，如图 1-4-104 左图所示。单击绿色球体，此时两个球体的位置关系如图 1-4-104 右图所示。此时，无论是旋转绿色球体、移动绿色球体，还是缩放绿色球体，蓝色球体都会随之发生变化，如图 1-4-105、图 1-4-106 和图 1-4-107 所示。

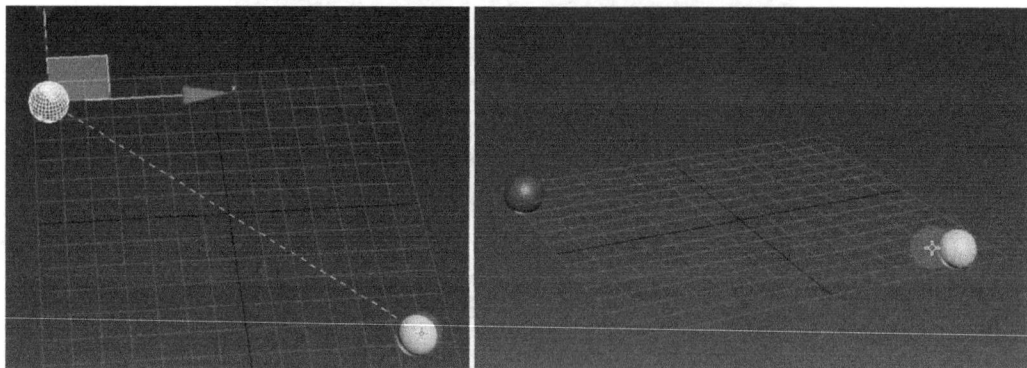

图 1-4-104　两个球体的位置关系

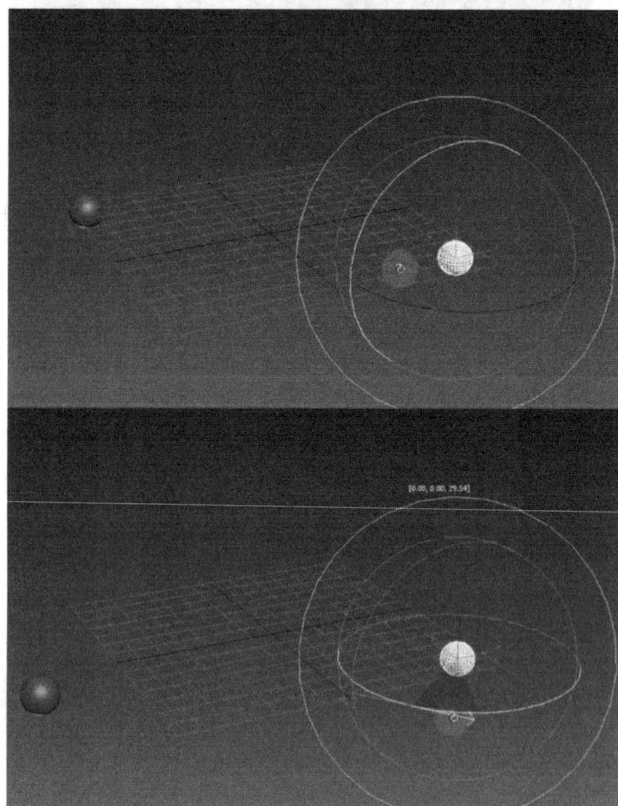

图 1-4-105　蓝色球体随绿色球体旋转而变化

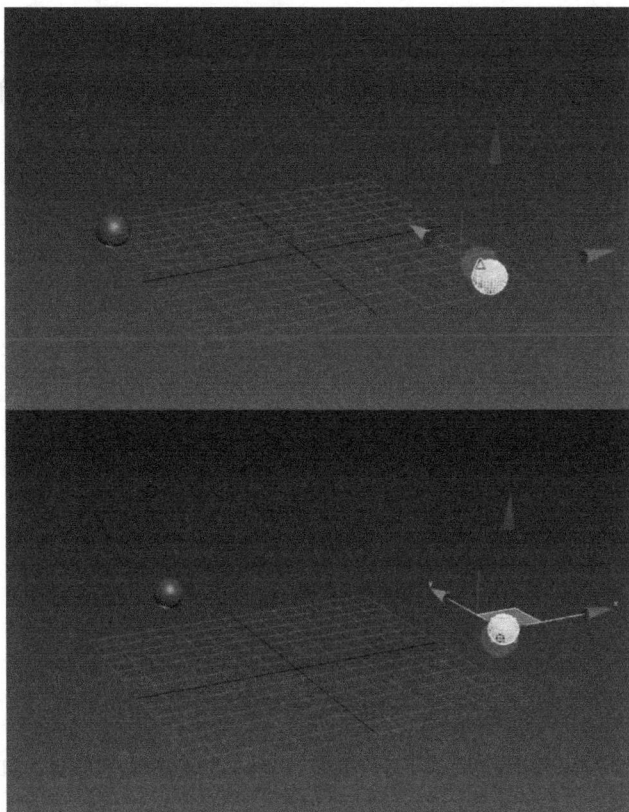

图 1-4-106　蓝色球体随绿色球体移动而变化

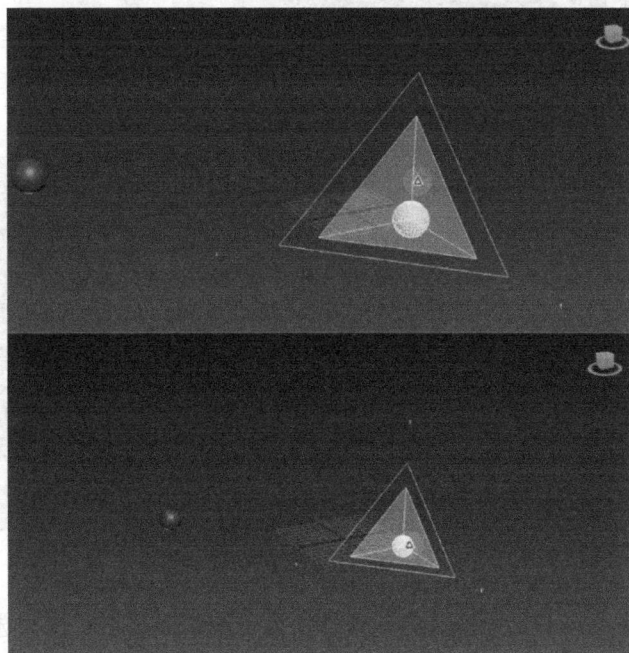

图 1-4-107　蓝色球体随绿色球体缩放而变化

6）注视约束

第 1 步：为了更好地表现"注视约束"的效果，需要制作一个简单的眼球模型。首先，创建一个球体，如图 1-4-108 所示。

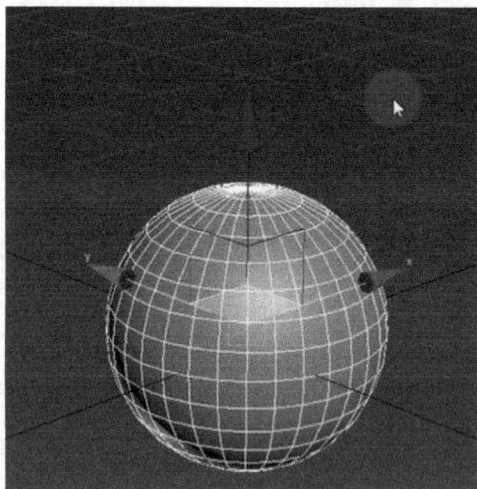

图 1-4-108　创建基本体

第 2 步：打开"材质编辑器"窗口，选择一个材质球并赋予球体，如图 1-4-109 所示。

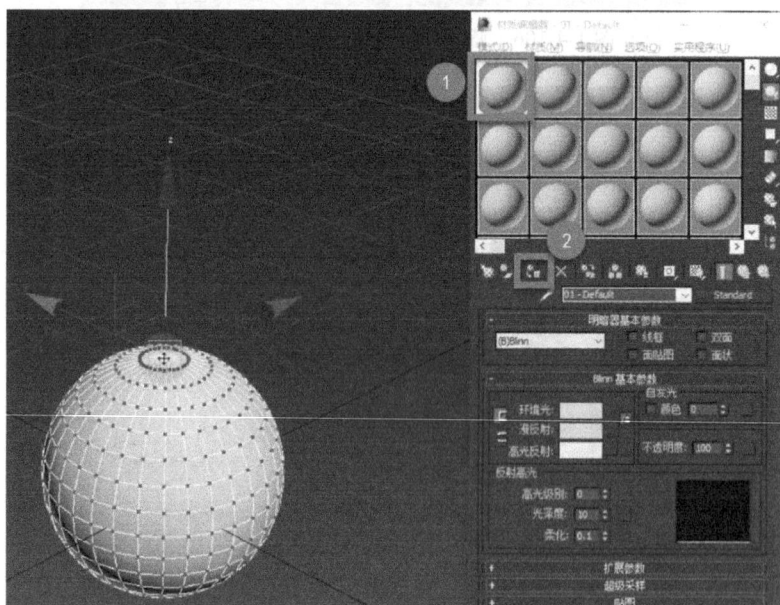

图 1-4-109　将材质球赋予球体

第 3 步：如图 1-4-110 所示，将球体转换为可编辑多边形。在"选择"卷展栏中单击"顶点"按钮　，并选中球体顶部的中心点，如图 1-4-111 所示。

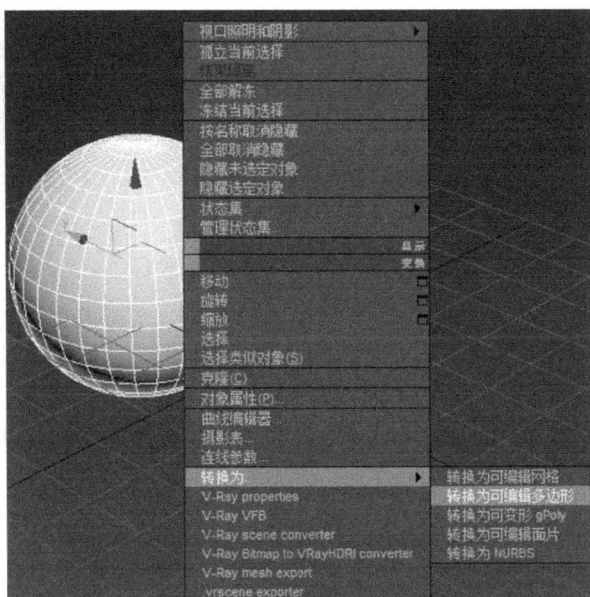

图 1-4-110　将球体转换为可编辑多边形

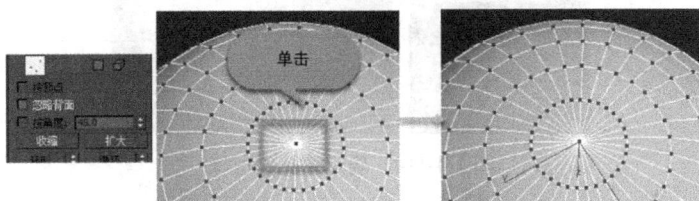

图 1-4-111　选中球体顶部的中心点

第 4 步：如图 1-4-112 所示，单击两次"扩大"按钮，可看到选择区域的增大效果。再单击"收缩"按钮，将选择区域缩小，如图 1-4-113 所示。

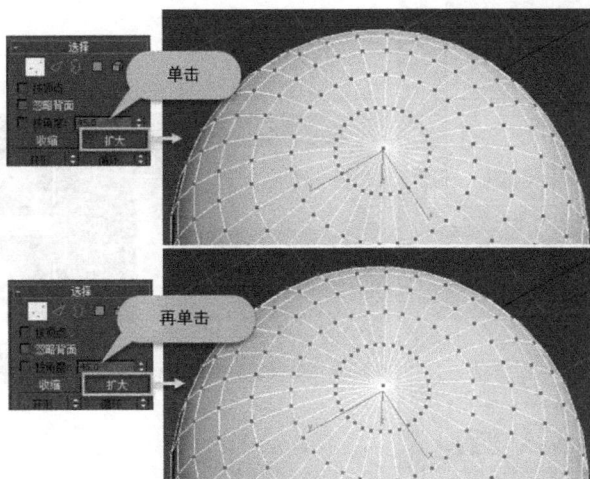

图 1-4-112　扩大选择区域

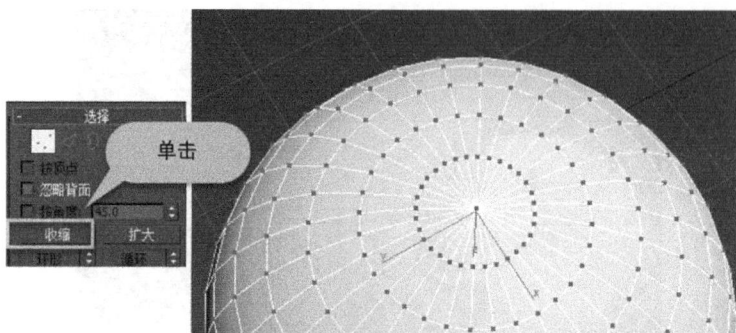

图 1-4-113　缩小选择区域

第 5 步：在"选择"卷展栏中单击"多边形"按钮▣，确定瞳孔的区域，如图 1-4-114
所示。

图 1-4-114　确定瞳孔的区域

第 6 步：在"材质编辑器"窗口中选择另一个材质球并赋予瞳孔，单击"漫反射"
右侧的颜色框，打开"颜色选择器：漫反射颜色"对话框，设置颜色参数，如图 1-4-115
所示。眼球的模型效果如图 1-4-116 所示，复制该眼球模型，即可完成一双眼球的制作。

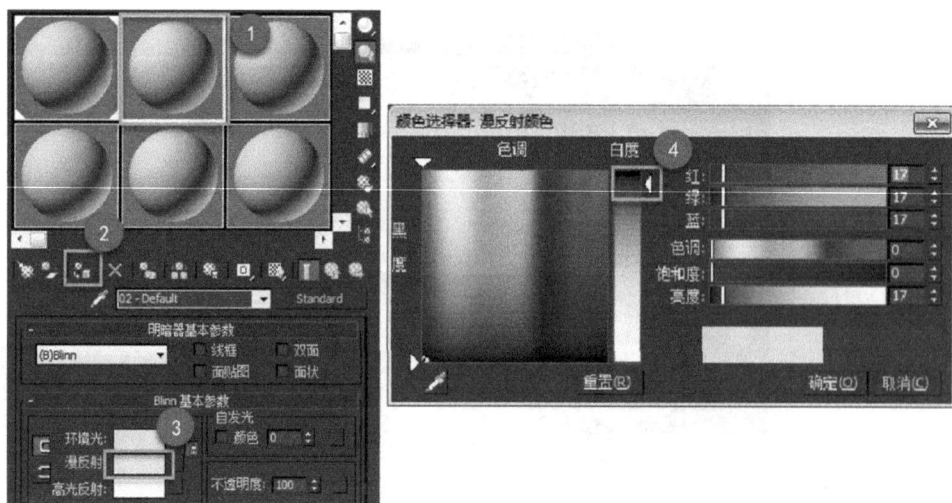

图 1-4-115　设置漫反射颜色参数

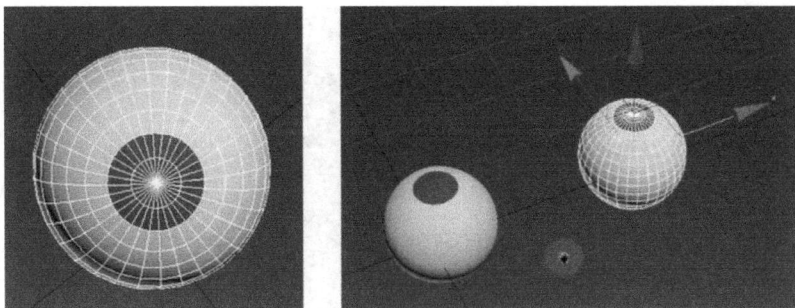

图 1-4-116　眼球的模型效果

第 7 步：在两只眼球前方创建一个正方体，如图 1-4-117 所示。

第 8 步：选中其中一只眼球，在主工具栏中选择"动画"→"约束"→"注视约束"命令，会发现眼球与鼠标指针之间有一条约束虚线。此时单击正方体，即可建立该眼球与正方体之间的注视约束联系，同理，选中另一只眼球，创建该眼球与正方体之间的注视约束联系，如图 1-4-118 所示。但此时瞳孔的朝向是向外的，并没有追随正方体，如图 1-4-119 所示。

图 1-4-117　创建正方体

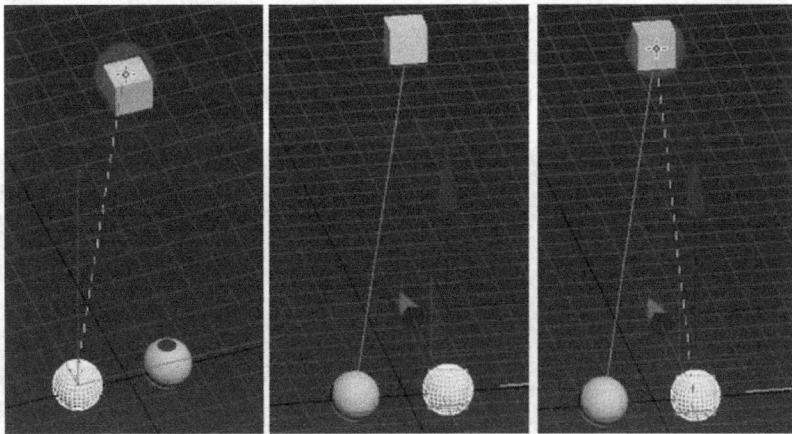

图 1-4-118　创建眼球与正方体之间的注视约束联系

第 9 步：下面来调整瞳孔的朝向，选中一只眼球，打开"运动"面板，在"注视约束"卷展栏中勾选"保持初始偏移"复选框，调整瞳孔的朝向，如图 1-4-120 所示。同理，对另一只眼球进行相同的操作，将两只眼球的瞳孔都调整至初始的朝向，如图 1-4-121 所示。此时，无论怎样移动正方体，眼球的瞳孔的朝向都是追随着它的，这就是一双眼睛在注视着一个物体的效果，如图 1-4-122 所示。

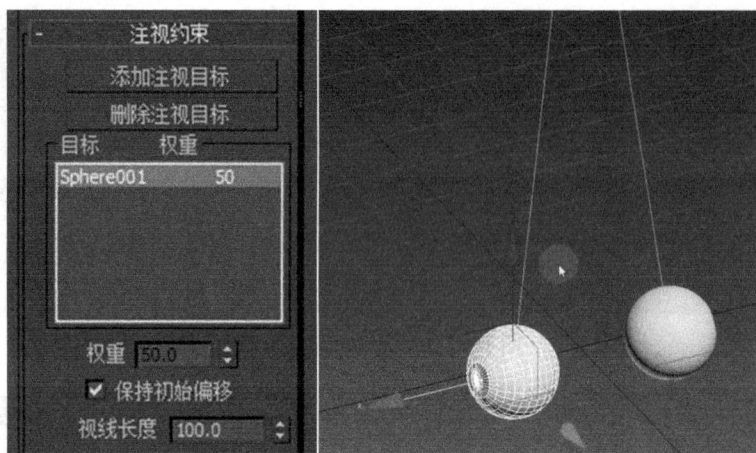

图 1-4-119　瞳孔朝向外

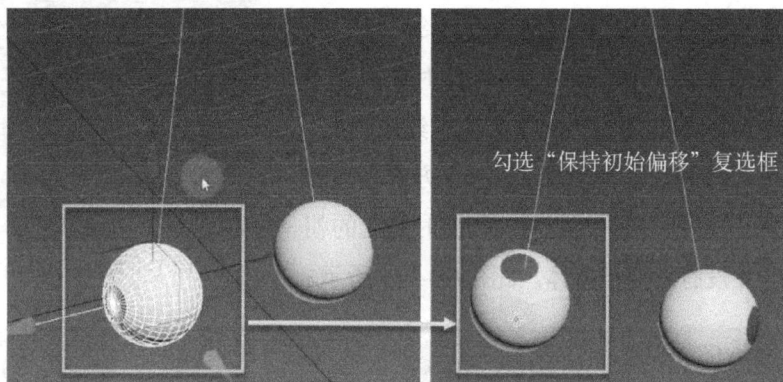

图 1-4-120　调整一只瞳孔的朝向

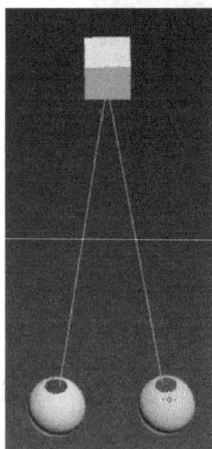

图 1-4-121　将两只眼球的
瞳孔都调整至初始朝向

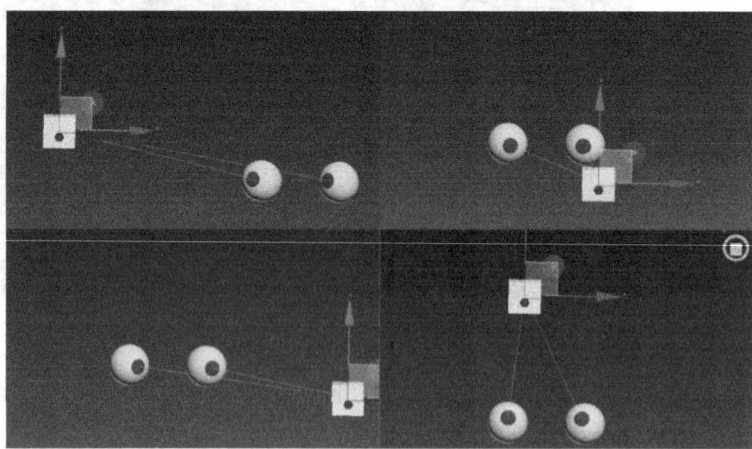

图 1-4-122　眼睛注视着正方体的效果

7）方向约束

第 1 步：创建一个长方体和一个球体，如图 1-4-123 所示。

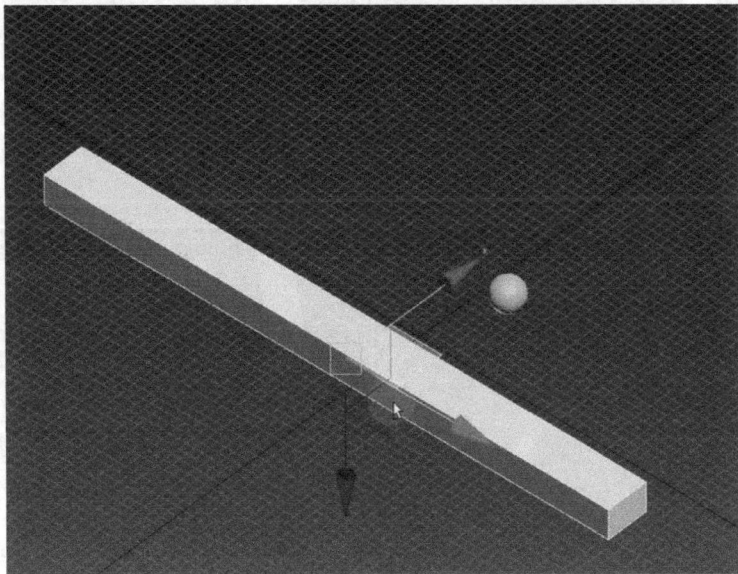

图 1-4-123　创建基本体

第 2 步：选中长方体，在主工具栏中选择"动画"→"约束"→"方向约束"命令，会发现长方体与鼠标指针之间有一条约束虚线，如图 1-4-124 左图所示，单击球体，此时长方体和球体的位置关系如图 1-4-124 右图所示。无论如何移动球体，长方体都不会随着移动，如图 1-4-125 所示。同时，我们是无法旋转长方体的，如图 1-4-126 所示，但是可以通过旋转球体来带动长方体旋转，如图 1-4-127 所示。这说明应用"方向约束"的几何体本身是不会发生方向改变的，只能随着目标物体的改变而改变。

图 1-4-124　长方体和球体的位置关系

图 1-4-125　长方体不随球体移动而变化

图 1-4-126　无法旋转长方体

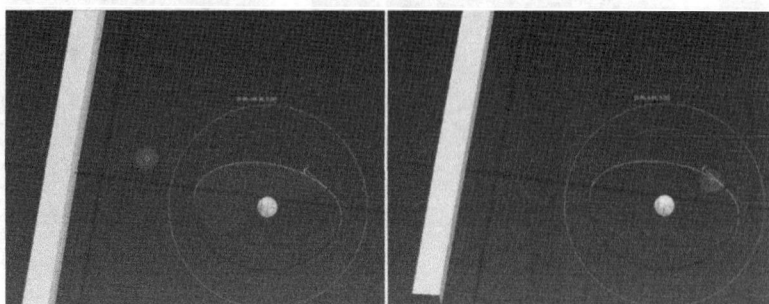

图 1-4-127　通过旋转球体来带动长方体旋转

1.5　本章小结

第 1 节通过实例演示了如何创建场景类模型，从导入参考图开始，到制作教室轮廓、导入桌椅模型、刻画墙面细节、制作室内物品、制作窗户及窗边装饰、制作投影仪，再到对 VR 场景进行 UV 贴图。

第 2 节通过实例演示了如何制作人物角色模型，在了解了人体结构之后，分步制作模型，包括头/颈部、躯干、腿/脚、手臂和手掌，最后对模型整体进行调整。

第 3 节以制作毛毛虫为例，学习了如何制作生物模型，在模型基本体创建完成之后，再对模型进行 UV 展开、材质添加、渲染，最后完成模型的 UV 贴图。

第 4 节学习了制作物体动画的知识，对 3ds Max 的动画界面、"运动"面板、关键点、动画控制器、骨骼、父子关系、FK 和 IK 等知识点进行了详细介绍，并对 7 种动画约束类型的使用方法进行了演示。

第 2 章
C#编程语言基础

学习任务

【任务 1】了解 C#的概念及其功能特性。

【任务 2】了解 C#集成开发环境，掌握 Visual Studio 的安装和使用方法。

【任务 3】了解 C#基础知识、代码的注释、常用快捷键、变量的定义。

【任务 4】了解 C#的结构类型，掌握各种结构实现的方法。

【任务 5】了解一维数组、多维数组与常见字符串的使用方法。

【任务 6】掌握方法的定义，能够区分静态方法和非静态方法。

【任务 7】了解面向对象编程的思想，以及封装、继承、多态的含义。

学习路线

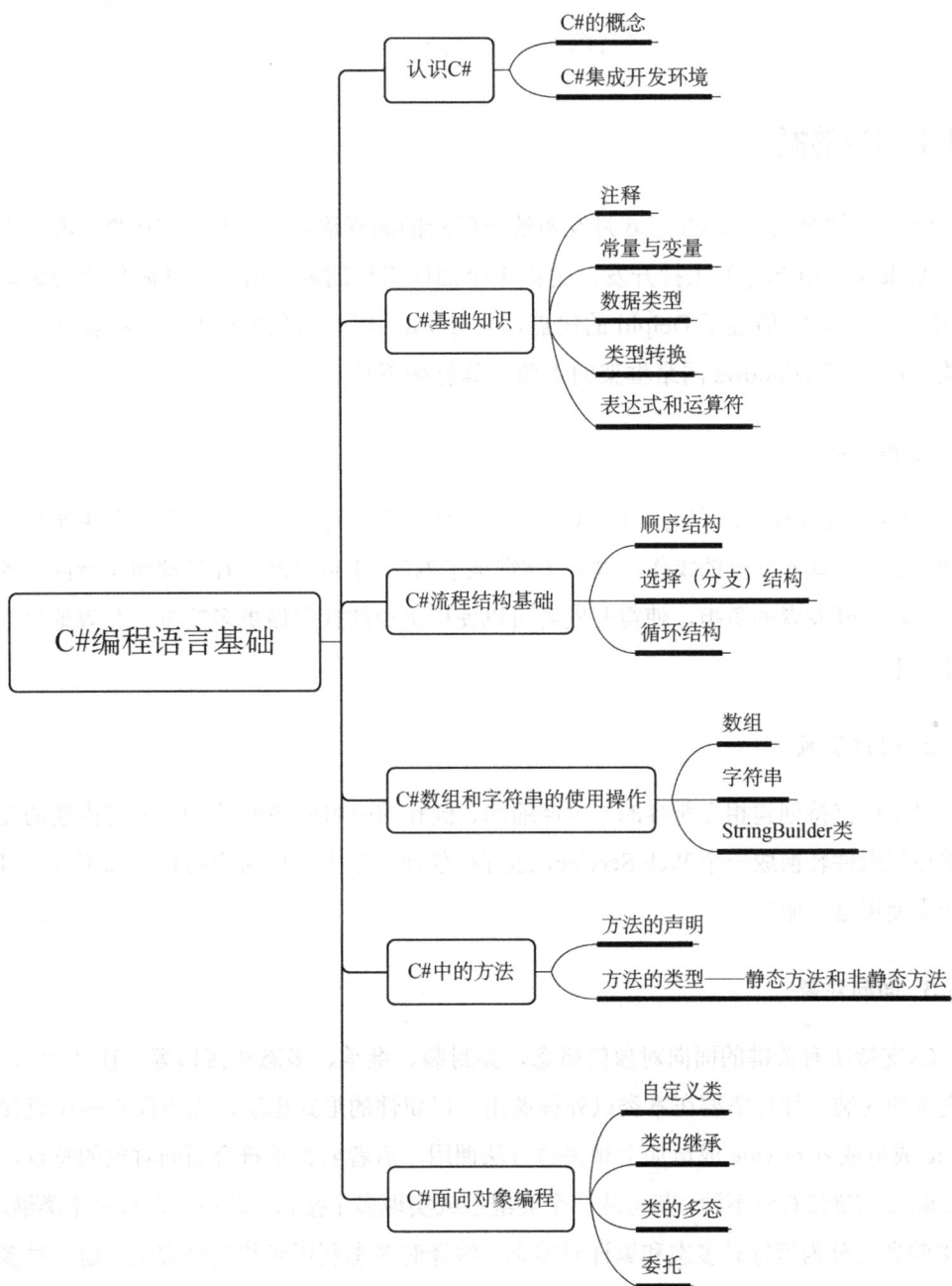

2.1 认识 C#

2.1.1 C#的概念

C#是微软公司在 2000 年 6 月发布的一门新的编程语言，主要由安德斯·海尔斯伯格（Anders Hejlsberg）主持开发，是第 1 个面向组件的编程语言，其源代码会编译成 MSIL 再运行。C#借鉴了 Delphi 的优点，与 COM（组件对象模型）是直接集成的，是微软公司.NET Windows 网络框架的主角，具有如下特点。

1. 操作简单

在 C#开发过程中没有沿用 C、C++中的指针概念，这样程序既不容易发生错误，也有利于阻止一些不安全的操作，同时 C#继承了.NET 平台自动内存管理和垃圾回收的特点，减轻了开发者的负担，使得开发者可以使用更少的代码做更多的事，有效地提高了工作效率。

2. 符合主流

对于可支持创建相互兼容的、可伸缩的、健壮的应用程序来说，C#拥有内建的支持来将任何组件转换成一个 Web Service，运行在任何平台上的任何应用程序都可以通过互联网来使用这个服务。

3. 面向对象

C#支持所有关键的面向对象的概念，如封装、继承、多态和接口等。在 C#中，对于变量的封装，往往需要在本类以外被调用，以属性的形式出现，而不像 C++中直接以 public 成员或者 private 成员加上相关的方法调用，后者要么不符合面向对象的特点，要么太麻烦。C#和 C++不同，其可从一个类继承或实现多个接口，但不可以从多个类继承。C#中的多态分为运行时多态和编译时多态。编译时多态利用函数重载实现，运行时多态通过重写虚方法的方式实现。

4. 类型安全

在使用 C++编程时需要防止编写的程序出现数组越界问题，例如，i/j 时，忘记判断

j!=0 的情况，但是在 C#中，很难出现以上错误。

5. 版本控制

C#可以很好地支持版本控制。C#不提供版本控制功能，但是可以为开发人员进行版本控制提供支持。有了这种支持，开发人员就可以确保当他的类库升级时，仍保留对已存在的客户应用程序的二进制兼容。

6. 兼容性强

一门新语言的出现，都要顾及与之前的技术体系是否兼容的问题，C#在很大程度上保持了与外界技术的兼容。

2.1.2　C#集成开发环境

1. C#与.NET 之间的关系

C#本身是一门语言，它用于生成面向.NET 环境的代码，但并不是.NET 的一部分。.NET 支持的一些特性，C#并不支持。而 C#支持的一些特性，.NET 却不支持（如运算符重载）。换言之，C#编写的代码总是运行在.NET Framework 中的。而且，在很多时候，C#的特定功能依赖于.NET。比如，在 C#中声明的 int 类型，实际上是.NET 中 System.Int32 类的一个实例。C#是专门为与 Microsoft 的.NET Framework 一起使用而设计的。

2. .NET Framework 概述

.NET 有 3 个版本：.NET Framework、.NET Core 和 Xamarin，这些实现组合称为.NET 开发平台。.NET Framework 是该平台的第 1 个也是最早的实现，包括 3 个主要的应用程序模型：WPF（Windows Presentation Foundation）、ASP.NET 和基类库（BCL）。

（1）WPF 是一个 UI 框架，主要用于为 Windows 操作系统上的桌面客户端应用程序创建图形界面。WPF 使用可扩展应用程序标记语言（XAML）的功能。

（2）ASP.NET。ASP.NET 用于开发动态网站和 Wed 应用程序，其核心是公共语言运行时（CLR），开发人员有机会使用不同的.NET 语言编写 ASP.NET 代码。公共语言运行时是一个应用程序虚拟机，它的主要功能是管理内存、实现代码访问安全性、验证代码安全性并提供线程和代码的执行。

（3）基类库（BCL）提供最常见的功能，如命名空间中的类，是框架类库（FCL）的核心，是一组可重用的接口，类和值类型与公共语言运行时（CLR）紧密集成，FCL

和 CLR 的组合构成了.NET Framework。

3. Visual Studio 的安装和使用

（1）首先确保计算机支持 Visual Studio 的安装。

① 操作系统需支持；

② 硬件设备需支持；

③ 支持多种语言切换（安装过程中可选择语言）；

④ 其他要求：

● 管理员权限；

● 版本为.NET Framework 4.5；

● 安装过程中会安装.NET Framework 4.7.2。

（2）下载 Visual Studio 并进行安装。

（3）Visual Studio 拥有很多常用快捷键，如表 2-1-1 所示。

表 2-1-1　Visual Studio 常用快捷键

快　捷　键	功　　能
Ctrl+K	删除光标所在行后面的代码
Ctrl+Alt+C	注释/不注释该行
Ctrl+C	复制
Ctrl+V	粘贴
Ctrl+S	保存
Ctrl+X	剪切
Ctrl+Z	撤销
Ctrl+Shift+Z	反撤销
Alt+↑/Ctrl+↓	移动某一行代码
Ctrl+Page Down	像鼠标滚轮一样向下拖动
Ctrl+Page Up	像鼠标滚轮一样向上拖动
Ctrl+F	在当前文档中查找
Ctrl+Shift+F	在工程全部文档中查找
Ctrl+H	替换代码
Ctrl+Shift+W	关掉所有脚本
Ctrl+Alt+Space	代码提示
查看上一项：F3/Ctrl+F3 查看下一项：Shift+F3/Ctrl+Shift+F3	查看下一项/上一项

2.2 C#基础知识

2.2.1 注释

注释就是对代码的解释和说明，其目的是让别人和自己可以看懂这段代码的作用。注释只是为了提高可读性，不会被计算机编译。通俗来说，注释是给开发人员看的，不是给计算机读的。C#中的注释可以分为单行注释和多行注释。

1. 单行注释

单行注释的格式为双斜杠//，例如：

```
//这是一个注释
```

2. 多行注释

C#中的多行注释有两种：一种通常是用于注释内容的；另一种通常是用于注释 C#方法的。

（1）用于注释内容的多行注释的格式为/*注释的内容*/，例如：

```
/*
注释内容，
可以随意换行
*/
```

（2）用于注释 C#方法的多行注释的格式为 3 条斜杠///，例如：

```
/// <summary>
///管理层的工资
/// </summary>
/// <param name="money">工资</param>
/// <param name="fh">分红</param>
/// <returns></returns>
public double Calculation(double money)
{
    int fh = 10000;
    return money + fh;
}
```

2.2.2 常量与变量

1. 常量

常量是指在编译时其值能够确定，并且在程序运行过程中值不会发生变化的量。

2. 变量

变量是指在程序运行过程中其值可以被改变的量。其具有如下特征。

（1）变量的类型可以是任何一种 C#的数据类型。

（2）变量的本质是一个存储空间，不是存储空间的大小在改变，而是存储的内容在改变。

（3）变量在使用前必须先定义。

（4）在 C#中变量定义的格式为"数据类型 变量名 = 初始值;"。

① 数据类型：规定了变量的空间大小，也规定了变量的数据类型。

② 变量名：给变量命名，起到标识的作用。

③ =：赋值号，把右边的值赋值给左边的变量。

④ 初始值：可有可无，根据具体情况而定；表示单个字符的值时，需要用单引号引起来；表示单精度浮点数的值时，末尾要加上字母 f。

⑤ 分号（;)：在变量定义的末尾一定要加该符号。

（5）变量的命名规范：由字母、数字、下画线和@符号组成，并且不能以数字开头；不能与其他变量重名；不能使用系统的关键字；见名知意。

（6）变量通常采用驼峰命名法。例如：

① 定义一个整型变量，变量名为 a，初始值为 100；

```
int a = 100;
```

② 定义一个字符型变量，变量名为 b，初始值为 0；

```
char b = '0';
```

③ 定义一个单精度浮点型变量，变量名为 c，初始值为 3.14；

```
float c = 3.14f;
```

④ 定义一个双精度浮点型变量，变量名为 d，初始值为 2.1234。

```
double  d = 2.1234;
```

2.2.3　数据类型

在程序开发过程中，数据类型用来规定数据容器的大小，以及区分不同数据的存放空间。数据类型就像餐桌上不同规格的餐具一样，通过这些餐具可以让一顿丰富的大餐充分利用有限大小的餐桌呈现出来，合理使用餐具既不会让食物溢出来，又不会浪费餐桌的空间。同理，合理使用数据类型，既能满足在程序开发过程中数据存放的需求，又不会浪费计算机有限的内存资源，所以，数据类型是在程序开发过程中开发人员必须掌握的知识。

1. 字节和位的概念

（1）位：bit，表示二进制数中的一位，是二进制的最小信息单位，用 b 来表示。

（2）字节：byte，8 位表示一字节，字节是计算机中处理数据的基本单位，位与字节的关系为 1byte = 8bit。

2. 常见数据类型

常见数据类型如表 2-2-1 所示。

表 2-2-1　常见数据类型

英 文 名 称	中 文 名 称	大　　小
bool	布尔	1 字节
byte	字节	1 字节
sbyte	有符号字节	1 字节
char	字符	2 字节
short	短整型	2 字节
ushort	无符号短整型	2 字节
int	整型	4 字节
uint	无符号整型	4 字节
float	单精度浮点型	4 字节
long	长整型	8 字节
ulong	无符号长整型	8 字节
double	双精度浮点型	8 字节
decimal	高精度浮点型	16 字节

2.2.4　类型转换

在 C#中，一些预定义的数据类型之间存在着预定义的转换关系。例如，从 int 类型转换到 long 类型。在 C#中，数据类型的转换可以分为两类：隐式转换（Implicit Conversions）和显式转换（Explicit Conversions）。

1. 隐式转换

隐式转换是指系统默认的、不需要加以声明就可以进行的转换。在隐式转换过程中，编译器无须对转换进行详细检查就能够安全地执行转换。例如，从 int 类型转换到 long 类型就是一种隐式转换。隐式转换一般不会失败，转换过程中也不会导致信息丢失。

例如：

```
int i = 10;
long j = i;
```

基本数据类型转换如下所示。

（1）从 sbyte 类型到 short、int、long、float、double 或 decimal 类型。

（2）从 byte 类型到 short、ushort、int、uint、long、ulong、float、double 或 decimal 类型。

（3）从 short 类型到 int、long、float、double 或 decimal 类型。

（4）从 ushort 类型到 int、uint、long、ulong、float、double 或 decimal 类型。

（5）从 int 类型到 long、float、double 或 decimal 类型。

（6）从 uint 类型到 long、ulong、float、double 或 decimal 类型。

（7）从 long 类型到 float、double 或 decimal 类型。

（8）从 ulong 类型到 float、double 或 decimal 类型。

（9）从 char 类型到 ushort、int、uint、long、ulong、float、double 或 decimal 类型。

（10）从 float 类型到 double 类型。

隐式转换实际上就是从低精度的数据类型到高精度的数据类型的转换。

从上面的 10 条中可以看出，不存在到 char 类型的隐式转换，这意味着其他类型不能自动转换为 char 类型。

2. 显式转换

显式转换又叫强制转换。与隐式转换相反，显式转换需要用户明确地指定转换的类型。例如，把一个类型显式转换为其他类型：

```
long j = 5000;
int i=(int)j;
```

显式转换可以发生在表达式的计算过程中，它并不是总能成功，而且常常引起信息丢失。显式转换包括所有的隐式转换，也就是说，把任何系统允许的隐式转换写成显式转换的形式都是可以的。例如：

```
int  i = 10;
long  j =(long)i;
```

显式转换是指当不存在相应的隐式转换时，从一种数据类型到另一种数据类型的转换。从取值范围大的向取值范围小的类型转换，其缺点是会造成精度丢失。C#可提供 3 种显式转换的方式。

（1）使用"(类型名)变量名"：

```
float p = 9.99f;
int result =(int)p;
Console.WriteLine(result);//结果为 9，小数点后的精度丢失
```

（2）使用 Parse()方法将字符串转换成其他数据类型：

```
string str = "100.1";
float result1 = float.Parse(str);
Console.WriteLine(result1);//结果为 100.1，将字符串转换成 float 类型
```

（3）使用 Convert 类提供的方法进行类型转换：

```
string str6 = "6696";
int result2 = Convert.ToInt32(str6);
Console.WriteLine(result2);//结果为 6696，将字符串转换成 int 类型
Console.WriteLine(Convert.ToInt32(4.4));//结果为 4，小数点后的精度丢失
```

2.2.5　表达式和运算符

1. 输出函数

C#通过 Console 类中的函数，提供输出操作，作用是将内容输出到控制台上。用法如下：

```
Console.WriteLine("Hello,world");
Console.Write("Hello,world");
```

以上 WriteLine 和 Write 的区别是：WriteLine 会自动换行，即后面输出的内容会自动在下一行显示；而 Write 不会自动换行，后面如果有输出内容，会直接拼接在当前内容的后面。

2. 输入函数

在使用 C#编程过程中，当程序需要捕获用户通过键盘输入的内容时，就可以通过输入函数来进行读取，常用的输入函数有两个，分别是 ReadLine()和 Read()。

（1）ReadLine()函数的用法如下：

```
string inputString = Console.ReadLine();
```

当程序执行到上述代码时，控制台进入等待状态，直到获取一行输入内容为止，输入的内容会以 string 类型返回，所以用 string 类型的变量 inputString 来进行接收和存放（string 是一种数据类型，后续会详细讲解，在 C#程序开发中，字符串类型的数据用双引号（""）引起来），当用户输入完毕，按 Enter 键时，ReadLine()函数就能读取用户输入的内容并返给程序。

（2）Read()函数的用法如下：

```
int  inputContent = Console.Read();
```

当程序执行到上述代码时，控制台进入等待状态，直到获取一个输入字符为止。Read()函数只能读取用户输入的一个字符，所以不管用键盘输入的是 W 还是 WASD，它所获取到的内容都是一样的，都是 W 对应的 ASCII 码，而且 Read()函数在接收键盘任意键后继续往下执行，而 ReadLine()函数只有在接收到 Enter 键后才会继续往下执行。ASCII 码值其实就是编号，ASCII 标准给每个常用字符（英文字母、数字等各种符号）编号，ASCII 码规定了 128 个字符。这些 ASCII 码值可以对应转换成二进制数（例如：64（2^6）可以写作 01000000）。现在的计算机处理的都是二进制数。

3. 转义字符

（1）转义字符是一种特殊的字符常量，以反斜杠\开头，后面跟一个或几个字符。它的作用是消除紧随其后的字符的原有含义，使其不同于字符原有的含义，用一些普通字符的组合来代替一些特殊字符，由于其组合改变了原来字符表示的含义，故称"转义"字符。

转义字符本质上就是用来表示那些用一般字符不便于表示的控制代码，用可以看见的字符表示看不见的字符，例如，\n 表示换行。

（2）常用的转义字符及其含义如表 2-2-2 所示。

表 2-2-2　常用的转义字符及其含义

转 义 字 符	含　　义
\n	换行
\r	回车

续表

转 义 字 符	含 义
\t	制表符
\f	换页符
\b	退格
\a	响铃
\e	escape（ASCII 码中的 escape 字符）
\	反斜线
"	双引号
\l	下一个字符小写
\u	下一个字符大写
\0	空格

例如：

```
string str = "Joe said \"Hello\" to me";
```

这里使用 Console.WriteLine()输出 str，代码运行结果如图 2-2-1 所示。

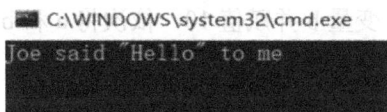

图 2-2-1　代码运行结果

这里通过转义字符将字符串中的双引号输出，对于其他转义字符的使用方法，读者可以自行练习。

4. 赋值运算符

C#的赋值运算符用于将一个数据赋予一个变量、属性或者引用。数据可以是常量、变量或者表达式。"="操作符被称为简单赋值操作符，其使用方法如下。

```
int a = 3;//将 3 赋值给变量 a
```

当然，在 C#中允许对变量连续赋值。执行连续赋值操作时，右边的表达式应当从右向左依次进行赋值。例如：

```
int x = y = 10;//相当于 x =(y = 10)，先赋值给括号里面的 y，再赋值给括号外面的 x
```

5. 算术运算符

1）定义

在程序开发过程中，不可避免地要进行数值运算，而计算机能识别的运算符号就是算术运算符。

2）案例

假设变量 A 的值为 10，变量 B 的值为 20，要求使用算术运算符进行数值运算。

在 C#中，常用的算术运算符及运算结果如表 2-2-3 所示。

表 2-2-3　常用的算术运算符及运算结果

运　算　符	描　　　　述	运　算　结　果
+	把两个操作数相加	$A+B$ 将得到 30
−	从第一个操作数中减去第二个操作数	$A-B$ 将得到 −10
*	把两个操作数相乘	$A*B$ 将得到 200
/	分子除以分母	B/A 将得到 2
%	取模运算符，整除后的余数	$B\%A$ 将得到 0
++	自增运算符，整数值增加 1	$A++$ 将得到 11
——	自减运算符，整数值减少 1	$A--$ 将得到 9

3）练习

定义变量 a 并赋值 21，变量 b 并赋值 10，依次将 a 和 b 的+、−、*、/、%运算结果赋值给 c，并且输出 c、++a 及−−a 的运算结果，实现代码如下：

```csharp
static void Main(string[] args)
{
    int a = 21;
    int b = 10;
    int c;
    c = a + b;
    Console.WriteLine("Line 1 - c 的值是 {0}",c);
    c = a - b;
    Console.WriteLine("Line 2 - c 的值是 {0}",c);
    c = a * b;
    Console.WriteLine("Line 3 - c 的值是 {0}",c);
    c = a / b;
    Console.WriteLine("Line 4 - c 的值是 {0}",c);
    c = a % b;
    Console.WriteLine("Line 5 - c 的值是 {0}",c);
    // ++a 先进行自增运算再赋值
    c = ++a;
    Console.WriteLine("Line 6 - c 的值是 {0}",c);
    // 此时 a 的值为 22
    // --a 先进行自减运算再赋值
    c = --a;
    Console.WriteLine("Line 7 - c 的值是 {0}",c);
    Console.ReadLine();
}
```

编译并执行上面的代码，结果如图 2-2-2 所示。

```
Line 1 - c 的值是 31
Line 2 - c 的值是 11
Line 3 - c 的值是 210
Line 4 - c 的值是 2
Line 5 - c 的值是 1
Line 6 - c 的值是 22
Line 7 - c 的值是 21
```

图 2-2-2　代码运行结果

另外，关于++和--运算符，说明如下。

- c=a++：先将 a 赋值给 c，再对 a 进行自增运算。
- c=++a：先将 a 进行自增运算，再将 a 赋值给 c。
- c=a--： 先将 a 赋值给 c，再对 a 进行自减运算。
- c=--a： 先将 a 进行自减运算，再将 a 赋值给 c。

6. 关系运算符

1）作用

在 C#中有 6 个关系运算符，用于比较两个事物之间的关系，关系运算符得到的结果要么成立，要么不成立，所以用真和假来表示关系运算结果，在 C#中，这种真和假的数据用布尔类型来表示。

2）种类

C#包含的关系运算符为>（大于）、<（小于）、==（等于）、>=（大于或等于）、<=（小于或等于）和!=（不等于）。

3）案例

假设变量 A 的值为 10，变量 B 的值为 20，要求使用关系运算符进行数值运算。

在 C#中，常用的关系运算符及运算结果如表 2-2-4 所示。

表 2-2-4　常用的关系运算符及运算结果

运 算 符	描　　述	运 算 结 果
>	检查左操作数的值是否大于右操作数的值，如果是则条件为真	（A>B）不为真，结果为 False
<	检查左操作数的值是否小于右操作数的值，如果是则条件为真	（A<B）为真，结果为 True
==	检查两个操作数的值是否相等，如果相等则条件为真	（A==B）不为真，结果为 False

续表

运 算 符	描　　述	运 算 结 果
>=	检查左操作数的值是否大于或等于右操作数的值，如果是则条件为真	（A >= B）不为真，结果为 False
<=	检查左操作数的值是否小于或等于右操作数的值，如果是则条件为真	（A <= B）为真，结果为 True
!=	检查两个操作数的值是否相等，如果不相等则条件为真	（A != B）为真，结果为 True

4）练习

定义变量 a=21，b=10，通过输出函数打印出 a 和 b 的所有关系运算结果，实现代码如下：

```
static void Main(string[] args)
{
    int a = 21;
    int b = 10;
    Console.WriteLine(a == b);
    Console.WriteLine(a != b);
    Console.WriteLine(a > b);
    Console.WriteLine(a < b);
    Console.WriteLine(a >= b);
    Console.WriteLine(a <= b);
}
```

代码运行结果如图 2-2-3 所示。

运行结果

```
False
True
True
False
True
False
```

图 2-2-3　代码运行结果

其中，False 在 C#中表示假，不成立，True 表示真，成立，都是布尔值。

7. 逻辑运算符

1）类型

在 C#中逻辑运算符有 3 个，分别是&&（与）、||（或）和!（非）。

2）案例

假设变量 A 为布尔值 True，变量 B 为布尔值 False，要求使用逻辑运算符进行数值运算。

在 C#中，常用的逻辑运算符及运算结果如表 2-2-5 所示。

表 2-2-5　常用的逻辑运算符及运算结果

运 算 符	描　　述	运 算 结 果
&&	称为逻辑与运算符。如果两个操作数都非零，则条件为真	（A && B）为假，结果为 False
||	称为逻辑或运算符。如果两个操作数中有任意一个非零，则条件为真	（A || B）为真，结果为 True
!	称为逻辑非运算符。用来逆转操作数的逻辑状态。如果条件为真，则逻辑非运算符将使其为假	!（A && B）为真，结果为 True

3）练习

定义布尔变量 a 的值为 true，b 的值为 false，分别利用逻辑运算符进行计算并输出，实现代码如下：

```
static void Main(string[] args)
{
    bool a = true;
    bool b = false;
    Console.WriteLine(a && b);
    Console.WriteLine(a || b);
    Console.WriteLine(!a);
    Console.WriteLine(!b);
}
```

代码运行结果如图 2-2-4 所示。

运行结果

```
False
True
False
True
```

图 2-2-4　代码运行结果

逻辑运算符的运算法则如下。

逻辑与：一假为假。

逻辑或：一真即真。

逻辑非：真假互换。

2.3 C#流程结构基础

程序的流程是指程序中的语句的执行顺序。在多数情况下，程序中的语句是按顺序执行的，但是只有顺序结构的程序，所能解决的问题是有限的，于是就出现了复杂的流程结构。1966 年 Bohm 和 Jacopini 证明，任何解题程序都可以有如图 2-3-1 所示的 3 种流程结构——顺序结构、选择（分支）结构和循环结构。

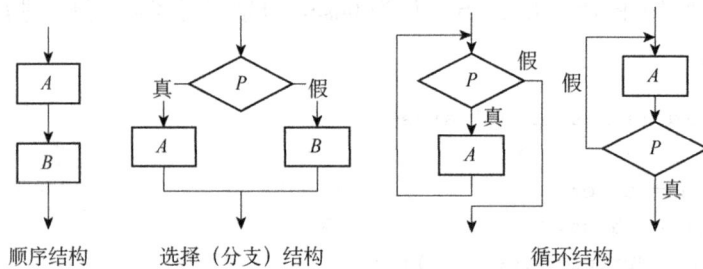

图 2-3-1　流程结构

2.3.1　顺序结构

顺序结构是最简单、最常用的结构，语句与语句之间按照从上到下的顺序执行。

2.3.2　选择（分支）结构

选择语句可根据条件是否成立或根据表达式的值控制代码的执行分支。C#有两个基本分支代码结构：if 选择结构，测试特定条件是否满足，在条件满足时，执行操作，否则跳过操作；switch 语句用于比较表达式和许多不同的值，根据表达式的值进行特定的处理。

1. 选择（分支）结构——if 选择结构

if 选择结构为单选择结构。C#继承了 C 和 C++的 if 结构。其语法结构很直观，如下所示。

```
if(条件)
{
//将要执行的语句或语句块
}
```

如果指定的条件成立，则执行大括号中的语句。否则，跳过该语句继续执行下面的语句。在上面 if 语句的条件判断中，会用到 C#的运算符，这里需注意，C#中使用 "=="对变量进行比较，而不是 "="。

练习：旅行的旺季为每年的 5～10 月，用代码实现——输入月份，判断是否是旺季。

```
Console.WriteLine("请输入月份(1～12): ");
int mon = int.Parse(Console.ReadLine());//获取用户输入的时间，并将其转换成整数
if(mon>=5&&mon<=10)
{
    Console.WriteLine("该月份是旺季! ");
}
```

注意：在 C#中 if 语句的判断条件必须是布尔值。

上述代码在执行过程中，会让用户输入一个月份，然后根据用户输入的值判断该月份是否是旺季，执行流程如图 2-3-2 所示。

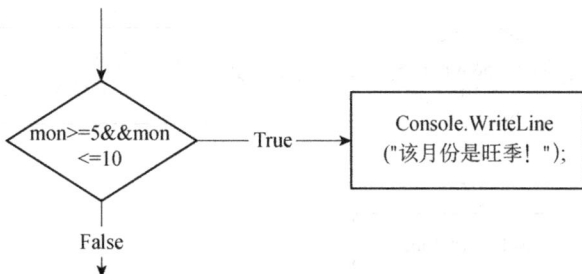

图 2-3-2　if 选择结构

代码执行结果如下：

```
请输入月份(1～12):
8
该月份是旺季!
请输入月份(1～12):
1
```

问题：如果用户输入的不是 5～10 范围内的数值，则系统不会出现提示信息，其原因是什么？该问题如何解决？

2. 选择（分支）结构——if-else 选择结构

如果用户输入的不是 5～10 范围内的数值，则系统不会出现提示信息。想要解决该问题，就需要用到 if-else 选择结构。

if-else 选择结构也属于分支结构，与 if 选择结构相比，多了对指定条件不满足的处

理代码，即 else 语句后的代码或代码块。使用 if-else 选择结构可以很好地解决上面程序存在的问题。代码如下：

```
Console.WriteLine("请输入月份(1～12)");
int mon = int.Parse(Console.ReadLine());//获取用户输入的时间，并将其转换成整数
if(mon>=5&&mon<=10)
{
    Console.WriteLine("该月份是旺季!");
}
else
{
    Console.WriteLine("该月份是淡季!");
}
```

上述代码的执行流程如图 2-3-3 所示。

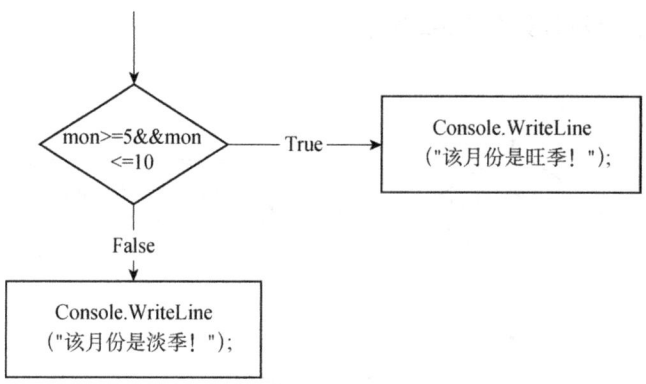

图 2-3-3　if-else 选择结构

代码执行结果如下：

```
请输入月份(1～12)：
8
该月份是旺季!
请输入月份(1～12)：
1
该月份是淡季!
```

3. 选择（分支）结构——多重 if 结构

上面所述内容中，无论是哪种类型的选择结构，都只能对一个条件进行判断，如果判断条件不止一个，该如何解决？例如，如果小明考试成绩为 80 分以上则奖励 20 元，如果为 60～80 分则奖励 10 元，如果为 60 分以下则没有奖励。要求根据小明的成绩，得出奖励金额。这种对多个条件的判断，可以通过使用多重 if 结构来实现，添加到 if 子句中的 else if 语句的个数没有限制。多重 if 结构的语法格式如下：

```
if(条件 1)                //判断条件 1 是否成立
{
    //语句或语句块       //条件 1 成立的处理语句
}
else if(条件 2)          //判断条件 2 是否成立
{
    //语句或语句块       //条件 2 成立的处理语句
}
else                     //条件 1 和条件 2 都不成立
{
    //语句或语句块       //所有条件都不成立的处理语句
}
```

示例代码如下：

```
Console.WriteLine("请输入分数(0~100): ");
int score = int.Parse(Console.ReadLine());//获取用户输入的分数，并将其转换成整数
if(score>80)             //判断条件 1 是否成立
{
    Console.WriteLine("小明得到 20 元奖励! ");
}
else if(score>=60&&score<=80)   //判断条件 2 是否成立
{
    Console.WriteLine("小明得到 10 元奖励! ");
}
else                //条件 1 和条件 2 都不成立
{
    Console.WriteLine("小明未得到奖励! ");
}
```

上述代码的执行流程如图 2-3-4 所示。

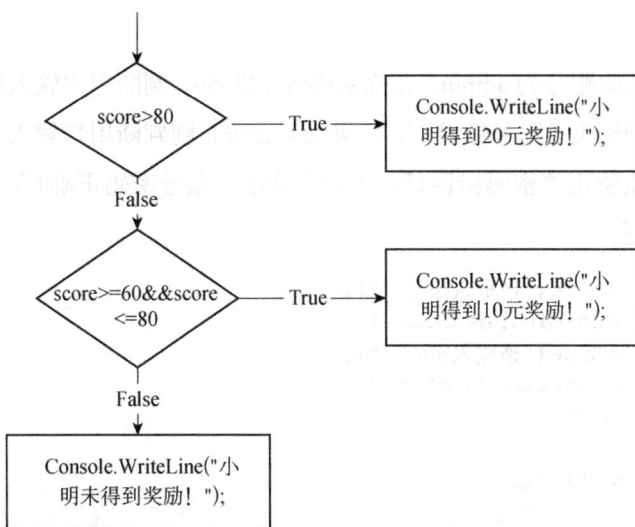

图 2-3-4　多重 if 结构

代码执行结果如下：

```
请输入分数(0~100)：
90
小明得到 20 元奖励！

请输入分数(0~100)：
70
小明得到 10 元奖励！

请输入分数(0~100)：
50
小明未得到奖励！
```

4. 选择（分支）结构——嵌套 if 结构

嵌套 if 结构，即在 if 判断语句中嵌套 if 判断块。嵌套 if 结构的语法格式如下：

```
if(表达式 1)
{
    //表达式 1 为真时执行
    if(表达式 2)
    {
        //表达式 2 为真时执行
    }else
    {
        //表达式 2 为假时执行
    }
}else
{
    //表达式 1 为假时执行
}
```

练习：假如正确账号为 admin，正确密码为 123456，判断用户输入的账号是否正确，如果账号错误，则输出"账号错误！"；如果账号正确，则判断用户输入的密码是否正确，如果密码错误，则输出"密码错误！"，正确则输出"账号密码正确！"。

实现代码如下：

```
Console.WriteLine("请输入账号: ");
string id = Console.ReadLine();
Console.WriteLine("请输入密码: ");
string psd = Console.ReadLine();
if(id == "admin")
{
    if(psd == "123456")
    {
        Console.WriteLine("账号密码正确! ");
```

```
    }else
    {
        Console.WriteLine("密码错误！");
    }
}else
{
    Console.WriteLine("账号错误！");
}
```

上述代码的执行流程如图 2-3-5 所示。

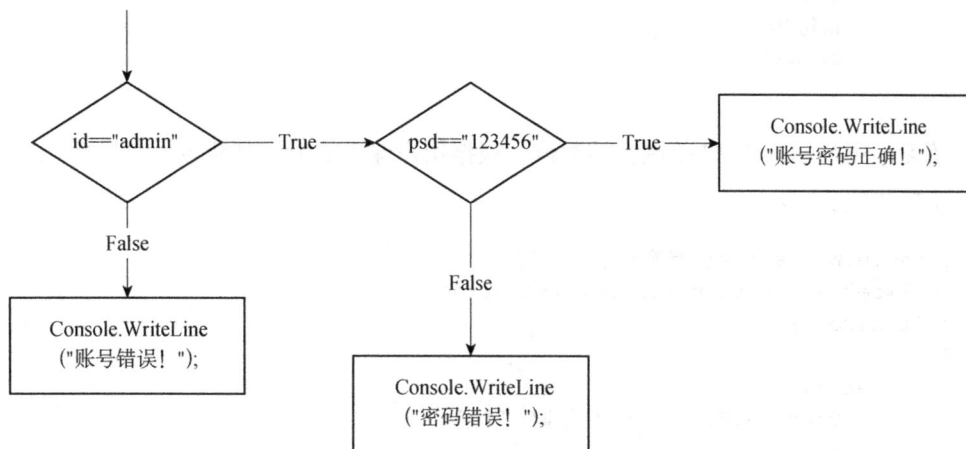

图 2-3-5　嵌套 if 结构

代码执行结果如下：

```
请输入账号：
admin
请输入密码：
123456
账号密码正确！
```

5. 选择（分支）结构——switch 结构

switch-case 语句适用于从一组互斥的分支中选择一个分支来执行。其形式是 switch 语句后面跟一组 case 子句，如果 switch 语句中表达式的值等于某个 case 子句旁边的值，就执行该 case 子句的代码，此时不需要使用花括号把语句组合到语句块中，只需要在每个 case 语句的结尾使用 break 语句表示结束即可。还可以在 switch 语句中添加一个 default 语句，如果表达式的值不等于任何 case 子句的值，则执行 default 子句的代码。switch 结构的基本语法格式如下：

```
switch(表达式)
{
```

```
    case 常量表达式 1:
        语句 1;
        break;
    case 常量表达式 2:
        语句 2;
        break;
    case 常量表达式 3:
        语句 3;
        break;
    ...
    default:
        语句 N;
        break;
}
```

练习：用户输入 1～7 范围内的数值，根据用户输入的值，判断今天是星期几。

实现代码如下：

```
Console.WriteLine("请输入 1～7：");
int week = int.Parse(Console.ReadLine())
switch(week)
{
    case 1:
        Console.WriteLine("星期一");
        break;
    case 2:
        Console.WriteLine("星期二");
        break;
    case 3:
        Console.WriteLine("星期三");
        break;
    case 4:
        Console.WriteLine("星期四");
        break;
    case 5:
        Console.WriteLine("星期五");
        break;
    case 6:
        Console.WriteLine("星期六");
        break;
    default:
        Console.WriteLine("星期日");
        break;
}
```

上述代码的执行流程如图 2-3-6 所示。

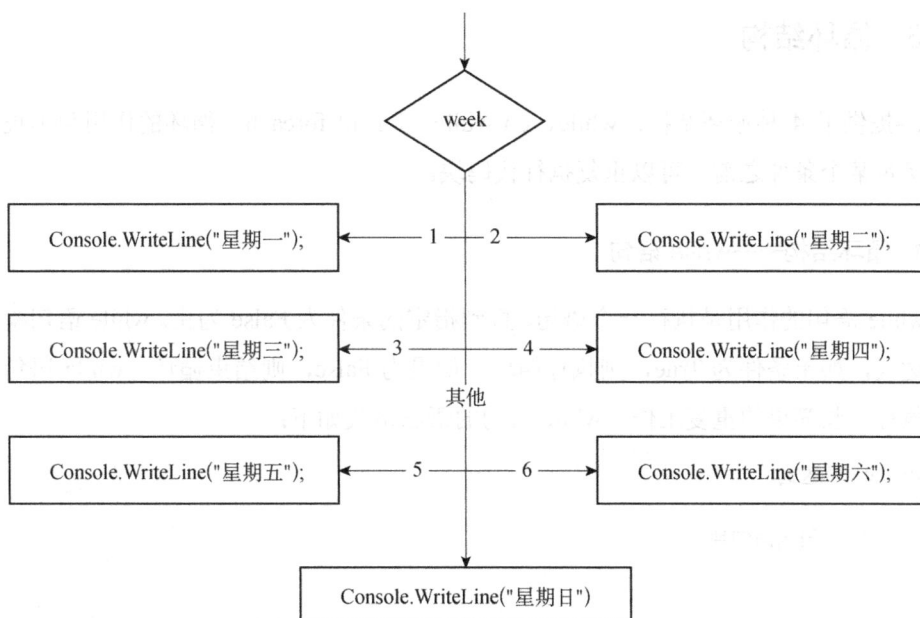

图 2-3-6　switch 结构

代码执行结果如下：

> 请输入 1～7：
> 7
> 星期日

注意：

（1）条件判断的表达式可以是整型或字符串。

（2）每个 case 子句都要有 break 语句。

（3）default 子句也要有 break 语句。

（4）case 中没有其他语句时，可以不需要写 break 语句，如图 2-3-7 所示。

图 2-3-7　break 语句

（5）每个 case 语句都不能相同，如图 2-3-8 所示。

图 2-3-8　case 语句

2.3.3 循环结构

C#提供了 4 种循环结构：while、do-while、for 和 foreach。循环的作用简单理解就是在满足某个条件之前，可以重复执行代码块。

1. 循环结构——while 语句

while 语句的作用是执行一个语句，直到指定的条件为 False 为止。while 语句检查布尔表达式，如果条件为 True，则执行循环；如果为 False，则结束循环。while 语句一般用于执行一些简单的重复工作。while 语句的语法格式如下：

```
while(表达式)
{
    //语句或语句块
}
```

练习：输入 2 的倍数，如果输入错误则继续循环，直到输入正确为止。

实现代码如下：

```
while(true)
{
    Console.Write("请输入 2 的倍数：");
    int value = int.Parse(Console.ReadLine());
    if(value%2 == 0)
    {
        Console.WriteLine("恭喜你，输入了 2 的倍数！");
        break;
    }else
    {
        Console.WriteLine("您输入的不是 2 的倍数，请重新输入！");
    }
}
```

上述代码的执行流程如图 2-3-9 所示。

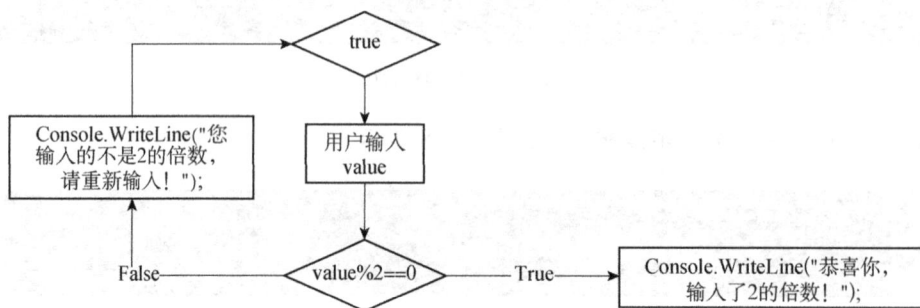

图 2-3-9 while 语句

代码执行结果如下：

```
请输入 2 的倍数：
5
您输入的不是 2 的倍数，请重新输入！
请输入 2 的倍数：
4
恭喜你，输入了 2 的倍数！
```

2. 循环结构——do-while 语句

do-while 语句重复执行花括号 {} 内的一个语句或语句块，直到指定的表达式计算为 False 为止。与 while 语句不同的是，do-while 语句会在计算表达式之前执行一次。do-while 语句的语法格式如下：

```
do
{
    //语句或语句块
}while(表达式)
```

练习：定义变量 a=0，使用 do-while 语句循环执行 a++，直到 a<10 这个条件不成立为止。

实现代码如下：

```
int a = 0;
do
{
    Console.WriteLine(a);
    a++;
}while(a<10)
```

上述代码的执行流程如图 2-3-10 所示。

代码执行结果如下：

```
0
1
2
3
4
5
6
7
8
9
```

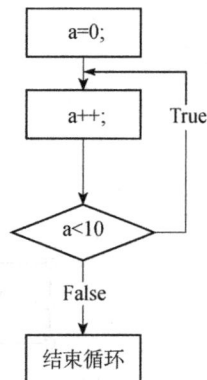

图 2-3-10　do-while 语句

3. 循环结构——for 语句

for 语句是在已知循环次数的情况下，进行循环操作的语句。for 语句的语法结构如下：

```
for(初始化;条件;迭代)
{
    //语句或语句块
}
```

初始化（Initialization）通常是一个赋值语句，用于设置循环控制变量的初值，循环控制变量作为控制循环的计数器。

条件（Condition）用表达式表示，决定是否重复进行循环操作。

迭代（Iteration）表达式定义了每次循环重复时循环控制变量将要变化的量。

这 3 个循环控制的主要部分必须用分号分隔。只要条件检测为真，for 语句就会继续执行；一旦条件为假，就退出循环，程序从 for 的下一个语句继续执行。

练习 1：使用 for 语句计算 1～100 的整数和。

实现代码如下：

```
int sum = 0;
for(int i = 0;i<=100;i++)
{
    sum +=i;
}
Console.WriteLine(sum);
```

上述代码的执行流程如图 2-3-11 所示。

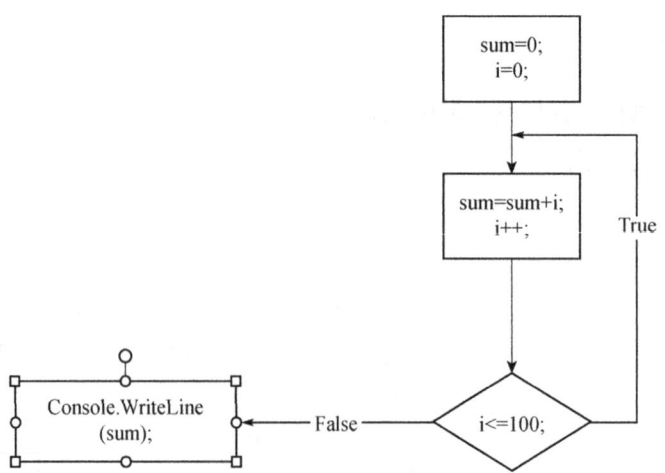

图 2-3-11 for 语句（1）

代码执行结果如下：

5050

for 语句的初始值 i=0，条件是 i<=100，每循环一次，i 的值加 1，这是通过 i++来实现的。

练习 2：打印 99 乘法表。

实现代码如下：

```
for(int i = 1;i<=9;i++)
{
    for(int j = 1;j<=i;j++)
    {
        Console.Write(i+"*"+j+"=" +(i*j)+"  ");
    }
    Console.Write("\n");
}
```

上述代码的执行流程如图 2-3-12 所示。

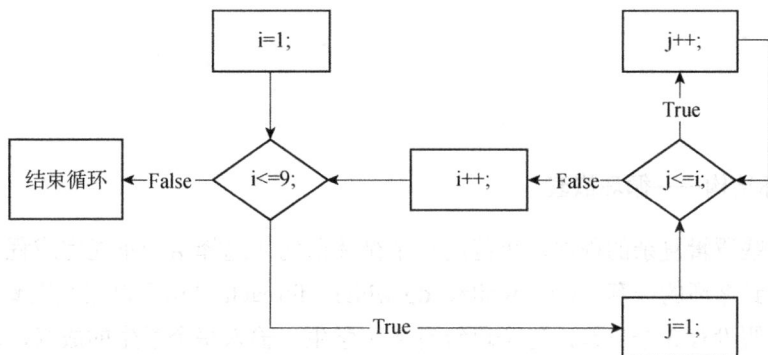

图 2-3-12　for 语句（2）

代码执行结果如下：

```
1*1=1
2*1=2 2*2=4
3*1=3 3*2=6 3*3=9
4*1=4 4*2=8 4*3=12 4*4=16
5*1=5 5*2=10 5*3=15 5*4=20 5*5=25
6*1=6 6*2=12 6*3=18 6*4=24 6*5=30 6*6=36
7*1=7 7*2=14 7*3=21 7*4=28 7*5=35 7*6=42 7*7=49
8*1=8 8*2=16 8*3=24 8*4=32 8*5=40 8*6=48 8*7=56 8*8=64
9*1=9 9*2=18 9*3=27 9*4=36 9*5=45 9*6=54 9*7=63 9*8=72 9*9=81
```

4. 循环结构——foreach 语句

foreach 语句用于遍历整个集合或数组。foreach 语句的语法格式如下：

```
foreach(类型 变量名 in 集合)
{
    //语句或语句块
}
```

练习：输入一个字符串，使用 foreach 语句打印出所有字符。

实现代码如下：

```
Console.WriteLine("请输入一个字符串：");
string str = Console.ReadLine();
foreach(char chr in str)
{
    Console.Write(chr);
    Console.Write("\n");
}
```

代码执行结果如下：

```
请输入一个字符串：
asd
a
s
d
```

5. 循环结构——循环嵌套

对于一些逻辑复杂的程序，可能用一个循环语句或选择结构不能完成程序设计，这时候就要用到循环的嵌套。for、while、do-while、foreach 语句可以相互嵌套。

练习：假设有 3 个班级，每个班级有 4 个学生，输入每个学生的成绩，求出每个班级的平均分。

实现代码如下：

```
int sum = 0;                      //声明储存总分的变量
float average = 0f;              //储存平均分
int score = 0;                    //储存每个学生的成绩
for(int i = 0;i < 3;i++)
{
    sum = 0;
    Console.WriteLine("\n 请输入第{0}个班级的成绩",i+1);
    for(int j = 0;j < 4;j++)
    {
        Console.Write("第{0}个学生的成绩：",j + 1);
        score = int.Parse(Console.ReadLine());
        Console.Write("分");
        sum += score;
    }
    average = sum / 4;
    Console.WriteLine("第{0}个班级的平均分为：{1}分",i+1,average);
}
```

代码运行结果如下：

```
请输入第 1 个班级的成绩
第 1 个学生的成绩：50 分
第 2 个学生的成绩：60 分
第 3 个学生的成绩：70 分
第 4 个学生的成绩：80 分
第 1 个班级的平均分为：65 分

请输入第 2 个班级的成绩
第 1 个学生的成绩：50 分
第 2 个学生的成绩：50 分
第 3 个学生的成绩：50 分
第 4 个学生的成绩：50 分
第 2 个班级的平均分为：50 分

请输入第 3 个班级的成绩
第 1 个学生的成绩：60 分
第 2 个学生的成绩：70 分
第 3 个学生的成绩：60 分
第 4 个学生的成绩：70 分
第 3 个班级的平均分为：65 分
```

6. 循环结构——continue 语句

使循环略过正常控制结构，提前进入下一个迭代过程，这要通过 continue 语句来实现。continue 语句迫使循环的下一次迭代发生，跳过这之间的任何代码。例如，打印 0～100 范围内的偶数，实现代码如下：

```
for(int i = 0;i<=100;i++)
{
  if((i%2)!=0)continue;
  Console.WriteLine(i);
}
```

上面的程序只打印偶数，而不打印奇数，程序通过(i%2)!=0 这个条件来判断，如果 i 是奇数，则该条件成立，执行 continue 语句。continue 语句的作用是跳过循环体中 continue 之后的语句，进入下一次循环。

在 while 和 do-while 循环中，continue 语句会直接跳转到条件表达式，然后继续执行循环。

7. 循环结构——break 语句

break 语句通常用来强行从循环中退出，略过循环体中剩余的代码和循环测试条件。

在循环内部遇见 break 语句时，循环终止，程序从循环后的下一个语句继续执行。也可以用 break 语句使循环从 switch 结构中退出。例如，从 1 开始，每次递增 1，求平方数，当平方数大于或等于 100 时退出循环，实现代码如下：

```
for(int i = 0;i<100;i++)
{
  if(i*i>=100)break;
  Console.WriteLine(i);
}
```

虽然 for 循环是用来计算 0～100 范围内的平方数的，但是当平方数大于 100 时，会执行 break 语句，跳出循环，此时只计算了 0～9 范围内的平方数。跳出循环后，程序从 for 循环的下一个语句开始执行。

2.4　C#数组和字符串的使用操作

2.4.1　数组

数组是一种数据结构，包含大量相同类型的变量。

1. 一维数组

（1）数组的声明。在声明数组时，先定义数组中的元素类型，其后是一对空方括号和一个变量名。

```
int[] myArray;
```

（2）数组的初始化。声明了数组之后，就必须为数组分配内存，以保存数组中的所有元素。数组是引用类型，所以必须给它分配堆上的内存。为此，应使用 new 运算符，指定数组中元素的类型和数量来初始化数组的变量。

```
myArray = new int[4];
```

（3）在声明和初始化数组后，变量 myArray 引用了 4 个整数值，它们位于托管堆上，如图 2-4-1 所示。

在指定数组的大小后，就不能重新设置数组的大小了。如果事先不知道数组中应包含多少个元素，则可以使用集合。

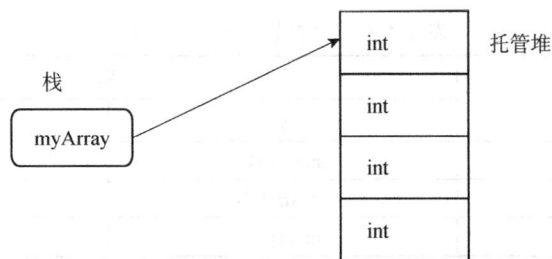

图 2-4-1　数组的存储

除了在两个语句中声明和初始化数组，还可以在一个语句中声明和初始化数组：

```
int[] myArray = new int[4];
```

还可以使用数组初始化器为数组中的每个元素赋值。数组初始化器只能在声明数组变量时使用，不能在声明数组之后使用：

```
int[] myArray = new int[4]{1,3,5,7};
```

如果用花括号初始化数组，则可以不指定数组的大小，因为编译器会自动统计元素的个数：

```
int[] myArray = new int[]{1,3,5,7};
```

也可以使用更简单的形式：

```
int[] myArray = {1,3,5,7};
```

2. 多维数组

多维数组用两个或多个整数来索引。

（1）在 C#中声明多维数组，需要在方括号中加上逗号。数组在初始化时应指定每一维的大小（也称为阶）。

```
int[,] twoDim = new int[3,3];
twoDim[0,0] = 1;
twoDim[0,1] = 2;
twoDim[0,2] = 3;
twoDim[1,0] = 4;
twoDim[1,1] = 5;
twoDim[1,2] = 6;
twoDim[2,0] = 7;
twoDim[2,1] = 8;
twoDim[2,2] = 9;
```

（2）声明数组之后，就不能修改其阶数了。二维数组行列对应关系如表 2-4-1 所示。

表 2-4-1　二维数组行列对应关系

行	列	
	0	1
0	IntArr[0,0]	IntArr[0,1]
1	IntArr[1,0]	IntArr[1,1]
2	IntArr[2,0]	IntArr[2,1]

2.4.2　字符串

（1）Length 属性用于得到字符串的字符数。

例如，得到字符串"Hello,world!"的字符数。

实现代码如下：

```
string Str="Hello,world!";
Console.WriteLine("\"Hello,world!\"的字符数为：{0}",Str.Length);
Console.ReadKey();
```

执行结果：

```
"Hello,world!"的字符数为：12
```

（2）ToUpper()方法用于将字符串中的所有小写字母转换成大写字母。

例如，将字符串"Hello,World!"中的小写字母转换为大写字母并输出转换后的字符串。

实现代码如下：

```
string Str="Hello,World!";
string StrNew=Str.ToUpper();
Console.WriteLine("转换后的字符串为：{0}",StrNew);
Console.ReadKey();
```

执行结果：

```
转换后的字符串为：HELLO,WORLD!
```

（3）ToLower()方法用于将字符串中的所有大写字母转换成小写字母。

例如，将字符串"Hello,World!"中的大写字母转换成小写字母并输出转换后的字符串。

实现代码如下：

```
string Str="Hello,World!";
string StrNew=Str.ToLower();
Console.WriteLine("转换后的字符串为：{0}",StrNew);
Console.ReadKey();
```

执行结果：

转换后的字符串为：hello,world!

（4）Equals()方法用于比较两个字符串是否相同，可以通过参数确定比较模式（是不区分大小写还是区分大小写）。

例如，用不区分大小写模式比较两个字符串"Hello,World!"和"hello,world!"。

实现代码如下：

```
string Str1="Hello,World!";
string Str2="hello,world!";
//不区分大小写模式
if(Str1.Equals(Str2,StringComparison.OrdinalIgnoreCase))
{
    Console.WriteLine("比较的两个字符串是相同的！");
}
else
{
    Console.WriteLine("比较的两个字符串是不相同的！");
}
Console.ReadKey();
```

执行结果：

比较的两个字符串是相同的！

例如，用区分大小写模式比较两个字符串"Hello,World!"和"hello,world!"。

实现代码如下：

```
string Str1="Hello,World!";
string Str2="hello,world!";
//区分大小写模式
if(Str1.Equals(Str2,StringComparison.Ordinal))
{
    Console.WriteLine("比较的两个字符串是相同的！");
}
else
{
    Console.WriteLine("比较的两个字符串是不相同的！");
}
Console.ReadKey();
```

执行结果：

比较的两个字符串是不相同的！

（5）Split()方法用于分割字符串，返回字符串类型的数组。

例如，分割字符串"我 是&C*#初（学|者"，将其组成一个"我是 C#初学者"的字符串。

实现代码如下：

```
string Str="我 是&C*#初(学|者";
char[] Chr={' ','&','(','|','*'};
//分割字符串,将其组成字符串数组,并移除空字符串
string[]StrNew=Str.Split(Chr,StringSplitOptions.RemoveEmptyEntries);
string Str1="";
for(int i=0;i<StrNew.Length;i++)
{
    Str1+=StrNew[i];
}
Console.WriteLine("您想要得到的字符串是：{0}",Str1);
Console.ReadKey();
```

执行结果：

```
您想要得到的字符串是：我是 C#初学者
```

（6）Substring()方法用于截取字符串，在截取的时候包含截取的索引位置。

例如，截取字符串"大家好，我是 C#初学者"中的"我是 C#初学者"，并输出截取之后的字符串。

实现代码如下：

```
string StrOld="大家好，我是 C#初学者";
string StrNew=StrOld.Substring(4);
Console.WriteLine("截取之后的字符串为：{0}",StrNew);
Console.ReadKey();
```

执行结果：

```
截取之后的字符串为：我是 C#初学者
```

（7）IndexOf()方法用于判断字符串在某个字符串中第一次出现的位置的索引值，没有则返回-1。

例如，查找"C#"在"大家好，我是 C#初学者！"字符串中的位置（在第几个字符）。

实现代码如下：

```
String Str1="大家好，我是 C#初学者！";
int Position;
Position=Str1.IndexOf("C#");
Position+=1;
Console.WriteLine("\"C#\"在\"大家好，我是 C#初学者！\"中的第{0}个位置。",
Position);
```

```
Console.ReadKey();
```

执行结果：

"C#"在 "大家好，我是 C#初学者！"中的第 7 个位置。

（8）LastIndexOf()方法用于判断字符串在某个字符串中最后出现的位置的索引值，没有则返回-1。

例如，输出"C#"在字符串"我爱 C#，你爱 C#，我们大家都爱 C#！"中最后一次出现的位置。

实现代码如下：

```
string Str="我爱 C#，你爱 C#，我们大家都爱 C#!";
int Position;
Position=Str.LastIndexOf("C#");
Position+=1;
Console.WriteLine("\"C#\"在\"我爱 C#，你爱 C#，我们大家都爱 C#!\"中出现的位置为{0}",
Position);
Console.ReadKey();
```

执行结果：

"C#"在"我爱 C#，你爱 C#，我们大家都爱 C#！"中出现的位置为 17

（9）StartsWith()方法用于判断字符串是不是以指定子字符串开始的。

例如，判断"大家好，我是 C#初学者！"是不是以"大家好"开始的，如果是，则输出"是的"；如果不是，则输出"不是的"。

实现代码如下：

```
string Str="大家好，我是 C#初学者!";
if(Str.StartsWith("大家好"))
{
    Console.WriteLine("是的");
}
else
{
    Console.WriteLine("不是的");
}
Console.ReadKey();
```

执行结果：

是的

（10）EndsWith()方法用于判断字符串是不是以指定子字符串结束的。

例如，判断"大家好，我是 C#初学者！"字符串是不是以"！"结束的，如果是，则输出"是的"；如果不是，则输出"不是的"。

实现代码如下：

```
string Str="大家好，我是C#初学者！";
if(Str.EndsWith("!"))
{
    Console.WriteLine("是的");
}
else
{
    Console.WriteLine("不是的");
}
Console.ReadKey();
```

执行结果：

```
是的
```

（11）Replace()方法用于将字符串中指定的子字符串替换成用户想要的字符串。

例如，将"大家好，我是C#初学者！"字符串中的"！"替换成"？"。

实现代码如下：

```
string Str="大家好，我是C#初学者！";
string StrNew=Str.Replace("! ","? ");
Console.WriteLine("替换后的字符串为：{0}",StrNew);
Console.ReadLine();
```

执行结果：

```
替换后的字符串为：大家好，我是C#初学者？
```

（12）Contains()方法用于判断某个字符串中是否包含指定的子字符串。

例如，判断"大家好，我是C#初学者！"字符串中是否包含"C#"子字符串，如果包含，则输出"包含！"；如果不包含，则输出"不包含！"。

```
string Str="大家好，我是C#初学者！";
if(Str.Contains("C#"))
{
    Console.WriteLine("包含！");
}
else
{
    Console.WriteLine("不包含！");
}
Console.ReadKey();
```

执行结果：

包含！

（13）Trim()方法用于去掉字符串前后的空格。

例如，去掉"　我是 C#初　　学者　　"字符串前后的空格，并输出。

实现代码如下：

```
string Str=" 我是 C#初    学者    ";
string StrNew=Str.Trim();
Console.WriteLine("去掉字符串前后空格之后的字符串为：{0}",StrNew);
Console.ReadKey();
```

执行结果：

去掉字符串前后空格之后的字符串为：我是 C#初　　学者

（14）TrimStart()和 TrimEnd()方法分别用于去掉字符串前面和字符串后面的空格。

例如，分别去掉"　　　我是 C#初学者　　　"字符串前后的空格，并分别输出。

实现代码如下：

```
string Str="     我是 C#初学者      ";
string Str1=Str.TrimStart();
string Str2=Str1.TrimEnd();
Console.WriteLine("去掉字符串前面的空格之后的字符串为：{0}",Str1);
Console.WriteLine("去掉字符串后面的空格之后的字符串为：{0}",Str2);
Console.ReadKey();
```

执行结果：

去掉字符串前面的空格之后的字符串为：我是 C#初学者
去掉字符串后面的空格之后的字符串为：我是 C#初学者

（15）IsNullOrEmpty()方法用于判断一个字符串是否为空。

例如，判断"你好"字符串是否为空。

实现代码如下：

```
string Str="你好";
if(string.IsNullOrEmpty(Str))
{
    Console.WriteLine("字符串为空");
}
else
{
    Console.WriteLine("字符串不为空");
}
Console.ReadKey();
```

执行结果：

字符串不为空

（16）Join()方法用于将字符串数组按照指定的字符串连接，并返回一个字符串。

例如，将字符串数组{"大","家","好"}输出为"大|家|好"的形式。

```
string[] Str={"大","家","好"};
string StrNew=string.Join("|",Str);
Console.WriteLine(StrNew);
Console.ReadKey();
```

执行结果：

```
大|家|好
```

练习：熟练使用以上字符串。

2.4.3 StringBuilder 类

String 类不能被修改，每次使用 String 类时都要在内存中重新申请一个新的内存空间，若在程序中需要进行大量的字符串修改操作，则会导致内存空间的大量消耗，所以引入了 StringBuilder 类。

StringBuilder 类位于 System.Text 命名空间下，每次在使用 StringBuilder 类重新生成新字符串时，不是再生成一个新实例，而是直接在原来字符串占用的内存空间中进行处理的，而且可以动态分配占用的内存空间大小。因此，在字符串处理操作比较多的情况下，使用 StringBuilder 类可以大大提高系统的性能。

练习：获得 StringBuilder 类的长度。

实现代码如下：

```
string str = "Hello";
System.Text.StringBuilder sTB = new System.Text.StringBuilder(str);
Console.WriteLine("This is the Length " + sTB.Length);
```

执行结果：

```
This is the Length 5
```

StringBuilder 类的主要方法及其作用如表 2-4-2 所示。

表 2-4-2　StringBuilder 类的主要方法及其作用

方　法　名	作　用
Append()	将新的字符串对象添加到已拥有的 StringBuilder 对象的末尾
AppendFormat(string format,object)	将文本添加到 StringBuilder 对象的末尾并且实现 IFormattable 接口
Insert(int index,string value)	在 StringBuilder 对象的指定位置（index）插入字符文本
Remove(int startIndex,int length)	表示从下标为 startIndex 处开始移除 length 个字符

续表

方 法 名	作 用
Replace(string oldValue,string newValue)	将字符串中所有等于 oldValue 的地方全部替换成 newValue
Clear()	清空 StringBuilder 类中的所有内容

1）Append()方法

例如，将新的字符串对象添加到已拥有的 StringBuilder 对象的末尾。

实现代码如下：

```
string str = "Hello";
System.Text.StringBuilder sTB = new System.Text.StringBuilder(str)
string tmpStr = " World!";
sTB.Append(tmpStr);
Console.WriteLine("This is the Append " + sTB.ToString());
```

执行结果：

```
This is the Append Hello World!
```

2）Insert(int index,string value)方法

例如，在 StringBuilder 对象的指定位置（index）插入字符文本。

实现代码如下：

```
sTB = new System.Text.StringBuilder("Hello World!");
sTB.Insert(5, " new ");
//在长度下标为 5 的地方插入" new "字符串，即在 Hello 后面插入
Console.WriteLine("This is the insert " + sTB.ToString());
```

执行结果：

```
This is the insert Hello new World!
```

练习：

● 使用 Replace(string oldValue,string newValue)方法，将字符串中所有等于 oldValue 的地方全部替换成 newValue。

● 使用 Clear()方法，清空 StringBuilder 类中的所有内容。

2.5　C#中的方法

2.5.1　方法的声明

方法是类中用于执行计算机或其他操作的函数成员。

方法由方法头和方法体组成，其一般格式为：

```
修饰符 返回值类型 方法名(形式参数列表)
{
    //方法体各语句
}
```

例如：

```
public void Test()
{
    Console.WriteLine("How are you!")
}
```

（1）修饰符：不同的修饰符具有不同的含义，如表 2-5-1 所示。

表 2-5-1　修饰符及其含义

修　饰　符	含　义
public	公共的，在同一命名空间下任何类都可访问，在不同命名空间下使用时需添加对应的命名空间
private	私有的，只在当前类中可访问
internal	在当前程序集中可访问
protected	受保护的，在基类和派生类中可访问

（2）返回值类型：指定该方法返回数据的类型，可以是任何有效类型，C#通过 return 语句得到返回值。如果一个方法不需要返回一个值，则其返回类型必须是 void。

（3）方法名：要遵循 C#中标识符的规则，括号是方法的标志，不能省略。

（4）方法体各语句：编写逻辑语句。

（5）形式参数列表：其中的内容可以是值类型、引用类型、输出类型、数组类型。

① 值类型是方法默认的参数类型，采用的是值拷贝方式。若使用值类型，则可以在方法中更改值，但是在控制传递回调过程时不会保留更改的值。

② 引用类型是使用 ref 修饰符的参数类型，它本身并不创建存储空间，而是将实际参数的存储地址传递给形式参数，引用参数必须被赋予初值，在调用时传递给 ref 参数的值必须是变量，变量类型与参数类型必须相同，必须使用 ref 修饰符。

③ 输出类型，用 out 修饰符定义的参数称为输出参数，如果希望方法返回多个值，则可以使用输出参数，out 参数在传入之前可以不被赋值，在方法体内，out 参数必须被赋值，在调用时，传递给 out 参数的值必须是变量，变量类型与参数类型要相同，必须使用 out 修饰符。

④ 数组类型，在声明方法的参数类型或者个数不确定时，用 params 关键字以数组的形式来传递参数，即使用 params 关键字可以自动把传入的值按照规则转换为一个新建的数组。在方法声明中的 params 关键字之后不允许有任何其他参数，并且在方法声明中只允许有一个 params 关键字。

2.5.2　方法的类型——静态方法和非静态方法

使用 static 修饰符的方法称为静态方法，没有使用 static 修饰符的方法称为非静态方法，两者的区别是，静态方法属于类所有，非静态方法属于用该类定义的对象（实例）所有。

例如：

```
using System
class TestMethod
{
    public int a;
    static public int b;
    void Fun1()                 //定义一个非静态方法
    {
        a=10;                   //正确，直接访问非静态成员
        b=20;                   //正确，直接访问静态成员
    }
    static void Fun2()          //定义一个静态方法
    {
        a=10;                   //错误，不能访问非静态成员
        b=20;                   //正确，可以访问静态成员
    }
}
class Test
{
    static void Main()
    {
        TestMethod  A=new TestMethod();
        A.a=10;                 //正确，可以访问类 TestMethod 中的非静态公有成员
        A.b=20;                 //错误，不能通过实例访问类中的静态公有成员
        TestMethod.a=20;        //错误，不能通过类名访问类中的非静态公有成员
        TestMethod.b=20;//正确，可以通过类名访问类 TestMethod 中的静态公有成员
    }
}
```

2.6　C#面向对象编程

面向对象的思维方式是提供解决方案，其代理模式是找专业的人做专业的事，不是

所有事都由一个人实现。它具有封装、继承、多态三大特征。

从某种意义上来说，对象是产品，类是模型，对象是类的实例。

2.6.1　自定义类

1. 构造函数

（1）构造函数具有和类一样的名称。

（2）构造函数是在实例化类时最先执行的函数，通过这个特性可以给对象赋予初值。

（3）构造函数没有返回值，也不能用 void 修饰，只有访问修饰符。

（4）每个类中都会有一个构造函数，如果用户定义的类中没有显式地定义任何构造函数，那么编译器就会自动为该类生成默认的构造函数，即系统会自动创建无参构造函数。

例如：

```
USING sYSTEM
CLASS tEST
{
    PUBLIC INT X;
    PUBLIC tEST()        //无参
    {
        X=0;
    }
    PUBLIC tEST(INT I)  //有参
    {
        X=I;
    }
}
cLASS TEST
{
    PUBLIC STATIC VOID mAIN()
    {
        tEST T0=NEW tEST();
        cONSOLE.wRITElINE("不带参数的构造函数结果：{0}",T0.X);
        tEST T1=NEW tEST(6);
        cONSOLE.wRITElINE("带参数 6 的构造函数结果：{0}",T1.X);
    }
}
```

执行结果：

```
不带参数的构造函数结果：0
带参数 6 的构造函数结果：6
```

2. 析构函数

（1）析构函数的名称与类名相同，但是它前面要加一个波浪线"~"。

（2）析构函数不能带参数，无返回值。

（3）当撤销对象时，程序自动调用析构函数。

（4）析构函数不能被继承，也不能被重载。

例如：

```
class Point
{
    ~Point()
    {
        System.Console.WriteLine("~Point()is being called");
    }
}
```

2.6.2　类的继承

继承是类能够自动共享类、子类和对象中的方法和数据的机制。它允许在既有类的基础上创建新的层级或等级，一般被继承的类称为基类或父类，继承后产生的类称为派生类或子类。一个类可以上有基类下有派生类，形成一种层级结构，层级结构的特点是具有继承性，这种继承性具有传递性。

一个类可以有多个派生类，也可以有多个基类。一个类可直接继承多个类，这种继承称为多重继承；C#限制一个类最多只能有一个基类，这种继承方式称为单一继承；在类的继承中，通过在类名后面加上冒号和基类名来表示继承。

（1）派生类的声明格式：

类修饰符 class:基类{类体}

例如：

```
using System;
public class ParentClass
{
    public ParentClass()
    {
        Consol.WriteLine("Parent Constructor.");
    }
    public void print()
    {
```

```
            Console.WriteLine("I'm a Parent Class.");
    }
}
public class ChildClass:ParentClass
{
    public ChildClass()
    {
        Consol.WriteLine("Child Constructor.");
    }
    public static void Main();
    {
        ChildClass child =new ChildClass();
        char.print();
    }
}
```

执行结果：

```
Parent Constructor.
Child Constructor.
I'm a Parent Class.
```

（2）base 关键字：用于从派生类中访问基类的成员。

例如：

```
public class A
{
    public virtual void Hello()
    {
            Console.WiriteLine("Hello");
    }
}
public class B:A
{
    public override void Hello()
    {
        base.Hello();
        Console.WiriteLine("World");
    }
}
```

执行结果：

```
Hello World
```

2.6.3　类的多态

封装、继承和多态是面向对象设计的三大特征。

多态是指在一般类中定义的属性或者行为，被特殊类继承后，可以具有不同的数据类型或者表现出不同的行为，这使得同一属性或者行为在一般类及其各个特殊类中可以具有不同的语义。

虚函数：当函数声明中包含 virtual 修饰符时，该函数就被称为虚函数，它的定义中不能含有 static、abstract 和 override 修饰符。

虚函数具有如下特点。

（1）基类中如果有函数需要让派生类重写，则可以将该函数标记为 virtual。

（2）虚函数在基类中必须有实现，哪怕是空实现。

（3）子类可以通过关键字 override 重写父类虚方法，但不强制重写。

例如：

```
using System;
class Anmial
{
    public virtual void Cry()
    {
        Console.WriteLine("这是动物的叫声");
    }
}
class Dog:Anmial
{
    public override void Cry()
    {
        Console.WriteLine("这是狗的叫声汪汪");
    }
}
class Cat:Anmial
{
    public override void Cry()
    {
        Console.WriteLine("这是猫的叫声喵喵");
    }
}
class Test
{
    static void Main()
    {
        Dog mydog = new Dog();
        mydog.Cry();
        Cat mycat = new Cat();
```

```
        mycat.Cry();
        Console.ReadKey();
    }
}
```

2.6.4 委托

1. 委托的定义

委托，顾名思义就是中间代理人的意思，通俗地讲，委托是一个可以引用方法的对象，当创建一个委托时，也就创建了一个引用方法的对象，进而可以调用那个方法，即委托可以调用它所指的方法。

2. 委托的使用步骤

使用委托的具体步骤如下。

（1）声明一个委托，其参数类型一定要和想要包含的方法的参数类型一致。

（2）定义所有要定义的方法，其参数类型和步骤（1）中声明的委托的参数类型必须一致。

（3）创建委托并将所希望包含的方法包含在该委托中。

（4）通过委托调用包含在其中的各个方法。

例如：

```
class Program
    {
    // 定义委托，并引用一个方法，这个方法需要获取一个 int 类型的参数并返回 void
        internal delegate void Feedback(int value);
        static void Main(string[] args)
        {
            StaticDelegateDemo();
            InstanceDelegateDemo();
            Console.ReadKey();
        }

        /// <summary>
        /// 静态调用
        /// </summary>
        private static void StaticDelegateDemo()
        {
            Console.WriteLine("委托调用静态方法");
            Counter(1,10,null);
            Counter(1,10,new Feedback(FeedbackToConsole));
        }
```

```
/// <summary>
/// 实例调用
/// </summary>
private static void InstanceDelegateDemo()
{
    Console.WriteLine("委托调用实例方法");
    Program p = new Program();
    Counter(1,10,null);
    Counter(1,5,newFeedback(p.InstanceFeedbackToConsole));
}
/// <summary>
/// 静态回调方法
/// </summary>
/// <param name="value"></param>
private static void FeedbackToConsole(int value)
{
    // 依次打印数字
    Console.WriteLine("Item=" + value);
}
/// <summary>
/// 实例回调方法
/// </summary>
/// <param name="value"></param>
private void InstanceFeedbackToConsole(int value)
{
    Console.WriteLine("Item=" + value);
}
}
```

执行结果：

```
委托调用静态方法
Item=1
Item=2
Item=3
Item=4
Item=5
Item=6
Item=7
Item=8
Item=9
Item=10
委托调用实例方法
Item=1
Item=2
Item=3
Item=4
Item=5
```

2.7 本章小结

第 1 节简单介绍了 C#的概念及其集成开发环境。

第 2 节重点介绍了 C#的基础知识，包括注释、常量与变量、数据类型、类型转换、表达式和运算符，为后续学习复杂的语句做了铺垫。

第 3 节着重介绍了 C#的流程结构，包括顺序结构、选择（分支）结构和循环结构。顺序结构最简单，从上到下顺序执行；选择（分支）结构主要是 if 和 else 的结合用法，另外还介绍了 switch 的用法；循环结构部分介绍了 for、while、do-while 和 foreach 的特点、使用条件和具体用法。

第 4 节介绍了 C#中数组、字符串的用法，另外还介绍了 StringBuilder 类的用法及其常用的方法。

第 5 节首先介绍了方法的声明，然后介绍了方法的类型，并举例介绍了静态方法与非静态方法的用法。

第 6 节详细介绍了如何定义一个类，以及类的继承和多态的用法，最后介绍了委托的概念和具体用法。

第 3 章
基于虚拟现实引擎的进阶开发

学习任务

【任务1】了解虚拟现实引擎中操作界面各面板的功能和属性。

【任务2】了解虚拟现实引擎中常见 UI 组件的功能属性。

【任务3】了解用户界面的排列，掌握使界面效果变丰富的方法。

【任务4】掌握地形的创建及构建应用场景的步骤。

【任务5】掌握角色、物体等资源的基本操作方法。

【任务6】了解资源加载与销毁的方式。

【任务7】了解物理引擎刚体组件，学会应用碰撞体组件。

【任务8】了解恒动力组件与关节组件。

学习路线

用户界面的开发 —— 用户界面的创建
　　　　　　　　 锚点的使用
　　　　　　　　 用户界面的排列
　　　　　　　　 用户界面效果的丰富
　　　　　　　　 常见组件的进阶交互

基于虚拟现实引擎的进阶开发

应用交互逻辑的实现 —— 应用场景的构建
　　　　　　　　　　 资源的加载与销毁
　　　　　　　　　　 对角色、物体进行操作
　　　　　　　　　　 运用文件流对数据文件进行操作
　　　　　　　　　　 消息系统的运用

物理引擎的应用 —— 刚体组件的应用
　　　　　　　　 碰撞体组件的应用
　　　　　　　　 恒动力组件的应用
　　　　　　　　 关节组件的应用

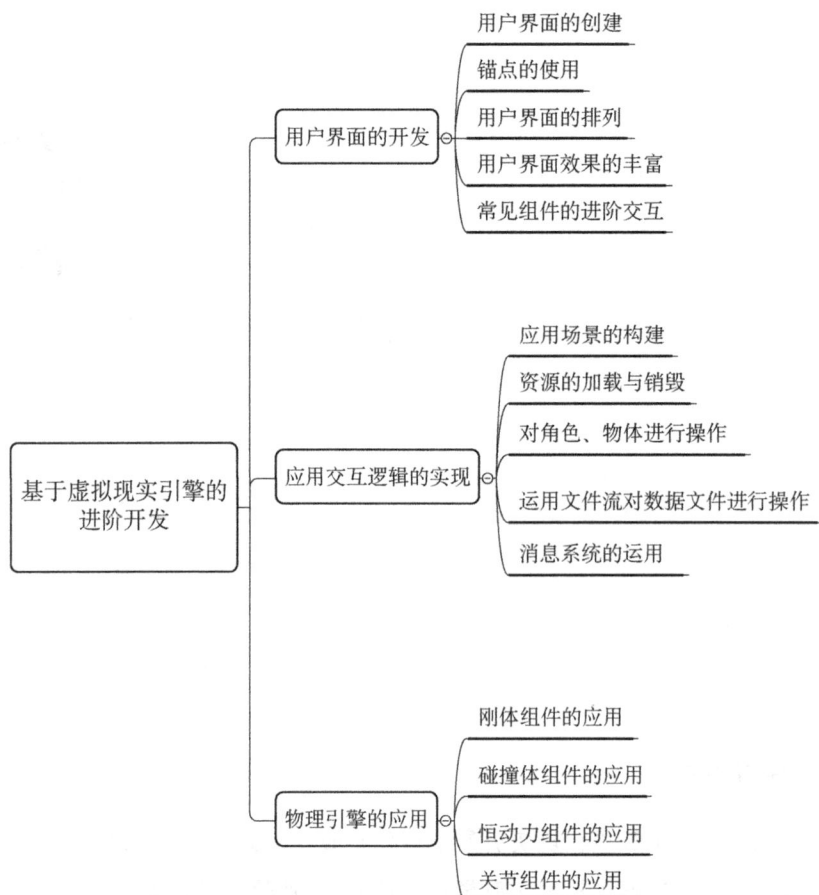

3.1 用户界面的开发

3.1.1 用户界面的创建

用户界面包含了一个或几个具有各自功能的组合，这些组合最终完成了用户界面的表示，不同的引擎在用户界面的创建上大体相似，但也存在着一定的区别。

以 IdeaVR 引擎为例，其 UI 组件中包括文本框和按钮，如图 3-1-1 所示。

文本框可修改文本属性，如文本内容、颜色、字体大小、字体间距等，通常可作为场景中的提示框存在，如图 3-1-2 所示。

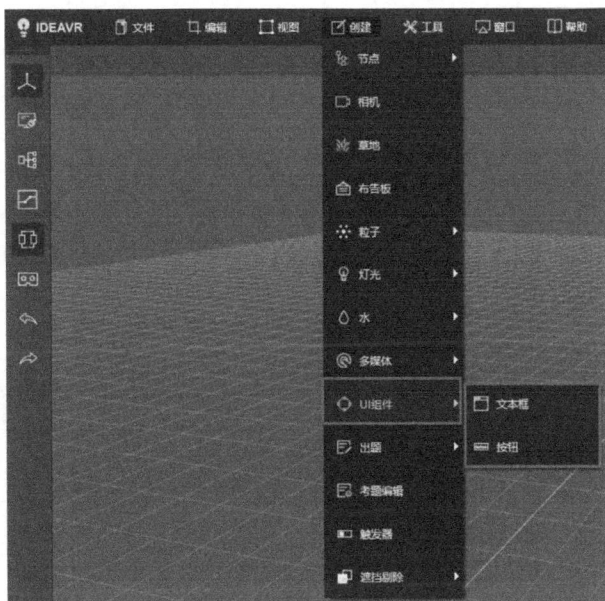

图 3-1-1　Idea VR 引擎的 UI 组件

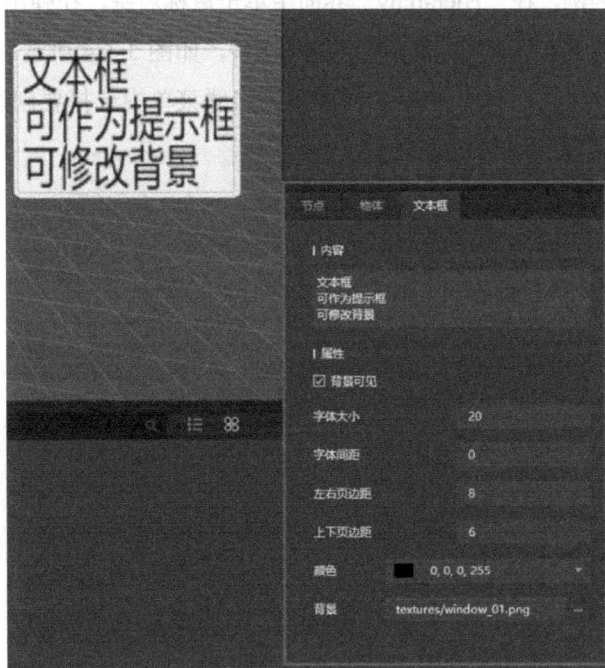

图 3-1-2　文本框属性调节

按钮可修改的属性包括按钮文字大小、文字颜色、文字间距，以及触发范围等，还可修改按钮的皮肤，也可绑定触发动画，如图 3-1-3 所示。通常设计师可在场景中模拟物体的触发按钮等效果。

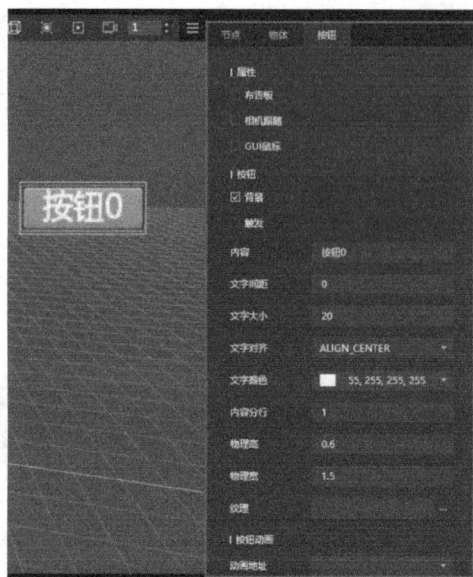

图 3-1-3　按钮属性调节

以 Unity 引擎为例，在"Hierarchy"界面中单击鼠标右键，在弹出的快捷菜单中，选择"UI"命令，并在其级联菜单中选择要创建的组件，如图 3-1-4 所示，或者在菜单栏中选择"GameObject"→"选择 UI"命令，在弹出的级联菜单中选择要创建的组件。

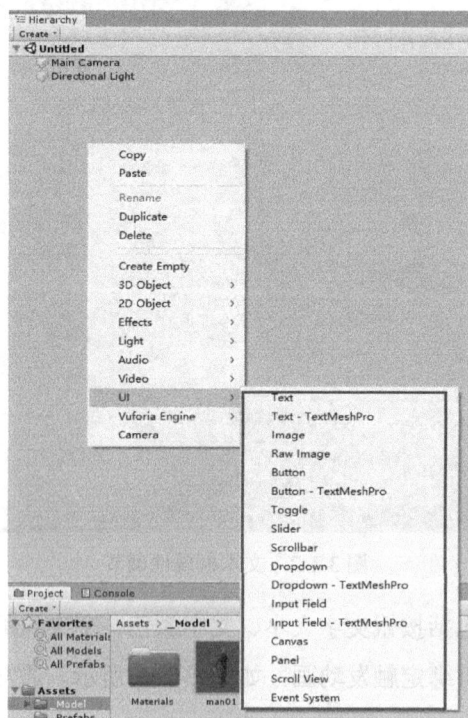

图 3-1-4　创建 UI 组件

1. Canvas 组件

Canvas 组件的 Render Mode 属性有 3 个选项，分别为 Screen Space-Overlay、Screen Space-Camera、World Space，如图 3-1-5 所示。

图 3-1-5　Render Mode 属性中的选项

1）Screen Space-Overlay 模式

在 Screen Space-Overlay 模式下，Canvas 将覆盖屏幕，且永远覆盖在其他元素的上层，也就是说，UI 会遮挡场景中的其他元素，如图 3-1-6 所示。此模式下的参数值如下。

① Pixel Perfect：UI 组件精确到像素对齐，边缘更清晰，但是在 UI 调整和适配时会有更大的计算量。

② Sort Order：Canvas 的深度。当存在多个 Canvas 时，Sort Order 值大的 Canvas 会遮盖 Sort Order 值小的 Canvas。

当多个 Canvas 的深度取值相等时，Hierarchy 视图后面的 Canvas 显示在下面，这一点与 UI 组件，如 Image 的规则相反。

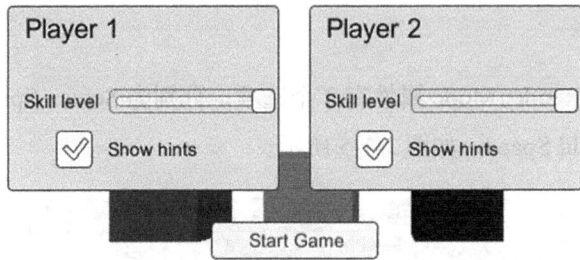

图 3-1-6　Screen Space-Overlay 模式

2）Screen Space-Camera 模式

与 Screen Space-Overlay 模式类似，在 Screen Space-Camera 模式下，Canvas 将覆盖整个屏幕空间。不同之处在于，Canvas 被放置于指定摄像机的前方，如图 3-1-7 所示。此模式下的参数值如下。

① Pixel Perfect：与 Screen Space-Overlay 模式的含义相同。

② Render Camera：指定用来渲染 Canvas 的摄像机。

③ Plane Distance：指定 Canvas 平面与摄像机的距离。

④ Sorting Layer：指示 Canvas 的深度，可以手动添加。当存在多个模式为 Screen Space-Camera 的 Canvas 时，Sorting Layer 决定了其显示的优先级。

⑤ Order in Layer：当多个 Canvas 具有相同的 Sorting Layer 时，根据 Order in Layer 来确定 Canvas 显示的优先级。

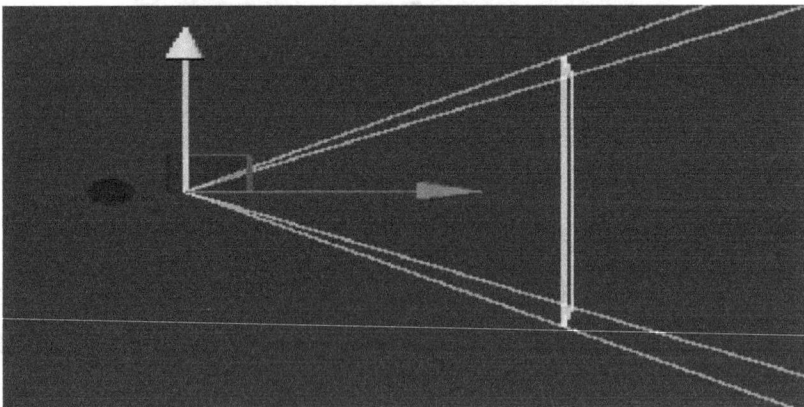

图 3-1-7　Screen Space-Camera 模式下的 Canvas 位置

在 Screen Space-Camera 模式下，UI 组件并不一定能渲染在 3D 元素之上，而 3D 元素可能会渲染在 UI 组件之上，如图 3-1-8 所示。

3）World Space 模式

Canvas 与场景中的其他 3D 元素没有区别，它本质上就是 3D 元素，在 World Space

模式下，Canvas 可以调整 RectTransform 的数值，摄像机的平移、旋转、缩放及视场角都会影响 Canvas 的显示，用户需要使用 EventCamera 来指定接收事件的摄像机，如图 3-1-9 所示。

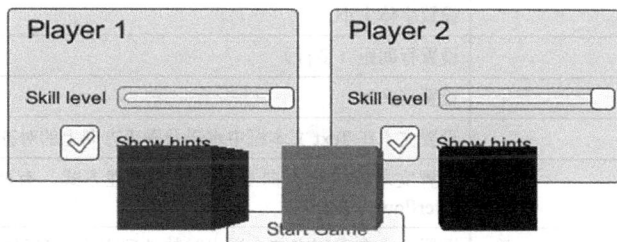

图 3-1-8　Screen Space-Camera 模式

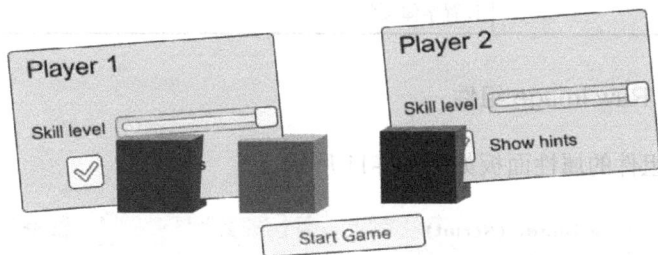

图 3-1-9　World Space 模式

2. Text 组件

Text 组件可以设置字体、字体样式、字体大小等内容。其属性面板如图 3-1-10 所示，主要属性说明如表 3-1-1 所示。

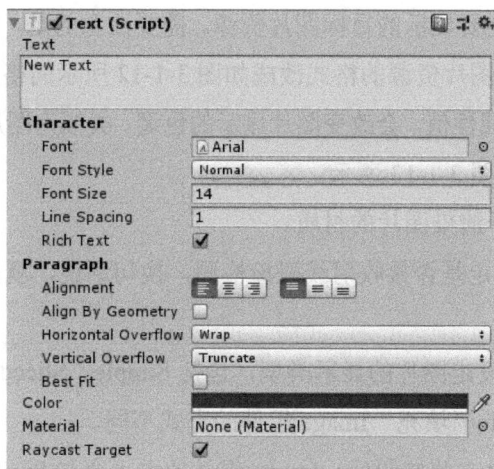

图 3-1-10　Text 组件的属性面板

表 3-1-1　Text 组件的主要属性说明

属　　性	功　　能
Font	设置字体
Font Style	设置字体样式
Font Size	设置字体大小
Line Spacing	设置行间距（多行）
Rich Text	设置富文本
Alignment	设置文本在 Text 文本框中水平及垂直方向上的对齐方式
Horizontal Overflow	设置文本在水平方向上溢出时的处理方式，有两种：Wrap（隐藏）；Overflow（溢出）
Vertical Overflow	设置文本在垂直方向上溢出时的处理方式，有两种：Truncate（截断）；Overflow（溢出）
Best Fit	设置当文本多时自动缩小以适应文本框的大小
Color	设置字体颜色

3. Image 与 Raw Image 组件

（1）Image 组件的属性面板如图 3-1-11 所示。

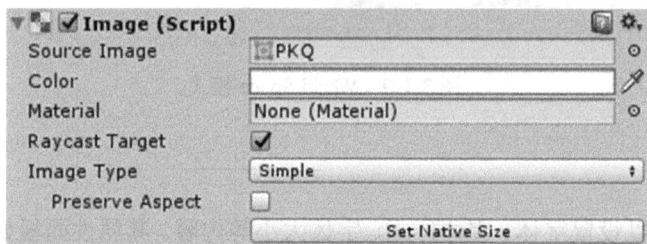

图 3-1-11　Image 组件的属性面板

Source Image：指定要显示的目标图片资源。需要注意的是，它只支持 Sprite 类型的图片，因此需要将目标图片资源的格式改成如图 3-1-12 所示的格式。

Color：设置 Color 属性值，会改变图片显示的色调。类似为图片开了某种颜色的"灯"来照射该图片，效果如图 3-1-13 所示。

Material：设定用于渲染图片的材质。

Raycast Target：决定是否接收射线碰撞检测，换句话说，就是是否能够成为事件监听目标。

Image Type：用于设定图片的显示类型，包括 Simple、Sliced、Tiled 和 Filled。不同的显示类型会导致 Sprite "填充" Image 组件的方式不同。

Set Native Size：单击此按钮后，Image 组件的大小会与 Sprite 图片本身的大小保持一致。

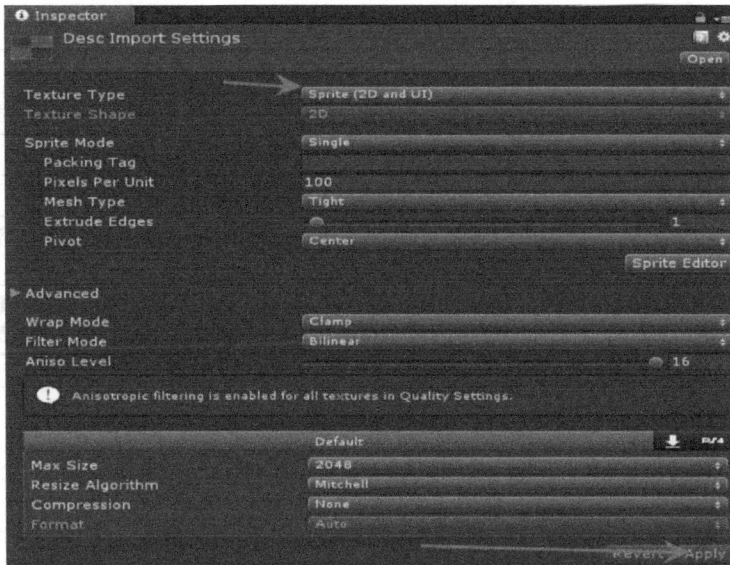

图 3-1-12　修改目标图片资源的格式

图 3-1-13　调整颜色效果

（2）Raw Image 组件。Raw Image 组件的功能与 Image 组件类似，而属性并不完全相同。其属性面板如图 3-1-14 所示，属性说明如表 3-1-2 所示。

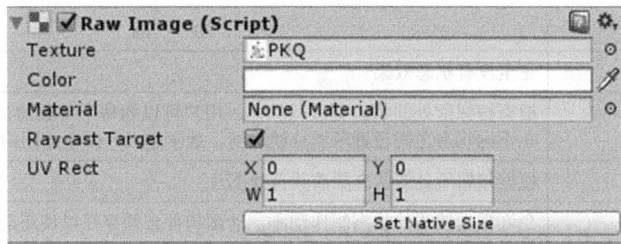

图 3-1-14　Raw Image 组件的属性面板

表 3-1-2　Raw Image 组件的属性说明

属　　性	作　　用
Texture	指定要显示的图片，需要注意的是，该图片可以是任何类型
Color	设置图片的主颜色
Material	设定 Raw Image 组件的渲染材质
Raycast Target	决定是否可接收射线碰撞事件检测（取消勾选该复选框不会挡住下层 UI 事件）
UV Rect	可以让图片的一部分显示在 Raw Image 组件中，X、Y 属性用于控制 UV 左右、上下的偏移量，W、H 属性用于控制 UV 的重复次数

4. Button 组件

Button 组件的属性面板如图 3-1-15 所示。

（1）Interactable：是否接收事件响应，如果不勾选该复选框，那么 Button 组件在场景中无法被单击（当新建一个 Canvas 或 UI 组件时，Unity 会自动创建一个 Event System，这个 Event System 是用来监听鼠标在 UI 组件触发的事件的，如果不需要 Button 组件的事件交互，则可以把这个 Event System 删除）。

（2）Transition：有 4 种状态，如图 3-1-16 所示，其状态参数说明如表 3-1-3 所示。

图 3-1-15　Button 组件的属性面板　　　　　图 3-1-16　Transition 的状态

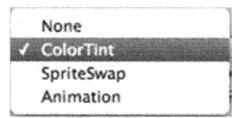

表 3-1-3　Transition 状态参数说明

名　　称	功　　能
None	完全没有状态效果
ColorTint	根据按钮所处的状态更改其颜色。用户可以为每个单独的状态选择颜色，也可以在不同状态之间设置渐弱持续时间，数字越大，颜色之间的淡入速度越慢
SpriteSwap	根据按钮所处的状态更改其背景图片
Animation	允许根据按钮的状态制作动画，动画构件必须存在以使用动画转换。确保 Button 组件的根节点运动状态不会改变。要创建动画控制器，请单击"Auto Generate Animation"按钮生成动画（或创建自己的动画），并确保已将动画控制器添加到按钮的动画制作器组件中

ColorTint 状态下的属性说明如表 3-1-4 所示。

表 3-1-4　ColorTint 状态下的属性说明

属　　性	功　　能
Target Graphic	用于可交互组件的图形
Normal Color	默认状态下的颜色
Highlighted Color	突出显示时的颜色
Pressed Color	单击组件时的颜色
Disabled Color	禁用组件时的颜色
Color Multiplier	颜色倍增器：这会将每个过渡的色调颜色乘以其值。使用此功能，可以创建颜色值大于 1 的颜色，以使基本颜色小于白色（或小于完整 Alpha）的图形元素上的颜色（或 Alpha 通道）变亮
Fade Duration	淡化持续时间（以秒为单位）

SpriteSwap 状态下的属性说明如表 3-1-5 所示。

表 3-1-5　SpriteSwap 状态下的属性说明

属　　性	功　　能
Target Graphic	目标图形
Highlighted Sprite	突出显示的精灵
Pressed Sprite	单击组件时使用的 Sprite
Disabled Sprite	禁用组件时使用的 Sprite

Animation 状态下的属性说明如表 3-1-6 所示。

表 3-1-6　Animation 状态下的属性说明

属　　性	功　　能
Normal Trigger	要使用的普通动画控制器
Highlighted Trigger	突出显示的动画
Pressed Trigger	单击组件时触发
Disabled Trigger	禁用组件时触发

（3）Navigation：有 5 种状态，如图 3-1-17 所示，其状态参数说明如表 3-1-7 所示。

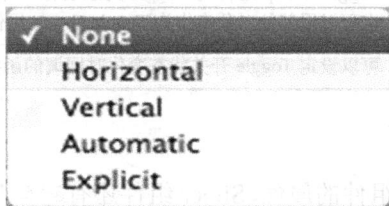

图 3-1-17　Navigation 的状态

表 3-1-7　Navigation 状态参数说明

名　　称	功　　能
None	没有键盘导航。还可以确保单击按钮不会获得焦点
Horizontal	水平导航
Vertical	垂直导航
Automatic	自动导航
Explicit	在此模式下，可以明确指定组件导航到不同方向键的位置

5. Toggle、Slider 和 Scrollbar 组件

1）Toggle 组件（单选按钮）

① 继承于 Button 组件，有 Button 组件的常见属性字段，如图 3-1-18 所示。

② Toggle 组件自身的属性如图 3-1-19 所示，属性说明如表 3-1-8 所示。

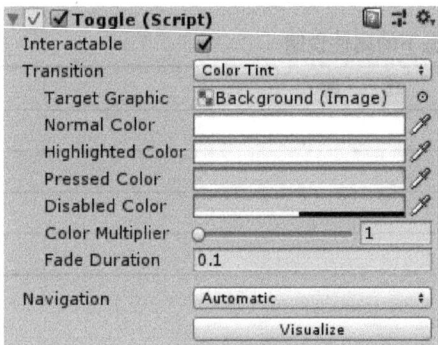

图 3-1-18　Toggle 组件的属性面板

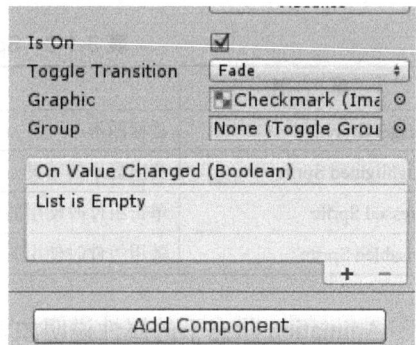

图 3-1-19　Toggle 组件自身的属性

表 3-1-8　Toggle 组件自身的属性说明

属　　性	功　　能
Is On	该 Toggle 开关对象是否打开
Toggle Transition	该 Toggle 开关对象打开状态切换的过渡效果，默认为 Fade，即淡入淡出
Graphic	选中时的状态图标，Unity 默认为√
Group	Toggle 开关组，一般需要在其中一个 Toggle 中添加 Toggle Group 组件，该 Toggle 的名称为 Toggle Group 名称，其他 Toggle 将在本属性中设置添加了 Toggle Group 组件的 Toggle 为组名称，即可完成组的设置。 也可以用其他对象来作为 Toggle Group 组件的依附对象，常用的是 Panel
On Value Changed（Boolean）	可以设定 Toggle 开关状态变化时回调的函数

2）Slider 组件

① 除了继承于 Button 组件的属性，Slider 组件还有它自身的属性，如图 3-1-20 所示。

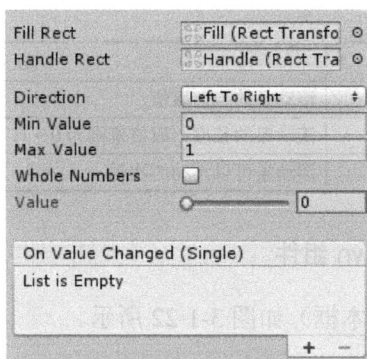

图 3-1-20　Slider 组件自身的属性

② Slider 组件自身的属性说明如表 3-1-9 所示。

表 3-1-9　Slider 组件自身的属性说明

属　　性	功　　能
Fill Rect	是一个 Image 组件
Handle Rect	滑块，可以通过调整滑块相对于其父对象的锚点位置来调整 Slider 组件的 Value 值
Direction	进度条的方向
Min Value/Max Value/Whole Numbers	最小值和最大值，以及是否只允许是整数值
Value	当前滑块所在的值
On Value Changed（Single）	当滑块的值变动时触发事件，可以设定回调函数

3）Scrollbar 组件（滚动条）

① 除了继承于 Button 组件的属性，Scrollbar 还有它自身的属性，如图 3-1-21 所示。

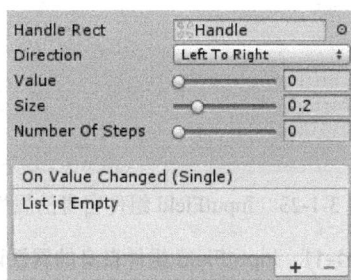

图 3-1-21　Scrollbar 组件自身的属性

② Scrollbar 组件自身的属性说明如表 3-1-10 所示。

表 3-1-10　Scrollbar 组件自身的属性说明

属　　性	功　　能
Handle Rect	滚动条的限定区域
Direction	设定滚动条的滑动方向

属　　性	功　　能
Value	滚动条的当前取值
Size	滚动条的长度，取值范围为 0～1，表示滚动条占整个区域的百分比
Number Of Steps	滚动条可以滚动的次数

6. InputField 和 Dropdown 组件

（1）InputField 组件（文本框）如图 3-1-22 所示。

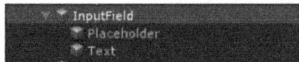

图 3-1-22　InputField 组件

Placeholder：提示内容。

Text：输入内容。

① 同 Toggle 组件一样，InputField 组件也有继承于 Button 组件的属性。

② InputField 组件自身的属性如图 3-1-23 所示，其属性说明如表 3-1-11 所示。

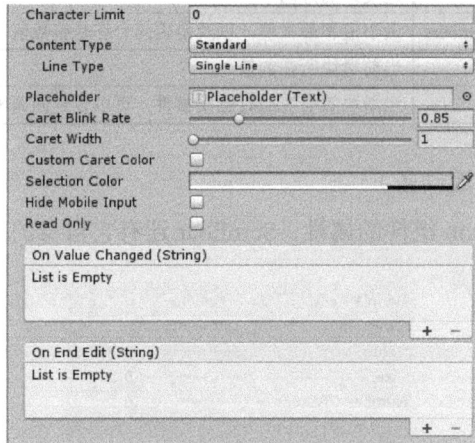

图 3-1-23　InputField 组件自身的属性

表 3-1-11　InputField 组件自身的属性说明

属　　性	功　　能
Character Limit	字符数量限制，0 表示无限制，中英文字符长度相同
Content Type	输入内容限制
Line Type	输入内容换行限制
Placeholder	Text 组件默认显示的内容（当输入内容为空时，显示的内容）
Caret Blink Rate	光标的闪烁速度
Caret Width	光标的宽度
Custom Caret Color	自定义光标的颜色
Selection Color	选中文本的背景颜色

续表

属　　性	功　　能
Hide Mobile Input	隐藏手机的虚拟键盘（移动端）
Read Only	只读
On Value Changed（String）	当输入内容 Text 值改变时，执行其中存储的所有方法
On End Edit（String）	当输入结束时执行（按 Enter 键或光标失去焦点时）

（2）Dropdown 组件（下拉菜单）如图 3-1-24 所示。

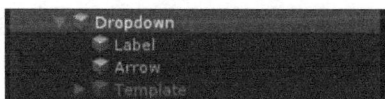

图 3-1-24　Dropdown 组件

① 同 Toggle 组件一样，Dropdown 组件也有继承于 Button 组件的属性。

② Dropdown 组件自身的属性如图 3-1-25 所示。

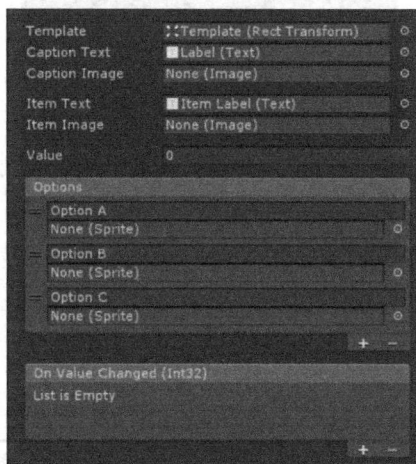

图 3-1-25　Dropdown 组件自身的属性

③ Dropdown 组件自身的属性说明如表 3-1-12 所示。

表 3-1-12　Dropdown 组件自身的属性说明

属　　性	功　　能
Template	下拉模板
Caption Text	当前选择的选项显示的文本组件 Text
Caption Image	当前选择的选项显示的 Sprite 类型的图片 Image
Item Text	模板中每个元素的 Text 组件
Item Image	模板中每个元素的 Image 组件
Value	当前选择的选项的索引
Options	选项内容

7. Scroll View 组件

Scroll View 组件（滚动视图）如图 3-1-26 所示。

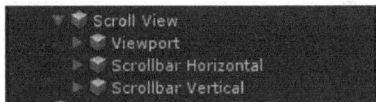

图 3-1-26　Scroll View 组件

① Scroll View 组件的属性面板如图 3-1-27 所示（Scroll Rect 是 Scroll View 组件的重要组成部分）。

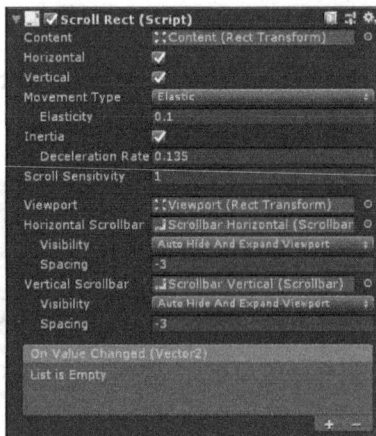

图 3-1-27　Scroll View 组件的属性面板

② 属性说明如表 3-1-13 所示。

表 3-1-13　Scroll View 组件的属性说明

属　　性	功　　能
Content	可拖动的对象，改变 Image 的父对象 Content 的坐标
Horizontal、Vertical	是否可以水平、垂直拖动
Movement Type	移动类型
Elasticity	回弹系数，值越大，回弹越慢
Inertia	惯性
Deceleration Rate	惯性的衰减系数
Scroll Sensitivity	鼠标滚轮的滚动系数
Viewport	视窗，如果未指定，则视窗默认为 Scroll Rect 指定的范围
Horizontal Scrollbar	水平滚动条
Visibility	显示方式
Vertical Scrollbar	垂直滚动条
Spacing	各元素之间的间距

8. Mask 和 ToggleGroup 组件

1）Mask 组件

① Mask 组件用来控制子组件的显示效果，Mask 将限制子对象的大小，如果子对象比父对象大，那么将显示比父对象小的部分。

② 例如，创建一个 Panel 对象，将需要显示的对象全部放到 Panel 对象下，给 Panel 对象添加一个 Mask 组件，全部的子对象只能在 Panel 对象范围内显示。

③ 添加 Mask 组件，如图 3-1-28 所示，显示效果如图 3-1-29 所示。

图 3-1-28　添加 Mask 组件　　　　　　图 3-1-29　显示效果

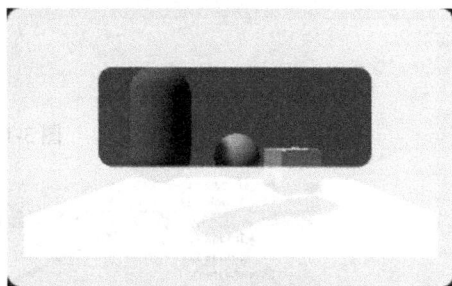

2）ToggleGroup 组件

ToggleGroup 不是一个可见的 UI 组件，它用来修改一组 Toggle 组件的行为。当一组 Toggle 组件属于同一个 ToggleGroup 组件的时候，只能有一个 Toggle 组件处于被选中状态。

下面举例说明，操作步骤如下。

① 打开 Unity，创建新场景，添加 Canvas 组件，然后在 Panel 节点下添加 Toggle 和 Image 组件，层级关系如图 3-1-30 所示。

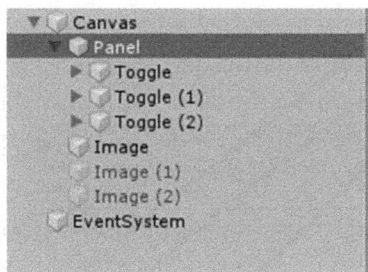

图 3-1-30　层级关系

② 展开"Toggle"，删除其中的"Label"，然后把"Toggle"的"Background"的"Checkmark"中的"Source Image"和"Color"进行简单设置，如图 3-1-31 所示，并添加一个"Text"，其他两个"Toggle"也进行类似更改。

③ 把 3 个"Image"进行简单的"红、绿、蓝"颜色修改，如图 3-1-32 所示，3 个
"Image"所做修改相同。

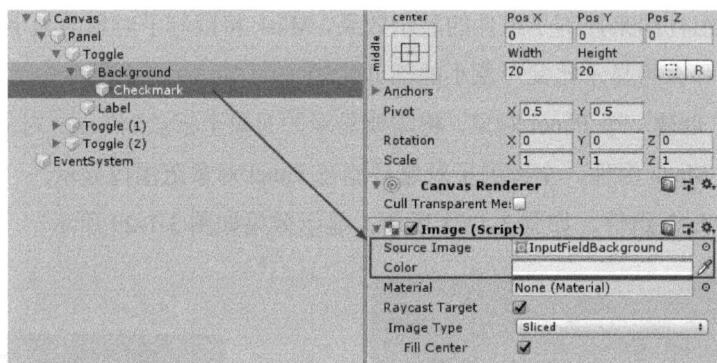

图 3-1-31　更改参数

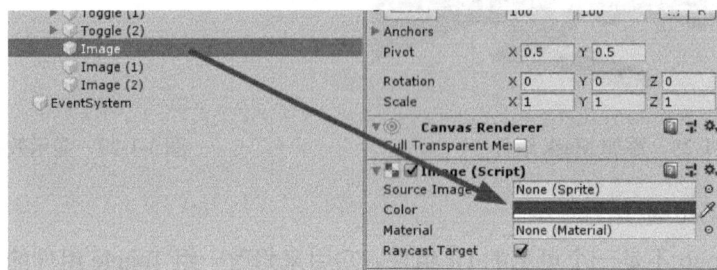

图 3-1-32　修改颜色

④ 给"Panel"添加"ToggleGroup"组件。

⑤ 修改 3 个"Toggle"的"Is On"、"Group"及"On Value Changed（Boolean）"属
性，如图 3-1-33、图 3-1-34 和图 3-1-35 所示。

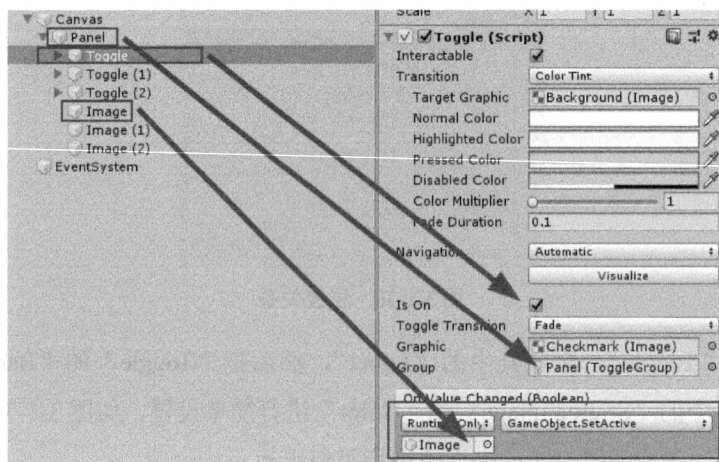

图 3-1-33　修改属性（1）

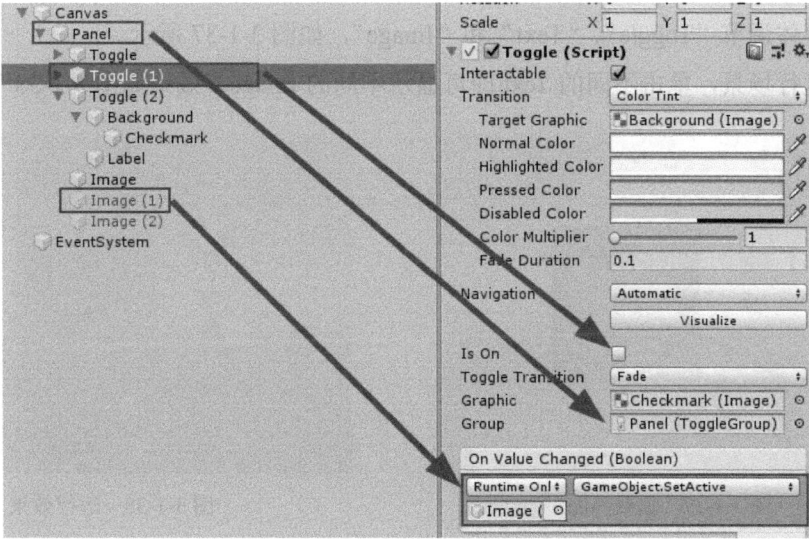

图 3-1-34　修改属性（2）

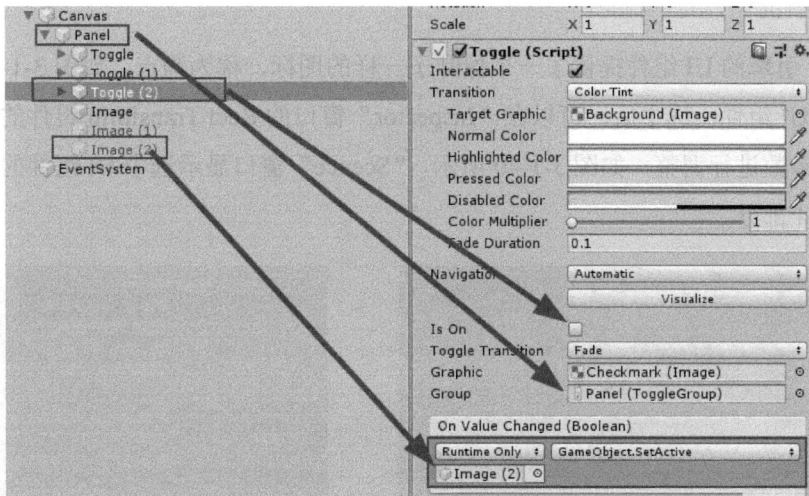

图 3-1-35　修改属性（3）

⑥ 隐藏"Image(1)"和"Image(2)"，如图 3-1-36 所示。

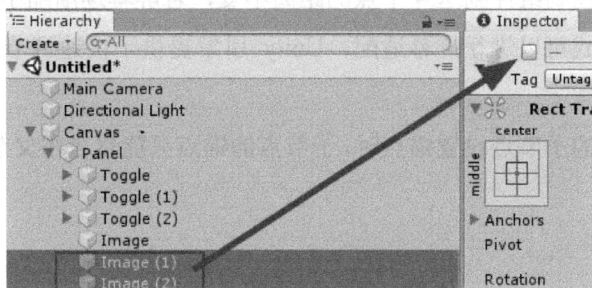

图 3-1-36　隐藏图片

⑦ 整体调节 "Toggle"、"Text" 和 "Image"，如图 3-1-37 所示。

⑧ 运行场景，单击不同的 Text 即可显示不同的 Image，效果如图 3-1-38 所示。

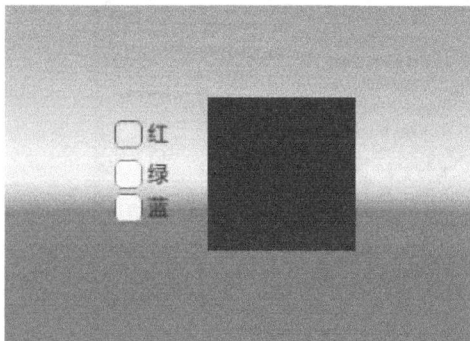

图 3-1-37　调整界面

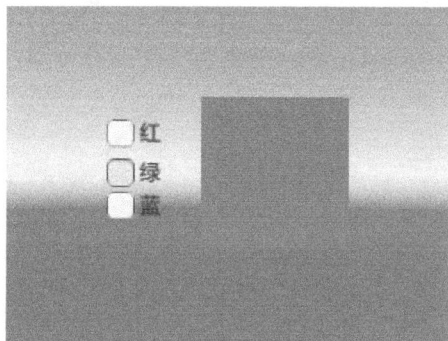

图 3-1-38　运行效果

3.1.2　锚点的使用

Unity 引擎的 UI 组件提供了一个像叶子一样的图标，称为锚点，如图 3-1-39 所示，创建任意 UI 组件，选中后，可以在 "Inspector" 窗口的 Rect Transform 组件的属性面板中对锚点参数进行调整，如图 3-1-40 所示，"Scence" 窗口显示选中 UI 组件的锚点，该锚点分为 4 部分。

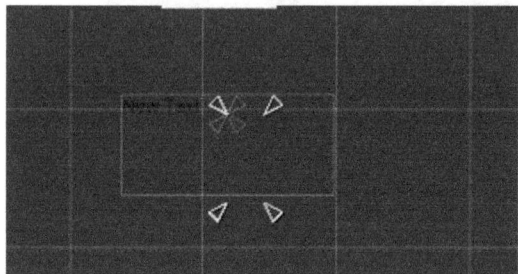

图 3-1-39　锚点

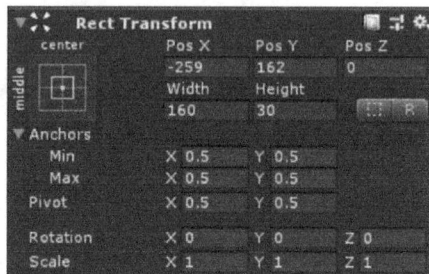

图 3-1-40　Rect Transform 组件的属性面板

锚点的作用是控制组件到这 4 个点的距离不变，若屏幕逐渐缩小，则组件自身也会缩小，通过这种方式可以进行屏幕适配。Unity 引擎提供了快速调节工具，如图 3-1-41 所示。

当对一个节点的子节点设置锚点时，子节点的锚点只能包含在父节点的组件区域内，如图 3-1-42 所示。

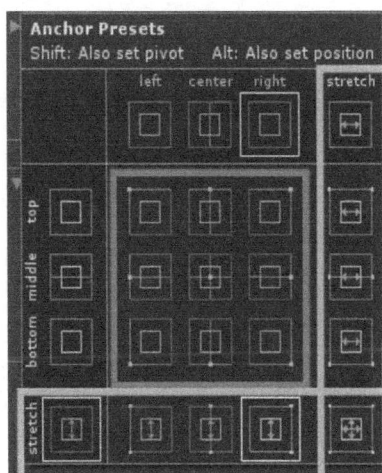

图 3-1-41　快速调节工具

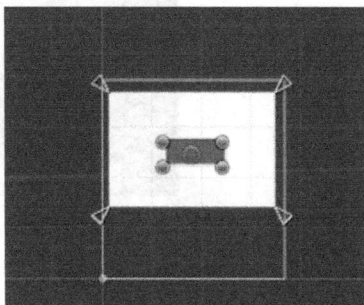

图 3-1-42　锚点组件区域

下面举例说明，操作步骤如下。

① 新建 Unity 工程，创建 Canvas 组件，添加 4 个 Button 组件，并按照如图 3-1-43 所示的位置摆放，锚点调节分别对应 Button 组件的摆放位置：左下，右下，左上，右上。

② 在"Game"窗口中调节分辨率，观察 Button 组件的位置变化，会发现改变分辨率后，Button 组件会自动适应屏幕分辨率，如图 3-1-44 和图 3-1-45 所示。

图 3-1-43　Button 组件摆放位置

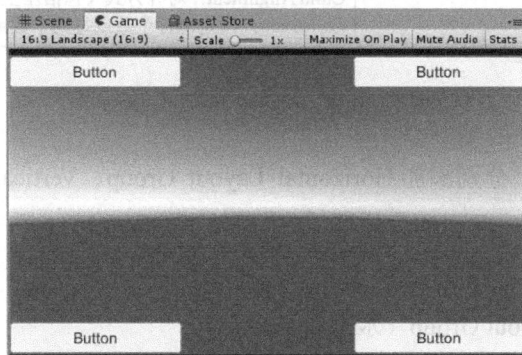

图 3-1-44　不同分辨率显示画面（1）

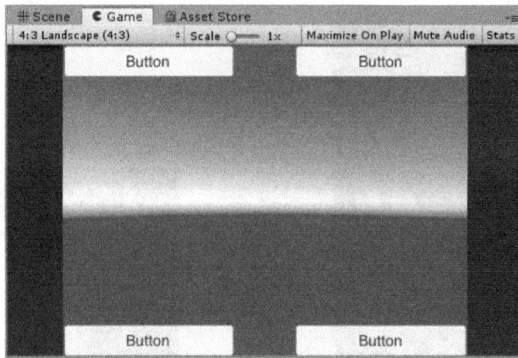

图 3-1-45　不同分辨率显示画面（2）

3.1.3　用户界面的排列

1. 排列方式

Unity 引擎包括水平布局、垂直布局、网格布局 3 种界面排列方式，对应的组件及其属性说明如表 3-1-14 所示。

表 3-1-14　排列组件属性说明

名　　称	属　　性
Horizontal Layout Group（水平布局）	Padding：内边距，单位像素。 Spacing：子对象间的间隔，单位像素。 Child Alignment：对齐方式。 Controls Child Size：布局组件是否控制子对象的 Width / Height。 Child Force Expand：是否自适应宽和高
Vertical Layout Group（垂直布局）	同上
Grid Layout Group（网格布局）	Padding：内边距，单位像素。 Cell Size(X,Y)：子对象的大小。 Spacing(X,Y)：子对象在 X、Y 轴上的间隔像素。 Start Corner：第一个子对象所在的角落（Upper Left 等 4 个角）。 Start Axis：子对象排列方向（Horizontal、Vertical）。 Child Alignment：对齐方式（包括左上、上中、左下等 9 个方向）。 Constraint：固定每行个数或每列个数或无

2. 使用方法

新建 Image 组件，分别添加 Horizontal Layout Group、Vertical Layout Group、Grid Layout Group 3 个组件，需要注意的是，3 个组件不能同时添加在一个 Image 组件上，如图 3-1-46 所示。

1）Horizontal Layout Group（水平布局）

新建 Image 组件，命名为"ImageFa"，添加 Horizontal Layout Group 组件之后，重

新添加几个 Image 组件作为 "ImageFa" 的子对象, 如图 3-1-47 所示。

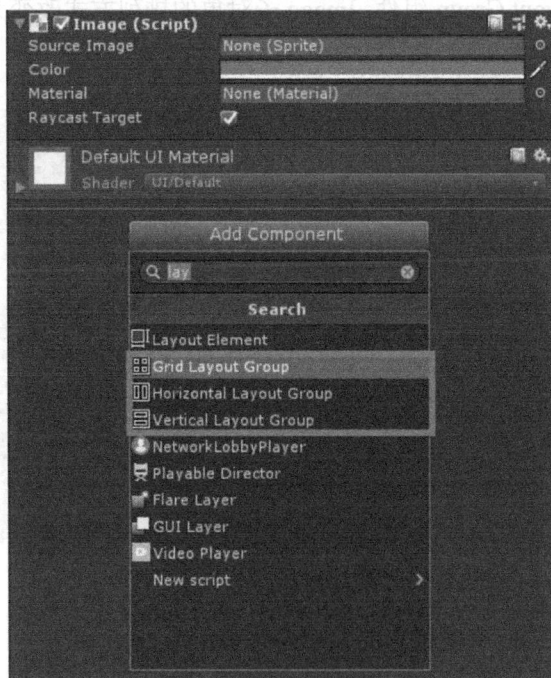

图 3-1-46　添加组件

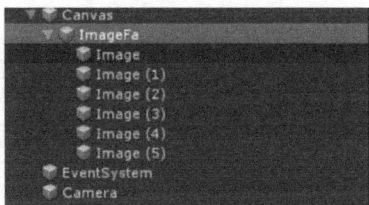

图 3-1-47　添加子对象

可改变新添加的 Image 子对象的颜色, 以便更直观地观察效果, 如图 3-1-48 所示。

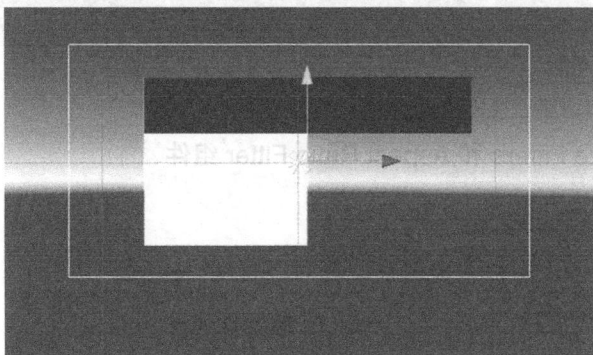

图 3-1-48　水平布局

2）Vertical Layout Group（垂直布局）

添加 Vertical Layout Group 组件，Image 子对象的排列方式改变为如图 3-1-49 所示的状态。

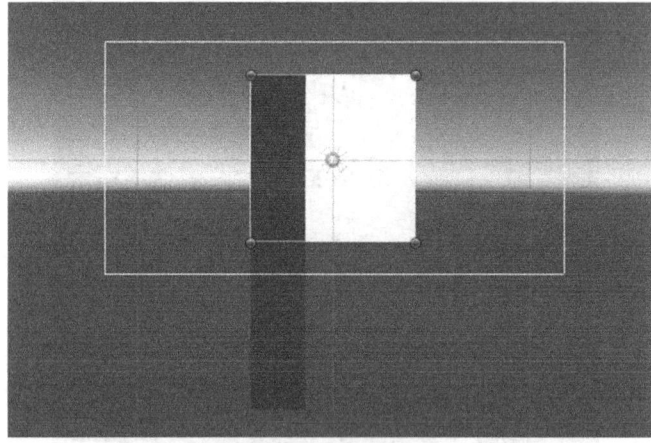

图 3-1-49　垂直布局

3）Grid Layout Group（网格布局）

添加 Grid Layout Group 组件，Image 子对象的排列方式改变为如图 3-1-50 所示的状态。

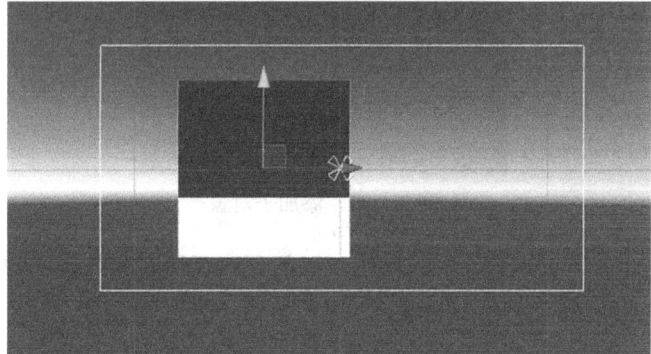

图 3-1-50　网格布局

3. Content Size Fitters 和 Aspect Ratio Fitter 组件

1）Content Size Fitters 组件

Content Size Fitters 组件主要用来设置 UI 组件的长和宽。

接下来举例实现文字固定、图片随文字长度变化的功能。

① 创建一个 Text，将 Text 的锚点 Anchors 设置为左对齐，调节好 X 坐标，在 Text

上添加 Content Size Fitters 组件，将 Horizontal Fit 的属性修改为 Preferred Size，在 Text 下创建一个子对象 Image，将 Image 的锚点 Anchors 设置为右对齐，调节好 X 坐标，如图 3-1-51 和图 3-1-52 所示。

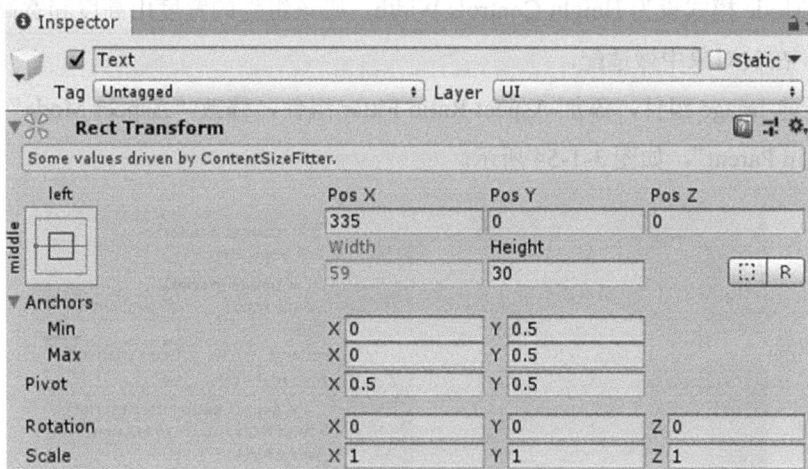

图 3-1-51　Text 组件调节

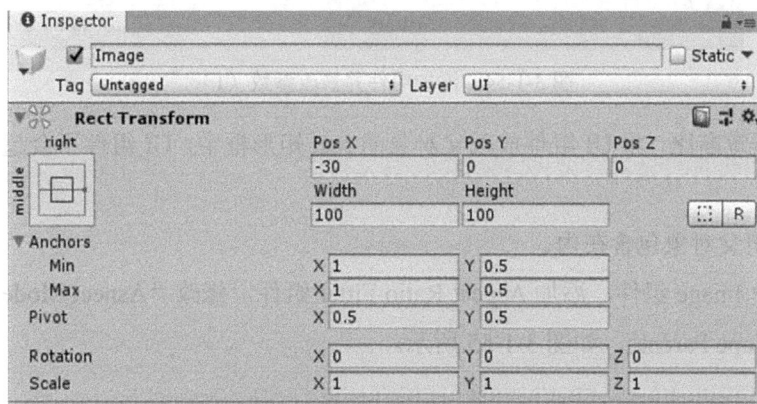

图 3-1-52　Image 组件调节

② 向 Text 中添加文字，图片就会跟随文字更改位置，效果如图 3-1-53 所示。

图 3-1-53　最终效果

2）Aspect Ratio Fitter 组件

Aspect Ratio Fitter 组件的作用是保持一个 UI 组件的宽高比。将该组件的 Aspect Mode 模式设为 Width Controls Height，则该组件的高度由宽度和宽高比决定；将该组件的 Aspect Mode 模式设为 Height Controls Width，则该组件的宽度由高度和宽高比决定。

例 1：在父对象中做适配。

① 新建 Image 组件，添加 Aspect Ratio Fitter 组件，修改"Aspect Mode"属性的参数为"Fit In Parent"，如图 3-1-54 所示。

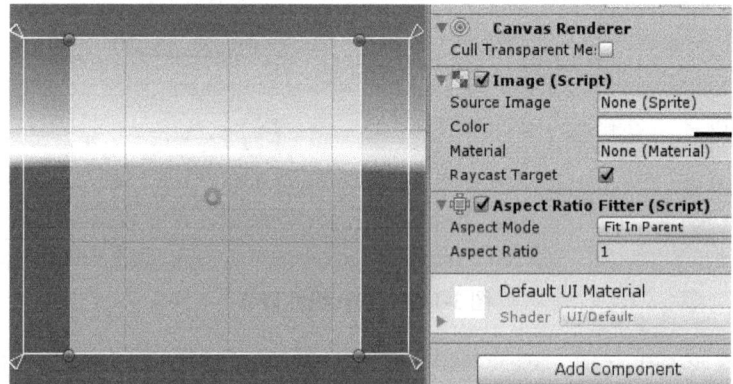

图 3-1-54　添加组件并修改参数（1）

② 根据宽高比，将 UI 组件放入父对象的 rect 矩形框中，UI 组件不会超出父对象的范围。

例 2：将父对象包含在内。

① 新建 Image 组件，添加 Aspect Ratio Fitter 组件，修改"Aspect Mode"属性的参数为"Envelope Parent"，如图 3-1-55 所示。

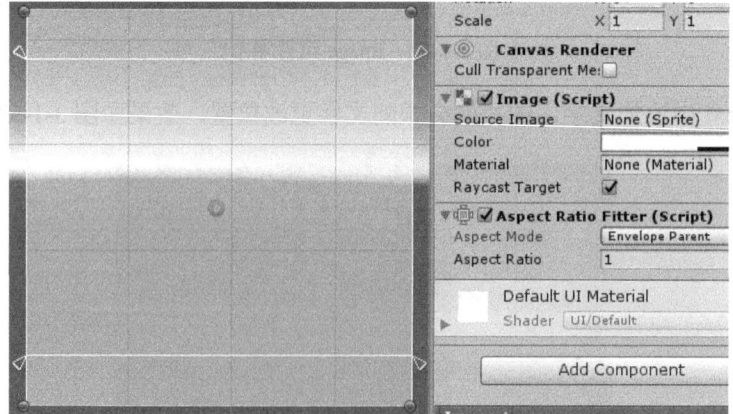

图 3-1-55　添加组件并修改参数（2）

② 根据宽高比，UI 组件会完全覆盖父对象的 rect 矩形框。

3.1.4　用户界面效果的丰富

制作好用户界面之后，用户可以添加一些效果使其视觉效果更加丰富，例如，可以在制作简单动画的过程中使 UI 组件从左往右移动。

以 IdeaVR 引擎为例，移动 node（例如，在动画平台上进行上下左右的移动），可以遵循以下步骤。

（1）通过单击"IdeaVR"界面左侧的 ▣ 按钮打开动画编辑器，如图 3-1-56 所示。

图 3-1-56　动画编辑器

（2）单击 ▦ 按钮添加一个新的 track 模式。

（3）在"Add parameter"界面中选择 node 下的"position"，单击"确定"按钮。

（4）进入"select node"界面，选择需要用来移动的 node（节点），单击"确定"按钮。

（5）如需添加其他 track 模式，则重复步骤（2）和步骤（4）。

（6）选中需要移动的节点，单击 ▣ 按钮。

（7）拖动坐标系将 node（节点）移动到新的位置，单击 ▣ 按钮，创建关键帧（关键帧在轴上，注意轴的位置）。

（8）将出现的关键帧拖动到前面/后面对应的空档处（以便下一次出现关键帧时不与当前的重复）。

（9）依次单击 ▣ 和 ▶ 按钮，播放动画。

以 Unity 引擎为例，按照以下步骤实现动画效果。

1）创建工程

新建任意 UI 物体，以图片为例，在"Inspector-Add Component"栏中添加 Animation 组件，其属性面板如图 3-1-57 所示。

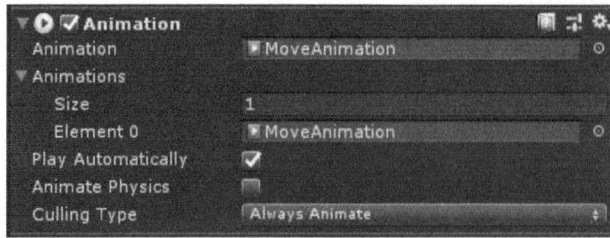

图 3-1-57　Animation 组件的属性面板

2）制作动画

选择"Window"→"Animation"→"Animation"（或按 Ctrl+6 快捷键）命令打开 Animation 动画编辑器，如图 3-1-58 所示。

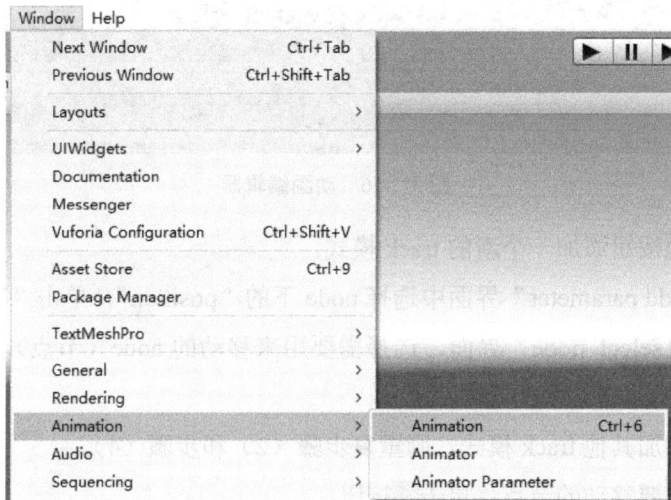

图 3-1-58　打开 Animation 动画编辑器的操作

创建名称为 Move Animation 的文件（用于保存相关动画数据），然后创建并制作动画，如图 3-1-59 和图 3-1-60 所示，将 Move Animation 文件拖动至 Animation 组件中，如图 3-1-61 所示。

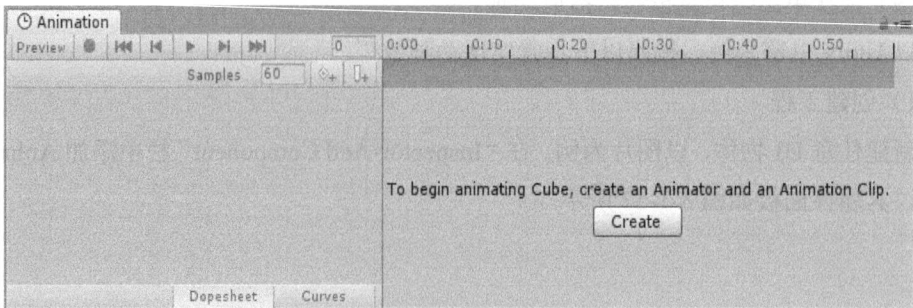

图 3-1-59　创建动画

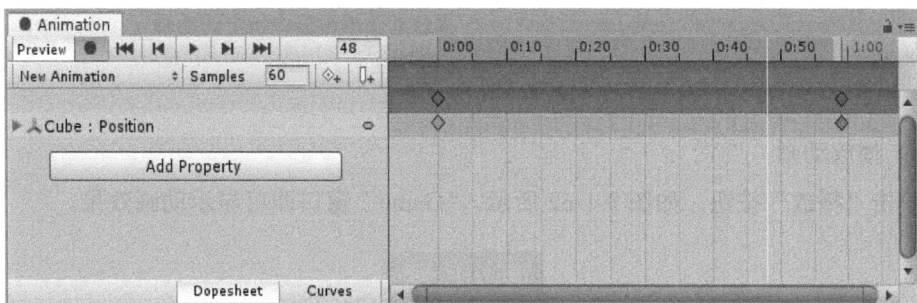

图 3-1-60　制作动画

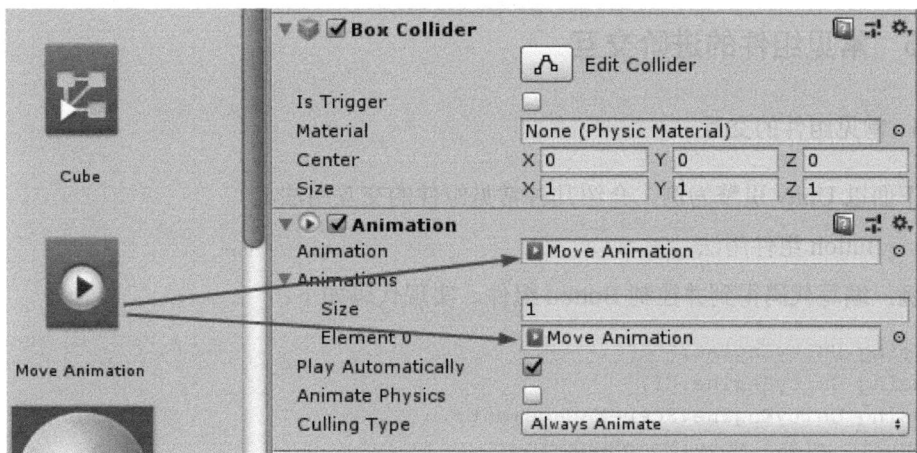

图 3-1-61　添加动画

3）编辑动画

单击"Animation"窗口中的红色圆点，进入编辑状态（能够被记录），填写时间值或拖动时间轴，然后拖动正方体，使之有一段位移，单击"播放"按钮即可看到物体的位移效果。

4）编写脚本

在"Project"窗口中新建 C# 文件，命名为"Move"，在"Inspector-Add Component"栏中添加名称为"Move"的 C# 文件。

编写如下代码，实现动画播放：

```csharp
using System.Collections;
using System.Collections.Generic;
using UnityEngine;
public class Move:MonoBehaviour
{
    public Animation ac;//创建动画编辑器
    void Start()
    {
```

```
    ac.Play("MoveAnimation");//播放动画编辑器中指定的动画
    }
}
```

5）播放动画

单击"播放"按钮，如图 3-1-62 所示，"Game"窗口即可显示动画效果。

图 3-1-62　单击"播放"按钮

3.1.5　常见组件的进阶交互

1. 常见组件的交互

下面以 Unity 引擎为例，介绍几种常见组件的交互用法。

1）Button 组件用法

例：编写代码得到并控制 Button 组件。实现代码如下：

```
using UnityEngine;
using UnityEngine.UI;
using UnityEngine.SceneManagement;
public class Move:MonoBehaviour
{
    public Animation ac;
    private Button PlayButton;
    void Awake()
    {
     //获取对象身上的 Button 组件
     PlayButton = this.transform.GetComponent<Button>();
     PlayButton.onClick.AddListener(PlayButtonOnClick);//给按钮添加触发方法
    }
    void Start()
    {
        ac.Play("MoveAnimation");
    }
    void PlayButtonOnClick()//点击触发的方法
    {
        SceneManager.LoadScene("PlayScenes");
    }
}
```

2）Text 显示文本用法

使用面板为代码中的 Text 对象赋值，对 Text 组件进行操作：

```
public Text text//使用面板为 Text 组件赋予 text
```

```
text.text=string;//更改文本显示的内容
```

3）Image 图片精灵用法

编写代码，更改图片精灵：

```
using UnityEngine;
using UnityEngine.UI;
public class imageui:MonoBehaviour {
    private Image image;//Image 组件
    public Sprite sprite;//存放精灵图片的引用
    void Awake()
    {
        image = transform.GetComponent<Image>();   //获取 Image 脚本
    }
    void Update(){
        image.sprite = sprite;//替换场景中的精灵
    }
}
```

4）Slider 滑动器用法

编写代码绑定方法，在 Value 值发生变化时触发该方法：

```
using System.Collections;
using System.Collections.Generic;
using UnityEngine;
using UnityEngine.UI;
public class slider1:MonoBehaviour {
    private Slider slider;
    void Awake()
    {
        slider = transform.GetComponent<Slider>();//获取对象上的 Slider 脚本
        //把方法绑定到 Slider 上,想要把方法绑定到 Slider 上,这个方法必须有一个 float
        //类型的参数值,即 Value 值
        slider.onValueChanged.AddListener(OnSlider1);
    }
    /// <summary>
    /// 把OnSlider1()方法绑定到Slider 上,Slider 的Value 值一发生变化就执行Onslider1()
    /// 方法
    /// </summary>
    /// <param name="str"></param>
    void OnSlider1(float str)//这个参数就是 Slider 的 Value 值
    {
        print(str);
    }
}
```

2. 事件系统

Unity 引擎中的界面交互是基于事件系统的，下面介绍一下相关的组件。

1）Event System 组件

在场景中首次添加一个界面元素，Unity 会自动创建一个 Event System 对象，并为 Event System 对象挂载 Event System 和 Standalone Input Module 两个组件，Event System 组件的属性面板如图 3-1-63 所示。

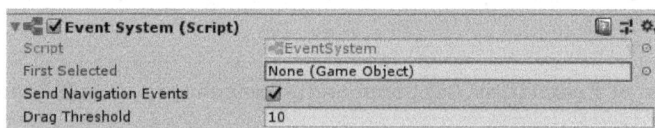

图 3-1-63　Event System 组件的属性面板

一个场景中只能有一个 Event System 组件，主要负责处理输入、射线投射以及发送事件、处理失焦、记录光标位置和记录一个 Selected 对象等任务。

2）Standalone Input Module 组件

Standalone Input Module 组件是系统提供的标准输入模块，处理输入的鼠标或触摸事件，并把输入事件（单击、拖曳、选中等）发送到具体对象上，该组件的属性面板如图 3-1-64 所示。

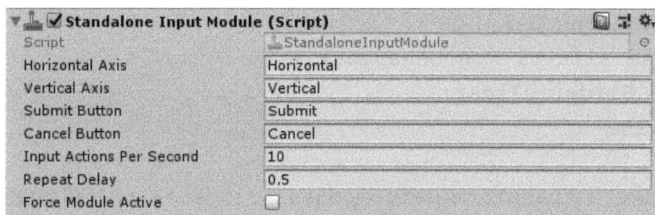

图 3-1-64　Standalone Input Module 组件的属性面板

3）Graphic Raycaster 组件

输入模块要检测到鼠标事件，必须有射线投射组件才能确定目标对象，在 Canvas 组件上会自动挂载 Graphic Raycaster 组件。Graphic Raycaster 组件负责找到所有被射线投射组件检测成功的对象，然后选择排序后的第一个对象进行事件分发。Graphic Raycaster 组件的属性面板如图 3-1-65 所示。

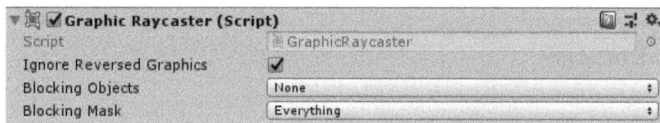

图 3-1-65　Graphic Raycaster 组件的属性面板

总的来说，Event System 组件负责管理，Standalone Input Module 组件负责输入，Graphic Raycaster 组件负责确定目标对象，目标对象负责接收事件并处理，这样就有了一个完整的事件系统。

4）Event Trigger 组件

在需要监听事件的对象上挂载 Event Trigger 组件，然后在"Inspector"窗口中展开配置，可以看到这个组件提供了所有输入模块支持的事件类型的监听，如图 3-1-66 所示。

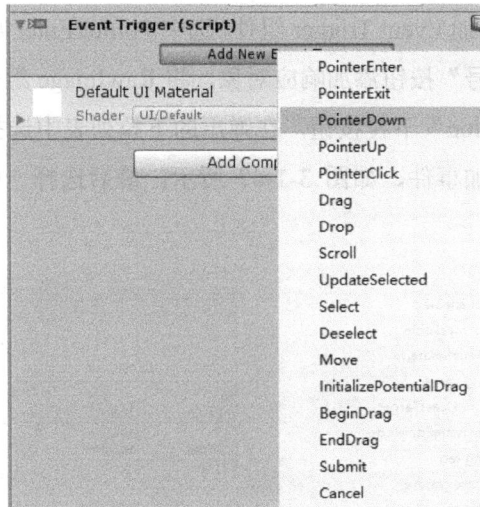

图 3-1-66　添加事件

事件列表及其描述如表 3-1-15 所示。

表 3-1-15　事件列表及其描述

事 件 列 表	描 　 述
PointerEnter	鼠标进入时调用
PointerExit	鼠标离开时调用
PointerDown	鼠标按下时调用
PointerUp	鼠标抬起时调用
PointerClick	鼠标单击时调用
Drag	正在拖曳时调用
Drop	放下物体时调用
Scroll	鼠标滚动时调用
UpdateSelected	与此 Event Trigger 关联的对象被选中时调用
Select	选中物体时调用
Deselect	反选时调用
Move	移动时调用
InitializePotentialDrag	找到拖曳目标时调用，可用于初始化

续表

事 件 列 表	描　述
BeginDrag	开始拖曳时调用
EndDrag	结束拖曳时调用
Submit	提交时调用
Cancel	取消时调用

　　接下来介绍 Event Trigger 组件的运用，实现鼠标和图片的交互功能。在场景中新建一个 RawImage 对象，添加 Event Trigger 组件，选中 PointerEnter 事件，单击 Event Trigger 组件属性面板中的"加号"按钮添加响应对象，将 RawImage 组件拖动到 Object 的文本框中，然后单击"Function"下拉按钮，在弹出的下拉列表中选择"Texture texture"→"RawImage"选项，添加事件，如图 3-1-67 所示，最后选择一张纹理，单击"运行"按钮。

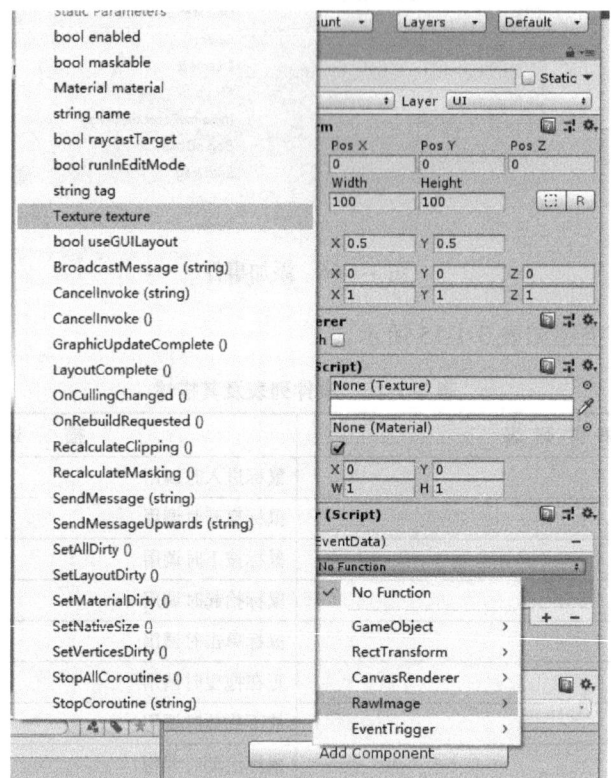

图 3-1-67　添加事件

　　在"Game"窗口中移动鼠标，当鼠标指针悬停在图片上后显示为用户选择的图片，如图 3-1-68 所示。

图 3-1-68 运行效果

3.2 应用交互逻辑的实现

3.2.1 应用场景的构建

虚拟现实引擎中包含了一些内置的资源,用户也可以从外部导入相关的资源,从而利用这些资源来搭建相应的应用场景。

以 IdeaVR 引擎为例,其编辑器中内置了数十种优质的环境、场景资源,通过简单的拖曳操作即可为虚拟场景设置、更换环境或场景。素材库全部在云端,用户可以根据需要下载,如图 3-2-1 所示。

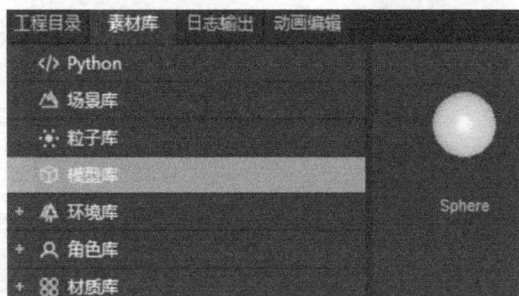

图 3-2-1 素材库

1. 搭建环境

在"资源"面板中，单击"环境预设"按钮，可以看到 IdeaVR 内置了多个优质的环境预设，包含室内、自然风景、超市等。利用环境预设能快速搭建出所需要的场景，简化搭建步骤，增强场景环境效果。用户只需单击任意一个环境预设并将其拖入空白场景即可完成环境设置，如图 3-2-2 所示。

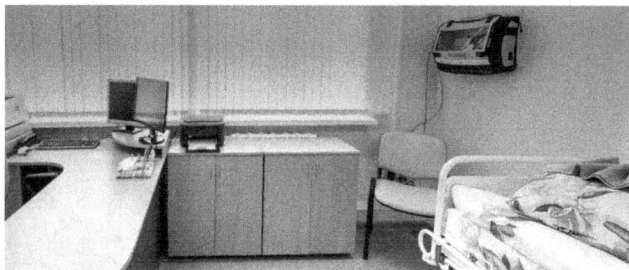

图 3-2-2　搭建环境

完成设置后，用户可在场景内单击并拖动已设置完成的环境，将其调整至最佳观察视角。

提示：环境预设为图片的预设，若想在环境的基础上放置其他模型，建议使用场景预设。

2. 构建场景

在"资源"面板中，单击"场景预设"按钮，可以看到 IdeaVR 中 5 个常用的场景预设，包含教室、仓库、厂房等。利用场景预设能快速搭建出基础场景，方便用户丰富场景内容，用户只需单击任意一个场景预设并将其拖入空白场景即可完成场景设置，如图 3-2-3 所示。

图 3-2-3　构建场景

3．种植草地

选择"创建中草地"命令，创建一个草地节点。单击草地节点，可在其属性界面中更换草地的长度、宽度、密度等，如图 3-2-4 所示。

图 3-2-4　种植草地

4．添加水效果

水是自然环境的重要组成部分，是人类生存发展的依据。在创建场景中水是经常被使用的节点，添加水更能充实场景的完整性，增加其真实性。选择"创建中水"命令，单击水面或者网格水面，创建一个水节点。单击水节点，可在其属性界面中调整水的波长、速度、振幅等，如图 3-2-5 所示。

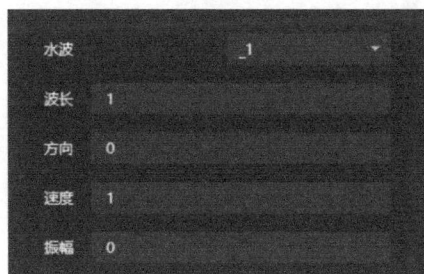

图 3-2-5　水节点属性界面

以 Unity 引擎为例，创建地形的步骤如下。

1．导入资源

打开 Unity 引擎，新建一个工程，导入标准资源包中的环境包，导入后 Project 的目录结构如图 3-2-6 所示。

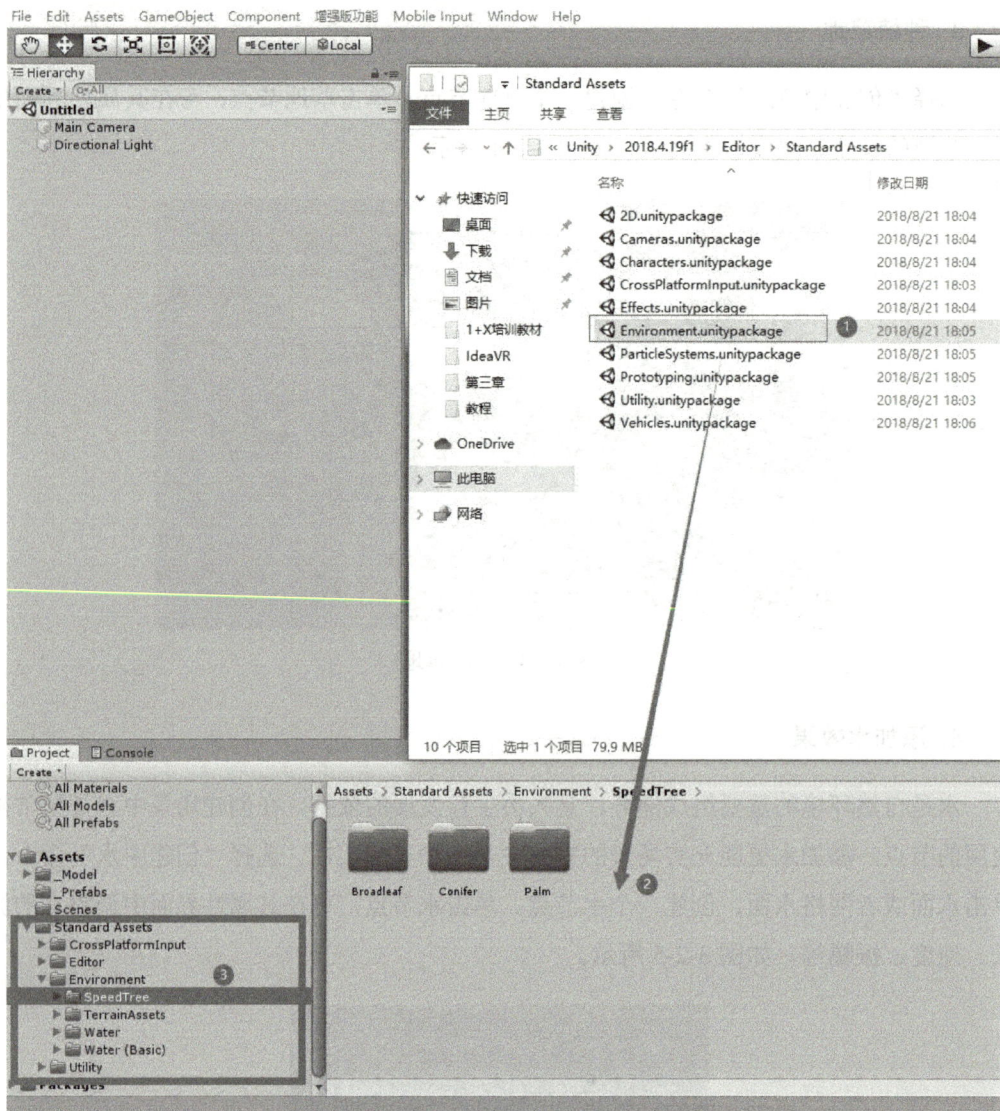

图 3-2-6　Project 的目录结构

2. 创建地形

在"Hierarchy"窗口中右击，在弹出的快捷菜单中选择"3D Object"→"Terrain"命令，即可创建一个地形，如图 3-2-7 所示。

3. 编辑地形

创建好地形后，在"Inspector"窗口中可以查看地形的属性面板，如图 3-2-8 所示。

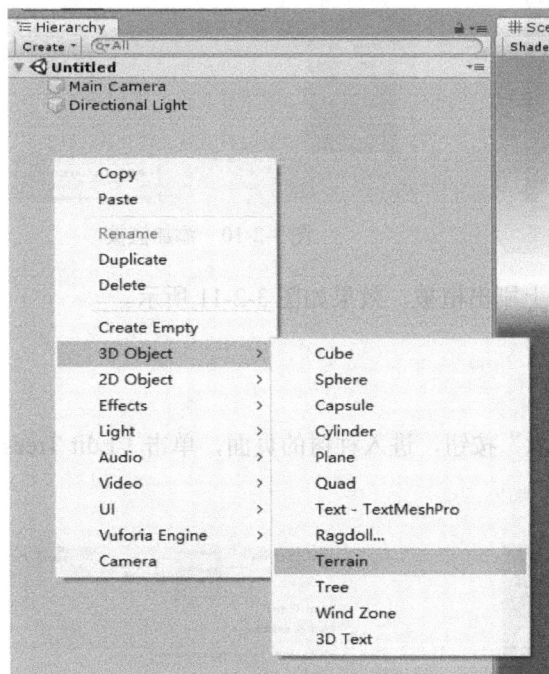

图 3-2-7 创建地形的操作

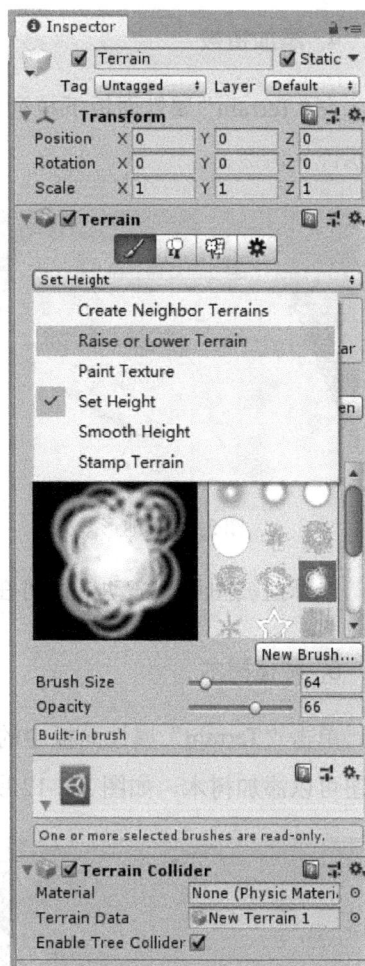

图 3-2-8 地形的属性面板

"Terrain" 属性面板下拉列表中的选项说明如表 3-2-1 所示。

表 3-2-1 "Terrain" 属性面板下拉列表中的选项说明

选 项	功 能	用 法
Create Neighbor Terrains	创建相邻地形	选中相邻地形轮廓，单击鼠标左键即可创建
Raise or Lower Terrain	升高或降低地形	单击地形，可拔高，形成山脉； 按 Shift 键，单击地形，可降低地形
Paint Texture	绘制贴图	为地面添加纹理
Set Height	设置高度	设置地面高度值
Smooth Height	设置光滑度	对山体进行插值处理，使其变得更光滑
Stamp Terrain	标记地形	设置高度与大小之后直接单击鼠标左键形成地形

在 "Terrain" 属性面板下拉列表中选择 "Set Height"、"Raise or Lower Terrain" 或 "Smooth Height" 选项，然后拖动鼠标在场景中绘制地形，效果如图 3-2-9 所示。

4. 添加植被

在"Terrain"属性面板下拉列表中选择"Paint Texture"选项可添加植被，如图3-2-10所示。

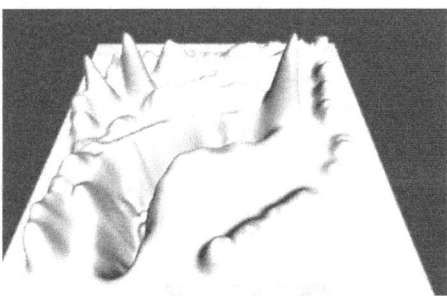

图 3-2-9 地形效果

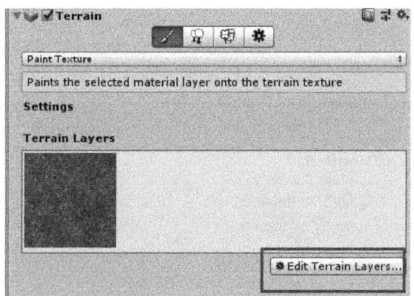

图 3-2-10 添加植被

选择植被图片，拖动鼠标可在地形上刷出植被，效果如图3-2-11所示。

5. 种植树木

单击"Terrain"属性面板中的"树木"按钮，进入种树的页面，单击"Edit Trees"按钮可以添加树木，如图3-2-12所示。

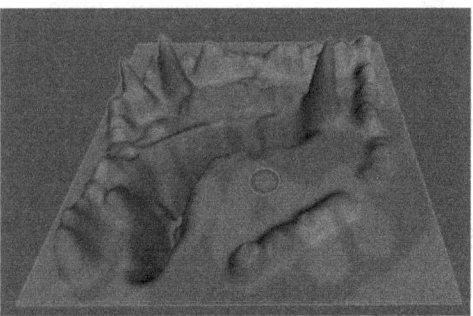

图 3-2-11 植被效果

图 3-2-12 添加树木

选择树木图片，调整树的"密度""高度"等参数，拖动鼠标可在地形上刷出树木，效果如图3-2-13所示。

6. 种植草丛

单击"Terrain"属性面板中的"细节"按钮，进入种草的页面，单击"Edit Details"按钮可以添加草丛，如图3-2-14所示。

选择草图片，调整草的"密度""强度"等参数，拖动鼠标可在地形上刷出草丛，效果如图3-2-15所示。

图 3-2-13　树木效果

图 3-2-14　添加草丛

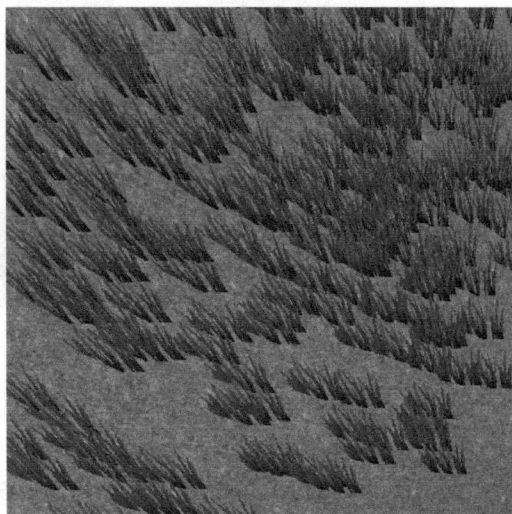

图 3-2-15　草丛效果

7. 添加湖泊

在"Project"窗口中找到水的预制体（湖泊），将其拖动到场景中，通过平移、旋转和缩放操作将水的预制体调整到合适的位置，如图 3-2-16 和图 3-2-17 所示。

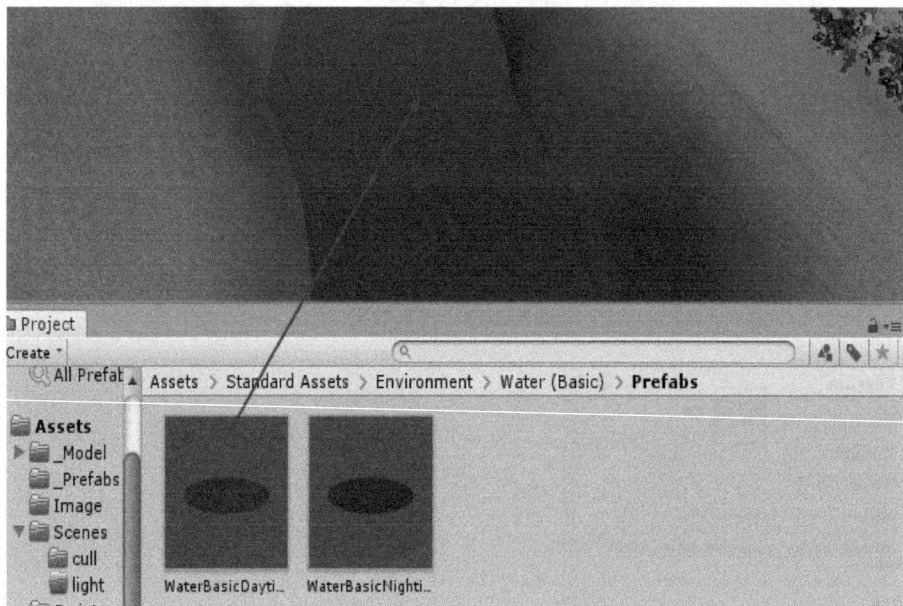

图 3-2-16　添加湖泊

图 3-2-17　湖泊效果

8. 更多效果

在"Hierarchy"窗口中单击地形对象，并在"Inspector"窗口中单击"设置"按钮，可以对场景进行更多的设置，如地形的大小、树木的密度、风的效果等，如图 3-2-18 所示。

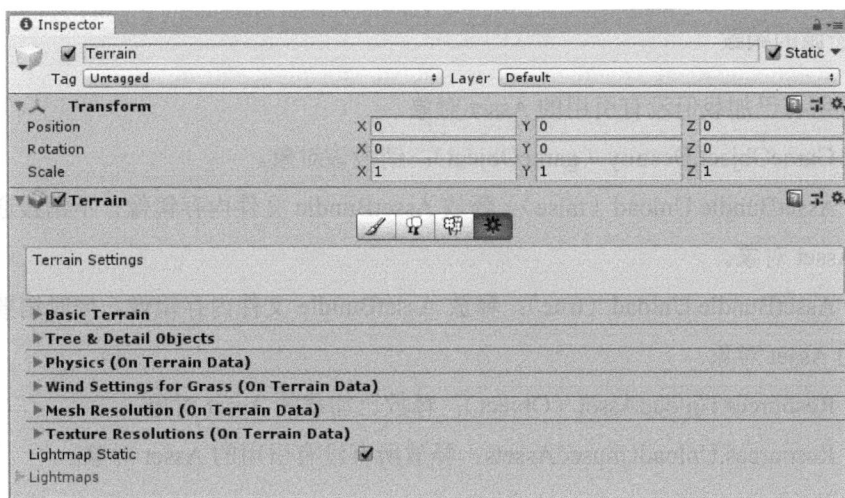

图 3-2-18　场景设置

3.2.2　资源的加载与销毁

虚拟现实引擎在运行时，会根据需要对一些资源进行加载和销毁，以 Unity 引擎为例，资源的加载方式有 Resource、WWW、AssetBundle，资源的销毁方式有 Destroy、Unload。

1．资源的加载

3 种资源加载方式各有其优缺点，具体说明如下。

（1）Resource。

优点：使用方便。

缺点：只能加载 Resource 目录下的资源。

（2）WWW。

优点：灵活，可以加载 Application.streamingAssetsPath、Application.persistentDataPath 目录下的资源，以及从网络上下载的资源。

缺点：异步，如果业务需要按需加载资源，则容易打乱逻辑。

（3）AssetBundle。

优点：可以加载 Application.persistentDataPath 目录下的 AssetBundle。

缺点：AssetBundle 不能压缩，在 Android 下不能加载 Application.streamingAssetsPath 目录下的 AssetBundle。

2. 资源的销毁

释放所有已加载但没有引用的 Asset 对象。

（1）GameObject.Destroy（gameObject）：销毁该对象。

（2）AssetBundle.Unload（false）：释放 AssetBundle 文件内存镜像，不销毁通过加载创建的 Asset 对象。

（3）AssetBundle.Unload（true）：释放 AssetBundle 文件内存镜像，同时销毁所有已经加载的 Asset 对象。

（4）Resources.UnloadAsset（Object）：释放已加载的 Asset 对象。

（5）Resources.UnloadUnusedAssets：释放所有没有引用的 Asset 对象。

3. 应用实例

例 1：以 Resource 为例，对 Unity 引擎的资源进行加载。

（1）打开 Unity 引擎，新建 Unity 空工程，并创建 GameObject 空对象。

（2）新建一个 C#脚本文件，命名为"ResourcesTest"，然后创建正方体，并拖曳为预制体（将对象从"Hierarchy"窗口中拖曳至"Resources"文件夹下），如图 3-2-19 所示。

图 3-2-19　资源加载

① "ResourcesTest"脚本文件的实现代码如下：

```
using UnityEngine;
public class ResourcesTest:MonoBehaviour
{
    private GameObject go;//设置变量
    void Start()
    {
        //使用 Resources 方式加载资源，并生成对象
        go = Instantiate(Resources.Load("Cube"))as GameObject;
        go.GetComponent<MeshRenderer>().material.mainTexture =
```

```
        //给生成的对象添加贴图
        Resources.Load("Tiger",typeof(Texture))as Texture;
    }
}
```

② 单击 Unity 引擎中的"播放"按钮，即可生成对象，运行效果如图 3-2-20 所示。

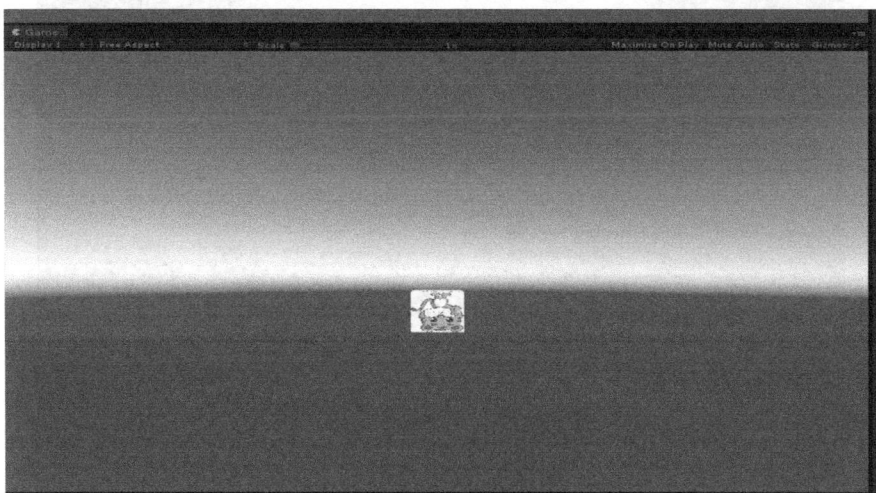

图 3-2-20　运行效果

例 2：按空格键销毁物体。

（1）新建 Unity 空工程，并创建 C#脚本文件，命名为"DesTest"。

（2）"DesTest"脚本文件的实现代码如下：

```
using System.Collections;
using System.Collections.Generic;
using UnityEngine;
public class DesTest:MonoBehaviour
{
    void Update()
    {
        if(Input.GetKey(KeyCode.Space))//如果按空格键，则销毁 gameObject 物体
        {
            Destroy(gameObject);
        }
    }
}
```

（3）创建 Cube 物体和 Plane 物体，将"DesTest"文件挂载到新建的 Cube 物体上。

（4）单击"运行"按钮，Cube 物体被销毁前的效果如图 3-2-21 所示。

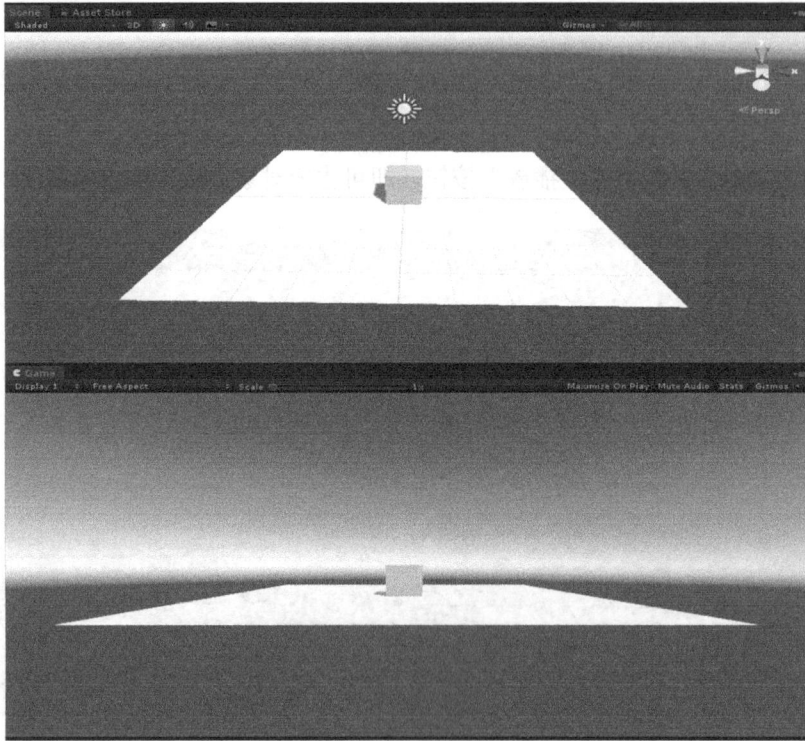

图 3-2-21   Cube 物体被销毁前的效果

按空格键后，销毁物体，如图 3-2-22 所示。

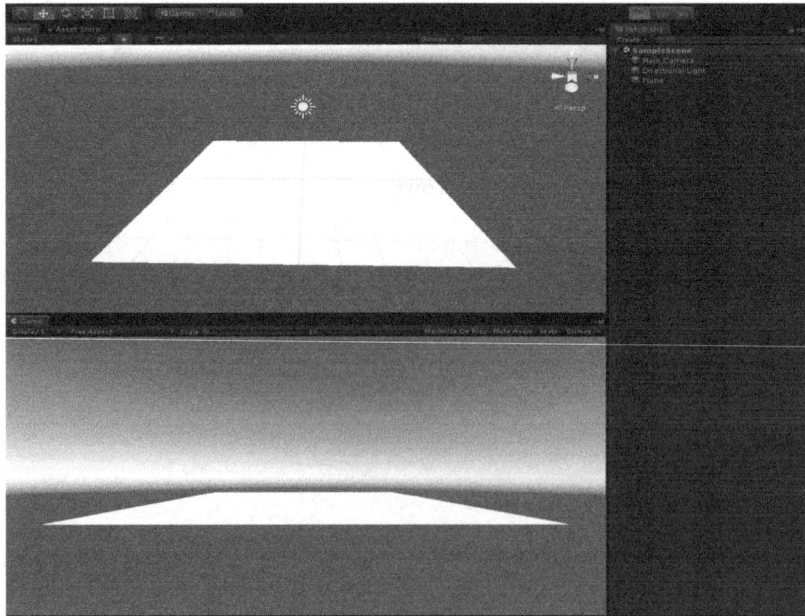

图 3-2-22   销毁物体

3.2.3　对角色、物体进行操作

在虚拟现实引擎中，用户可根据设计需要对角色、物体进行操作，不同的引擎有不同的控制方式，本节以 IdeaVR 和 Unity 引擎为例进行介绍。

IdeaVR 引擎采用图形化的交互编辑器来实现场景中的行为逻辑，交互编辑器中提供了常用的行为逻辑单元，通过对逻辑单元之间的连线来建立交互逻辑事件。各个逻辑单元有相应的事件接口，将所需的逻辑单元拖入交互逻辑编辑区，进行可视化的逻辑连线来实现场景交互。

以投篮为例，实现物体节点被移动至空间触发器内，触发动画播放的效果，如图 3-2-23 所示。在此交互逻辑中，可通过手柄部件移动或者位移动画操作使 basketball 节点进入空间触发器范围内，激活空间触发器以播放 goal 动画。

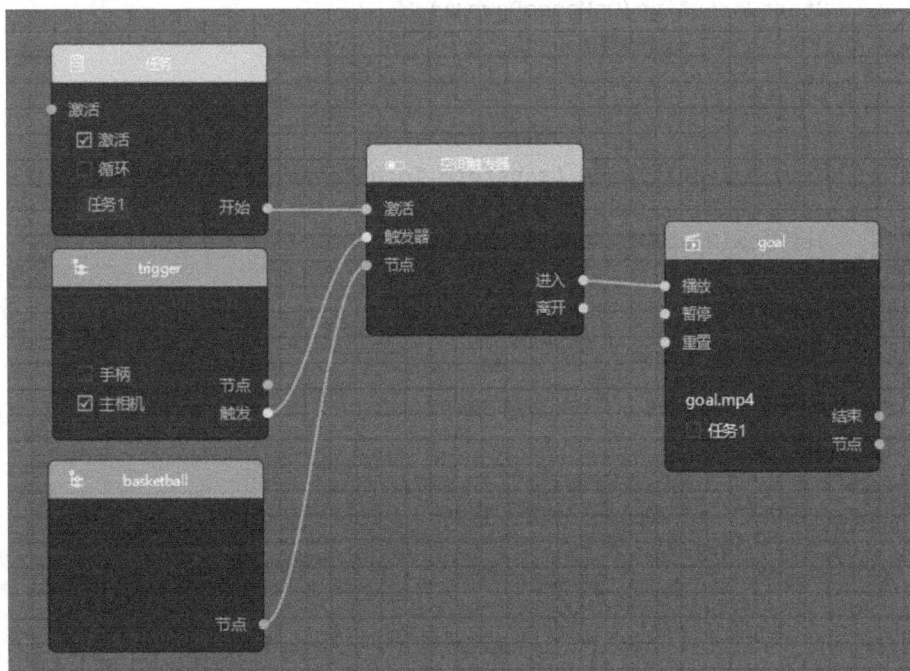

图 3-2-23　触发动画播放

以 Unity 引擎为例，实现物体的拖曳、缩放、旋转、重置等操作，如以 Cube 为例，按住鼠标左键拖动可以移动物体，按住鼠标右键可以使其旋转，滑动鼠标滚轮可以缩放物体，按住鼠标滚轮可以重置物体的状态。

（1）创建 Unity 空工程，新建 Cube 和 Plane 物体，并调节摆放位置与视角，将 Cube 物体拖曳为预制体，然后创建 C#脚本文件，命名为"Controller"，将新建的脚本文件挂载在 Cube 物体上，为方便观察，可改变 Cube 物体的颜色。

（2）"Controller"脚本文件实现代码如下：

```csharp
using System.Collections;
using UnityEngine;
public class Controller:MonoBehaviour
{
    Vector3 cubeScreenPos;
    Vector3 offset;
    private float localScale = 1;
    public float rotateSpeed=1;
    Vector3 originalPosition;
    Quaternion originalRotation;
    Vector3 originalScacle;

    void Start()
    {
        StartCoroutine(OnMouseDown());
        GetOriginalInfo();
    }
    void GetOriginalInfo()
    {
        originalPosition = transform.localPosition;
        originalRotation = transform.localRotation;
        originalScacle = transform.localScale;
    }
    /// <summary>
    /// 重置信息
    /// </summary>
    void ResetInfo()
    {
        transform.localPosition = originalPosition;
        transform.localRotation = originalRotation;
        transform.localScale = originalScacle;
    }
    void ScaleControl(ref float scale)
    {
    //鼠标滚轮响应一次就让scale自增或自减
    //返回值是float类型的,由滚轮向前(正数)还是向后(负数)滚动决定
        scale += Input.GetAxis("Mouse ScrollWheel");
        scale = Mathf.Clamp(scale,0.1f,100);
        transform.localScale = scale * Vector3.one;//改变物体大小
    }

    void RotateControl(float speed)
    {
            //获取光标在X轴上的偏移量
            float   OffsetX = Input.GetAxis("Mouse X");
```

```
        //获取光标在 Y 轴上的偏移量
        float   OffsetY = Input.GetAxis("Mouse Y");
        //旋转物体
        transform.Rotate(new Vector3(OffsetY,-OffsetX,0)* speed,Space.
World);
    }
    private void Update()
    {
        //鼠标滚轮控制缩放
        if(Input.GetAxis("Mouse ScrollWheel")!= 0)
            ScaleControl(ref localScale);
        //鼠标右键控制旋转
        if(Input.GetMouseButton(1))
            RotateControl(rotateSpeed);
        //按住鼠标滚轮重置物体状态
        if(Input.GetMouseButtonDown(2))
        {
            ResetInfo();
        }

    }
    IEnumerator OnMouseDown()
    {
        //1. 得到物体的屏幕坐标
        cubeScreenPos=Camera.main.WorldToScreenPoint(transform.position);
        //2. 计算偏移量
        //光标的三维坐标
        Vector3  mousePos  =  new  Vector3(Input.mousePosition.x,Input.
mousePosition.y,cubeScreenPos.z);
        //将光标三维坐标转为世界坐标
        mousePos = Camera.main.ScreenToWorldPoint(mousePos);
        offset = transform.position - mousePos;
        //3. 物体随着鼠标移动
        while(Input.GetMouseButton(0))
        {
            //将目前光标的二维坐标转为三维坐标
            Vector3 curMousePos = new Vector3(Input.mousePosition.x,Input.
mousePosition.y,cubeScreenPos.z);
            //将目前光标的三维坐标转为世界坐标
            curMousePos = Camera.main.ScreenToWorldPoint(curMousePos);
            //物体在世界坐标系中的位置
            transform.position = curMousePos + offset;
            yield return new WaitForFixedUpdate();//此语句很重要，表示循环执行
        }
    }
}
```

（3）单击"运行"按钮，可看到 Cube 物体在"Game"窗口内的变换效果，如图 3-2-24 所示。

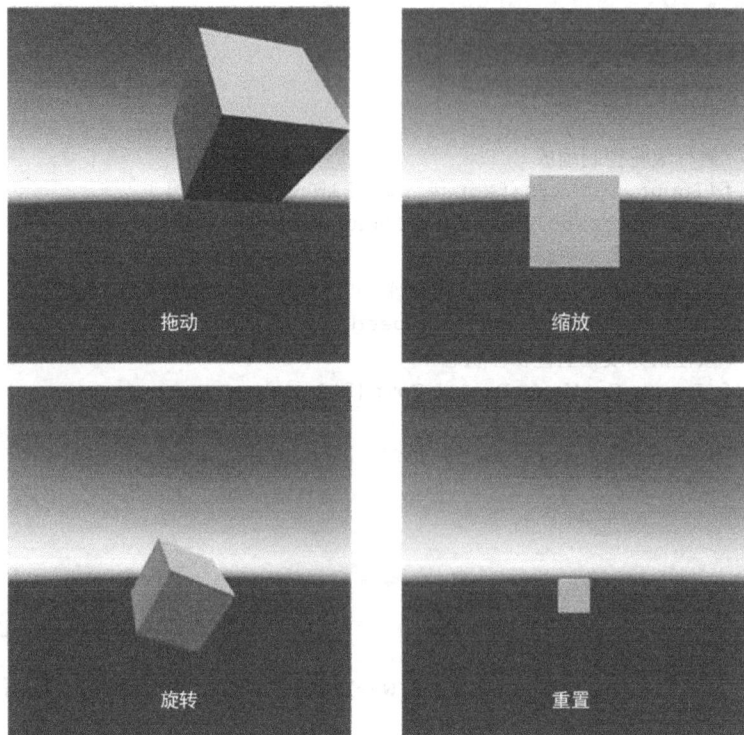

图 3-2-24　Cube 物体在"Game"窗口内的变换效果

3.2.4　运用文件流对数据文件进行操作

1. 文件操作类型

文件操作主要包括创建文件读/写流对象、对文件进行读/写和关闭文件流 3 种类型。

2. FileStream 类

FileStream 类可以产生文件流，以便用户对文件进行读取、写入、打开和关闭操作。其常用方法说明如表 3-2-2 所示。

表 3-2-2　FileStream 类的常用方法说明

名　　称	功　　能
BeginRead()	开始异步读取文件流
BeginWrite()	开始异步写入操作
Close()	关闭当前文件流并释放与之相关联的所有资源

续表

名　　称	功　　能
EndRead()	等待读取操作完成
EndWrite()	等待写入操作完成
SetLength()	将当前文件流的长度设置为给定值

3. StreamReader 类

StreamReader 类是专门用来读取文本的类，常用方法说明如表 3-2-3 所示。

表 3-2-3　StreamReader 类的常用方法说明

名　　称	功　　能
Close()	关闭 StreamReader 类
Read()	读取输入字符串中的下一个或下一组字符
ReadLine()	从基础字符串中读取一行
ReadToEnd()	将整个流或从流的当前位置开始到流的结尾作为字符串读取

4. File 类

File 类的方法的参量大多数都是文件路径，常用方法说明如表 3-2-4 所示。

表 3-2-4　File 类的常用方法说明

名　　称	功　　能
File.Open(文件路径)	打开文件方法
File.Create(文件路径)	创建文件方法
File.Delete(文件路径)	删除文件方法

5. 文件流的操作

以 Unity 引擎为例介绍文件流的操作，实现数据文件的读取和保存，并对人物的信息进行初始化。首先在 Unity 引擎中搭建页面，页面效果如图 3-2-25 所示。

图 3-2-25　界面效果

页面上部是一张图片，代表人物的头像；中间是一个文本显示，代表人物的昵称；下部是一个文本框，单击文本框中的 Placeholder 物体，在 Unity 的属性面板中将初始内容改为个性签名。

创建一个 C#脚本文件，命名为"FileOperation"，然后将其挂载到文本框上，实现代码如下：

```
using System.Collections;
using System.Collections.Generic;
using System.IO;
using System.Text;
using UnityEngine;
using UnityEngine.UI;
public class FileOperation:MonoBehaviour
{
    public InputField infoField;
    public string fileName = "Info.txt";
    private void WriteFile(string inputStr,string path)
    {

        //定义写文件流
        FileStream fsw = new FileStream(path,FileMode.Create);

        //将字符串转换为byte[]
        byte[] writeBytes = Encoding.UTF8.GetBytes(inputStr);
        //写入
        fsw.Write(writeBytes,0,writeBytes.Length);
        //关闭文件流
        fsw.Close();
    }
    private string ReadFile(string path)
    {
        string readStr = "";

        //定义读文件流
        FileStream fsr = new FileStream(path,FileMode.Open);
        //开辟大小为 1024 * 1024 字节的内存
        byte[] readBytes = new byte[1024 * 1024];
        //开始读取数据
        int count = fsr.Read(readBytes,0,readBytes.Length);
        //将byte[]转换为字符串
        readStr = Encoding.UTF8.GetString(readBytes,0,count);
        //关闭文件流
        fsr.Close();

        return readStr;
    }
    // Start()方法只在第一次执行 Update()方法之前调用
```

```
    void Start()
    {
        infoField = GetComponent<InputField>();
        //输入完成时把内容保存到文件中
        infoField.onEndEdit.AddListener(SaveInfo);
        string path = Application.persistentDataPath + "/" + fileName;

        if(File.Exists(path))
        {
            //有存档就从文件中读取内容
            infoField.text = ReadFile(path);
        }
    }
    public void SaveInfo(string content)
    {
        string path = Application.persistentDataPath + "/" + fileName;
        WriteFile(content,path);
    }

}
```

单击 Unity 引擎的"运行"按钮，并单击文本框中的"个性签名"，即可输入签名内容，输入完成后在文本框外单击即可完成编写。结束运行后，输入的内容已经保存到了文件中，再次单击"运行"按钮，刚才输入的内容已经显示在文本框中了，如图 3-2-26 所示。

图 3-2-26　运行效果

3.2.5　消息系统的运用

1. Unity 引擎中内置的 3 种消息机制

（1）SendMessage()：向自己的实例发送信息。

（2）SendMessageUpward()：向自己的实例和自己的所有父级发送信息。

（3）BroadcastMessage()：向自己的实例和自己的所有子级发送信息。

SendMessage()的特征：支持具有 private、public 修饰符的方法的消息传递；针对"方法"，它可以一次性遍历对象的所有脚本，不需要知道脚本名；要求不同用途的方法在不同脚本中不能重名，否则极容易出错。

2. 在 Unity 内部验证 3 种消息机制的用法

（1）创建 Cube 及其子级，形成如图 3-2-27 所示的关系。

（2）创建两个 C#脚本文件，分别命名为"message"和"printname"。

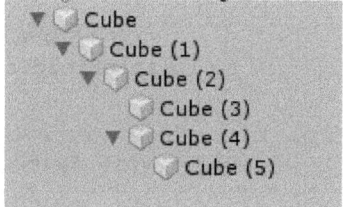

图 3-2-27　Cube 与其子级之间的关系

"printname"脚本文件的实现代码如下：

```csharp
using System.Collections;
using System.Collections.Generic;
using UnityEngine;
public class printname:MonoBehaviour
{
    private void PrintThisName()
    {
        Debug.Log(this.gameObject.name);
    }
}
```

"message"脚本文件的实现代码如下：

```csharp
using System.Collections;
using System.Collections.Generic;
using UnityEngine;
public class message:MonoBehaviour
{
    // Start()方法只在第一次执行 Update()方法之前调用
    void Start()
    {
        SendMessage("PrintThisName");
        Debug.Log("------------------");
        SendMessageUpwards("PrintThisName");
        Debug.Log("------------------");
        BroadcastMessage("PrintThisName");
    }
}
```

（3）在每个 Cube 物体上都挂载"printname"脚本文件，另外，在名称为 Cube（2）

的物体上再挂载"message"脚本文件。

（4）输出结果，可以发现输出结果符合 3 种消息机制的描述，如图 3-2-28 所示。

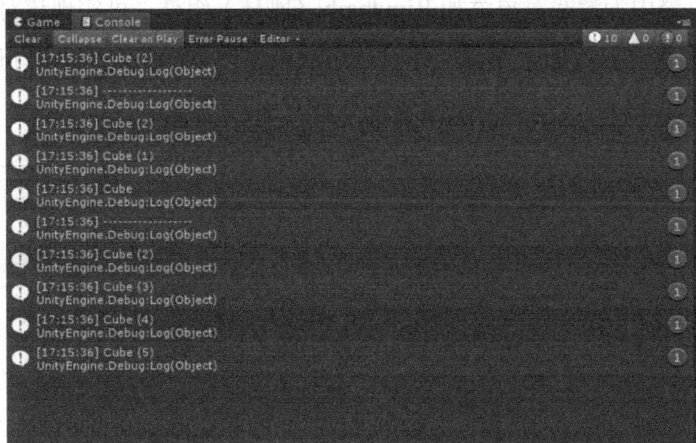

图 3-2-28　输出结果

3.3　物理引擎的应用

3.3.1　刚体组件的应用

虚拟现实引擎中的物理引擎赋予了虚拟场景中物体的物理属性，可以使场景中的物体符合现实世界中的物理定律，使得虚拟场景更加真实和生动。不同的引擎在物理引擎的设计上大体相似，但也存在着一定的区别，下面以 IdeaVR 和 Unity 引擎为例进行介绍。

IdeaVR 引擎通过为物体赋予刚体属性，从而逼真地模拟刚体碰撞、场景重力、环境阻尼等物理效果。选中场景中需要添加刚体的节点，在 IdeaVR 主界面右下角的属性栏中找到名为"物理"的标签页，选中"物理"标签页，并在"类型"下拉列表中选择"刚体"选项后勾选"开启"复选框，即可对此节点添加刚体属性，如图 3-3-1 所示。

图 3-3-1　添加刚体属性

随后，"物理"标签页会显示出更多的刚体参数，通过调整这些参数的数值可以实现不同的物理仿真效果，如图 3-3-2 所示。

在 Unity 引擎中为游戏对象添加 Rigidbody（刚体）组件，可实现该对象在场景中的物理交互。当游戏对象添加了刚体组件后，游戏对象便可以接受外力和扭矩力，受到重力影响。添加 Rigidbody（刚体）组件的操作如图 3-3-3 所示。

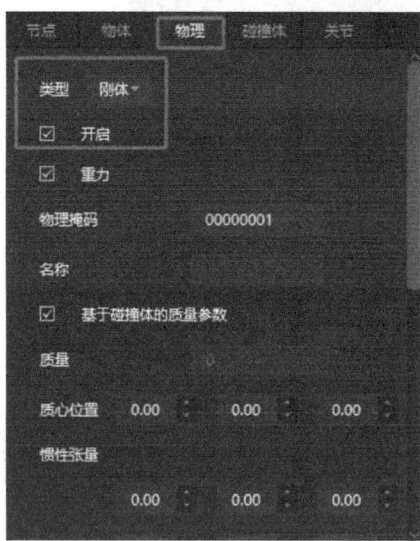

图 3-3-2 刚体参数

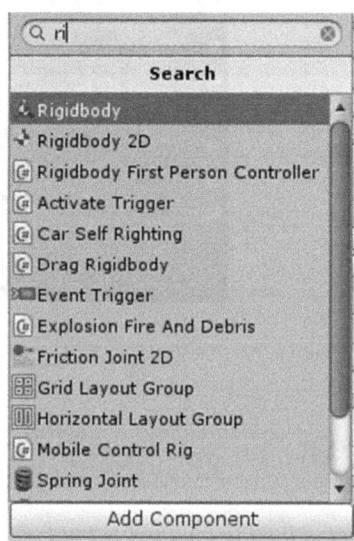

图 3-3-3 添加 Rigidbody（刚体）组件的操作

添加 Rigidbody（刚体）组件后，其属性面板如图 3-3-4 所示，调整这些属性的参数可对游戏对象进行物理状态的控制。

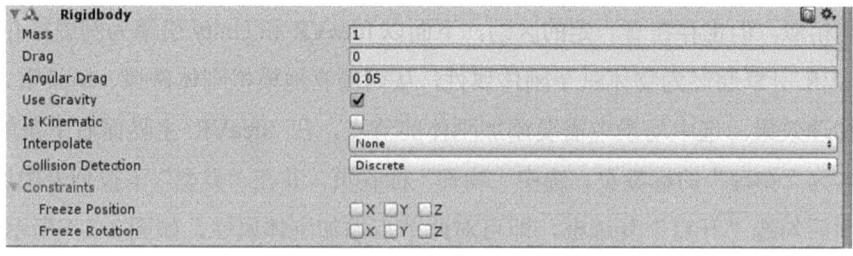

图 3-3-4 Rigidbody（刚体）组件的属性面板

Rigidbody（刚体）组件的属性说明如表 3-3-1 所示。

表 3-3-1 Rigidbody（刚体）组件的属性说明

属　　性	功　　能
Mass	质量
Drag	阻力
Angular Drag	角阻力

续表

属　　性	功　　能
Use Gravity	是否启用重力
Is Kinematic	是否开启力学
Interpolate	插值。None 表示无；Interpolate 表示内插值；Extrapolate 表示外插值
Collision Detection	碰撞检测。Discrete 为默认选项；Continuous 为连续碰撞检测模式；Continuous Dynamic 为连续动态检测模式
Constraints	约束。Freeze Position 表示冻结位置或某个轴；Freeze Rotation 表示冻结向某个方向旋转的轴

3.3.2　碰撞体组件的应用

碰撞体组件是物理组件中的一类，每个物理组件都有独立的碰撞体组件，它只有与刚体组件一起被添加到游戏对象上才能触发碰撞。如果两个刚体相互撞在一起，那么只有两个对象有碰撞体时，物理引擎才会计算碰撞。在物理模拟中，没有碰撞体的刚体会彼此相互穿过。

在 IdeaVR 引擎中，在开启刚体属性后，属性栏会多出一个"碰撞体"标签页，只有添加了碰撞体，才可以使此刚体具有碰撞的形状和碰撞的属性，如图 3-3-5 所示。

在"碰撞体"标签页的"球体"下拉列表中可以选择碰撞体的形状，单击"添加"按钮即可添加碰撞体，此时物体拥有了碰撞属性。在添加碰撞体后，"碰撞体"标签页会显示出更多的碰撞体参数，通过调整这些参数的数值，可以实现不同的碰撞效果，如图 3-3-6 所示。

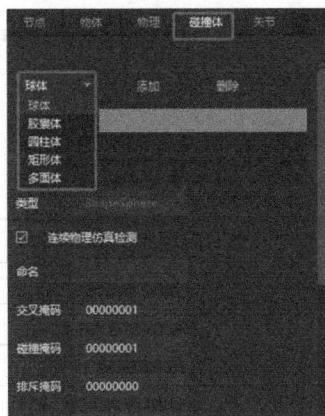

图 3-3-5　添加碰撞体

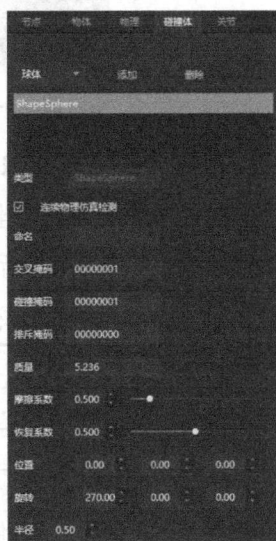

图 3-3-6　碰撞体参数

Unity 引擎中包括 Box Collider、Sphere Collider、Capsule Collider 等碰撞体，下面逐一进行介绍。

（1）Box Collider（盒碰撞体）的属性面板如图 3-3-7 所示。

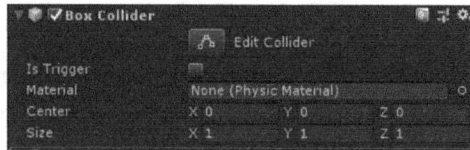

图 3-3-7　Box Collider 的属性面板

Box Collider 是一个具有立方体外形的基本碰撞体，该碰撞体可以被调整为不同大小的长方体，可用作门、墙及平台等，其属性说明如表 3-3-2 所示。

表 3-3-2　Box Collider 的属性说明

属　　性	功　　能
Edit Collider	编辑碰撞体，单击其左侧按钮进行编辑
Is Trigger	触发器
Material	材质
Center	中心，碰撞体在对象局部坐标中的位置
Size	大小，碰撞体在 X、Y、Z 轴方向上的大小

（2）Sphere Collider（球形碰撞体）的属性面板如图 3-3-8 所示。

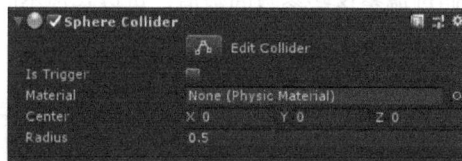

图 3-3-8　Sphere Collider 的属性面板

Sphere Collider 是一个具有球体外形的基本碰撞体。Sphere Collider 的三维大小可以均匀调节，但不能单独调节某个坐标轴方向上的大小，该碰撞体适用于落石、乒乓球等游戏对象，属性说明如表 3-3-3 所示。

表 3-3-3　Sphere Collider 的属性说明

属　　性	功　　能
Edit Collider	编辑碰撞体，单击其左侧按钮进行编辑
Is Trigger	触发器
Material	材质
Center	中心，碰撞体在对象局部坐标系中的位置
Radius	半径

（3）Capsule Collider（胶囊碰撞体）的属性面板如图 3-3-9 所示。

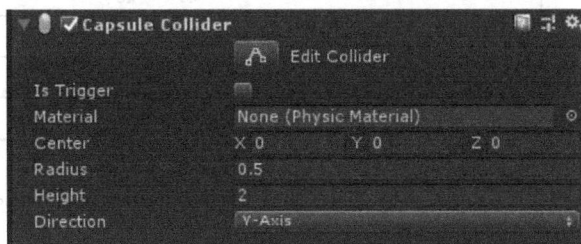

图 3-3-9　Capsule Collider 的属性面板

Capsule Collider 由一个圆柱体和与其相连的两个半球体组成，是一个胶囊形状的基本碰撞体。Capsule Collider 的半径和高度都可以单独调节，可用于角色控制器或与其他不规则形状的碰撞体结合使用。Unity 引擎中的角色控制器通常内嵌了 Capsule Collider，其属性说明如表 3-3-4 所示。

表 3-3-4　Capsule Collider 的属性说明

属　　性	功　　能
Edit Collider	编辑碰撞体，单击其左侧按钮进行编辑
Is Trigger	触发器
Material	材质
Center	中心，碰撞体在对象局部坐标系中的位置
Radius	半径
Height	高度
Direction	方向，在对象的局部坐标系中，胶囊的垂直方向所对应的坐标轴，默认是 Y 轴

（4）Mesh Collider（网格碰撞体）的属性面板如图 3-3-10 所示。

图 3-3-10　Mesh Collider 的属性面板

Mesh Collider 通过获取网格对象而在其基础上构建碰撞。与在复杂网格模型上使用基本碰撞体相比，Mesh Collider 要更加精细，但它会占用更多的系统资源。只有设置了 Convex 参数的网格碰撞体才可以与其他的网格碰撞体发生碰撞。Mesh Collider 的部分属性说明如表 3-3-5 所示。

表 3-3-5　Mesh Collider 的部分属性说明

属　　性	功　　能
Is Trigger	触发器
Material	材质
Mesh	网格，获取游戏对象的网格并将其作为碰撞体

（5）Terrain Collider（地形碰撞体）的属性面板如图 3-3-11 所示。

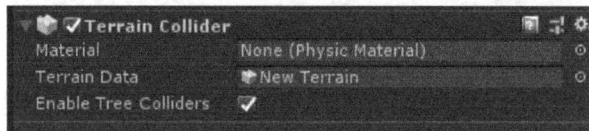

图 3-3-11　Terrain Collider 的属性面板

Terrain Collider 是基于地形构建的碰撞体，属性说明如表 3-3-6 所示。

表 3-3-6　Terrain Collider 的属性说明

属　　性	功　　能
Material	材质
Terrain Data	地形数据
Enable Tree Colliders	是否开启树的碰撞体，勾选该复选框，将启用树的碰撞体

（6）应用实例。

以 Unity 引擎为例，介绍碰撞体组件的应用。首先搭建一个场景，效果如图 3-3-12 所示。

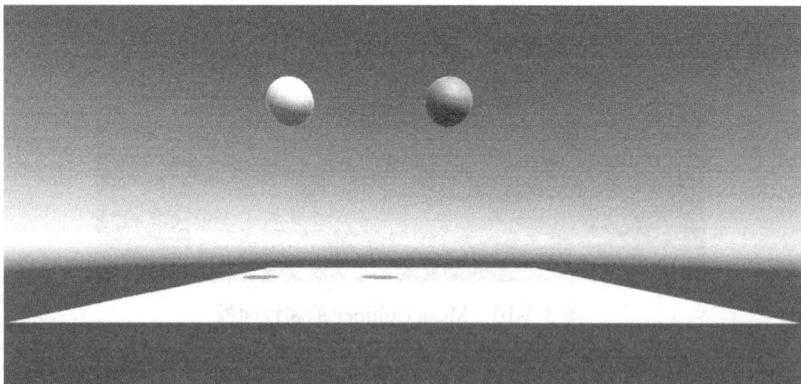

图 3-3-12　场景效果

在场景中创建一个 Plane 物体作为地面，然后创建两个球体，分别重命名为"CollisionSphere"和"TriggerSphere"。选中"TriggerSphere"物体，更换一个材质球，以便和碰撞体进行区分，在"Inspector"窗口中找到碰撞体组件，勾选"Is Trigger"复选框使其成为触发器。运行场景，即可看到两个球体同时下落，然后碰撞体落到地面上，触发器穿过地面继续下落的效果，如图 3-3-13 所示。

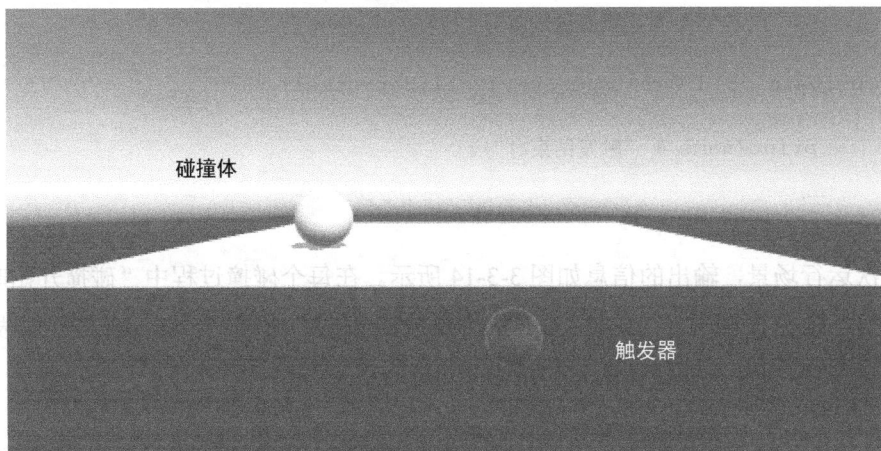

图 3-3-13 运行效果

物体发生碰撞包括碰撞开始时、碰撞接触时、碰撞结束时 3 个阶段，在每个碰撞阶段，碰撞体和触发器产生的碰撞消息是不同的。创建一个 C#脚本文件，命名为"PhysicsColission"，然后将其挂载到两个球体上，实现代码如下：

```
using System.Collections;
using System.Collections.Generic;
using UnityEngine;
public class PhysicsColission:MonoBehaviour
{
    // Start()方法只在第一次执行 Update()方法之前调用
    void Start()
    {

    }
    private void OnCollisionEnter(Collision collision)
    {
        print(name+ "碰撞开始时");
    }
    private void OnCollisionExit(Collision collision)
    {
        print(name + "碰撞接触时");
    }
    private void OnCollisionStay(Collision collision)
    {
        print(name + "碰撞结束时");
    }
    private void OnTriggerEnter(Collider other)
    {
```

```
        print(name + "触发开始时");
    }
    private void OnTriggerExit(Collider other)
    {
        print(name + "触发接触时");
    }
    private void OnTriggerStay(Collider other)
    {
        print(name + "触发结束时");
    }
}
```

再次运行场景，输出的信息如图 3-3-14 所示。在每个碰撞过程中"碰撞开始时"执行一次，"碰撞接触时"要执行多次，"碰撞结束时"执行一次。触发器触发的是 OnTriggerXXX 事件，碰撞体触发的是 OnCollisionXXX 事件。

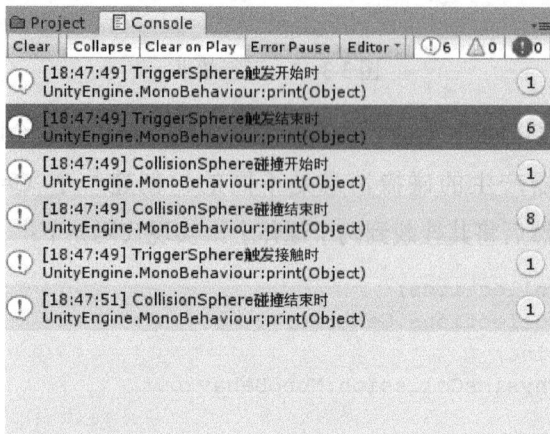

图 3-3-14　输出信息

3.3.3　恒动力组件的应用

1. 恒动力（Constant Force）

Unity 引擎中的恒动力是用于向刚体（Rigidbody）组件添加恒动力的快速实用工具，适用于类似火箭等发射的对象，这些对象起初的速度并不快，但在不断加速。Constant Force（恒动力）组件的属性面板如图 3-3-15 所示。

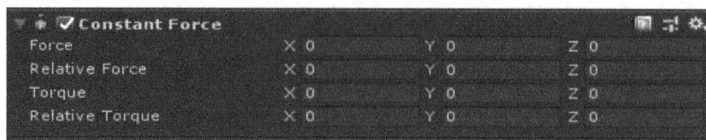

图 3-3-15　Constant Force（恒动力）组件的属性面板

2. 属性介绍

Constant Force（恒动力）组件的属性说明如表 3-3-7 所示。

表 3-3-7 Constant Force（恒动力）组件的属性说明

属　　性	功　　能
Force	在世界坐标系中应用的力，用向量表示
Relative Force	在对象局部坐标系中应用的力的方向
Torque	在世界坐标系中应用的扭矩的值，对象围绕恒动力的向量旋转，向量的模越大，旋转越快
Relative Torque	在局部坐标系中应用的扭矩的值，对象围绕恒动力的向量旋转，向量的模越大，旋转越快

3. 使用技巧

（1）要使对象向上流动，请添加力（Force）属性具有正 Y 值的恒动力。
（2）要使对象向前飞行，请添加相对力（Relative Force）属性具有正 Z 值的恒动力。

4. 应用实例

新建场景，创建一个 Plane 物体作为路面，并调整 Z 轴缩放比例为 10，使其更长；然后创建一个球体，修改为材质球，使其更加明显；接着添加 Constant Force 组件，Constant Force 组件添加后会自动为所在对象添加 Rigidbody 组件，如图 3-3-16 所示。

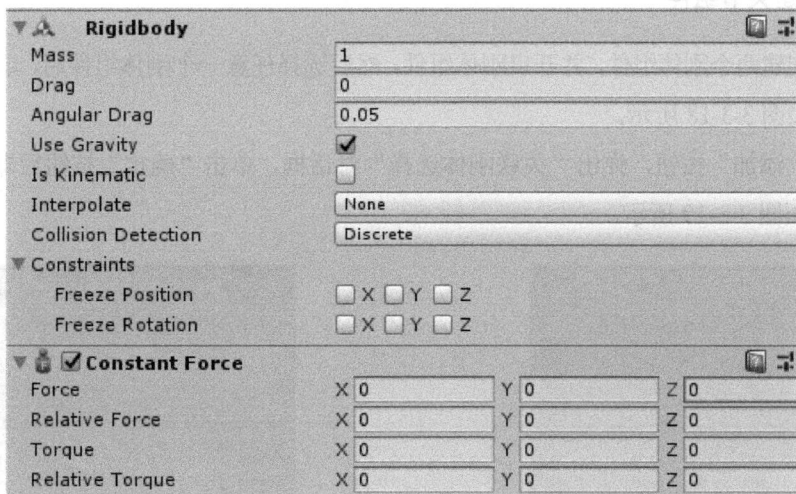

图 3-3-16 添加 Constant Force 组件

修改 Constant Force 中 "Force" 属性的 "Z" 值为 "10"，运行场景，即可看到球体在慢慢地加速前进，如图 3-3-17 所示。

图 3-3-17　运行效果

3.3.4　关节组件的应用

关节组件属于物理系统中的一部分，用于模拟对象与对象之间的一种连接关系，关节组件必须依赖于刚体组件。不同的虚拟现实引擎有不同的关节组件，下面以 IdeaVR 和 Unity 引擎为例介绍关节组件的用法。

在 IdeaVR 引擎中关节组件赋予了刚体组件的关联关系，它们在物理系统的作用下会自动联动。目前 IdeaVR 引擎支持的关节类型包括固定关节、铰链关节、球形关节等。

1. 创建关节组件

首先创建两个刚体组件，并开启刚体组件，然后选择任意一个刚体组件后，单击"关节"标签页，如图 3-3-18 所示。

单击"添加"按钮，弹出"关联刚体选择"对话框，单击"确定"按钮后即可生成关节组件，如图 3-3-19 所示。

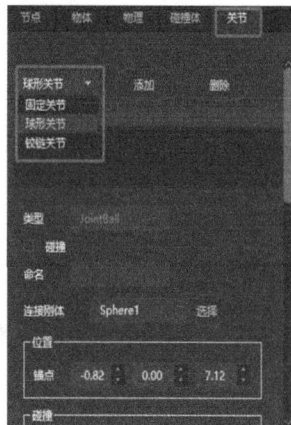

图 3-3-18　"关节"标签页

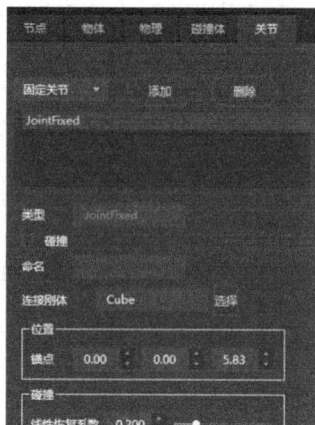

图 3-3-19　生成关节组件

2. 关节组件详情

1）固定关节

固定关节以刚性连接的方式将刚体组件连接在一起，在物理系统驱动下，固定关节将严格保持刚体组件之间的相对位置不变，其常见属性说明如表 3-3-8 所示。

表 3-3-8　固定关节常见属性说明

术语或缩略语	说明性定义
碰撞	关节是否参与物理系统碰撞计算
命名	关节名称
连接刚体	当前关节关联的其他刚体
最大值	刚体断裂的条件最大值
锚点	关节固定点位置
线性恢复系数	关节碰撞时速度恢复系数，系数不宜过大，否则关节组件的行为非常怪异
角度恢复系数	关节碰撞时角速度恢复系数，系数不宜过大，否则关节组件的行为非常怪异
线性柔软度	关节碰撞时，被碰撞体的线速度衰减系数
角度柔软度	关节碰撞时，被碰撞体的角速度衰减系数
最大承受力	关节能承受的最大力，超过阈值，关节会断开
最大承受力矩	关节能承受的最大力矩，超过阈值，关节会断开
迭代次数	关节在物理系统中计算的迭代次数，值越大，计算结果越精确，性能消耗自然越大
初始旋转角度	关节相对于连接的刚体的初始旋转角度

2）铰链关节

铰链关节将两个刚体以铰链的形式连接在一起，两个刚体可以沿着铰接轴线做相对运动，例如，门框和门之间的连接，铰链关节常见属性说明如表 3-3-9 所示。

表 3-3-9　铰链关节常见属性说明

术语或缩略语	说明性定义
碰撞	关节是否参与物理系统碰撞计算
命名	关节名称
连接刚体	当前关节关联的其他刚体
最大值	刚体断裂的条件最大值
锚点	关节固定点位置
线性恢复系数	关节碰撞时速度恢复系数，系数不宜过大，否则关节组件的行为非常怪异
角度恢复系数	关节碰撞时角速度恢复系数，系数不宜过大，否则关节组件的行为非常怪异
线性柔软度	关节碰撞时，被碰撞体的线速度衰减系数
角度柔软度	关节碰撞时，被碰撞体的角速度衰减系数
最大承受力	关节能承受的最大力，超过阈值，关节会断开

续表

术语或缩略语	说明性定义
最大承受力矩	关节能承受的最大力矩，超过阈值，关节会断开
迭代次数	关节在物理系统中计算的迭代次数，值越大，计算结果越精确，性能消耗自然越大
转动轴	铰链关节转动轴
转动衰减系数	铰链关节角度衰减系数
最大摆动角	铰链关节关联刚体和转动轴的最大弯曲角度
最小扭转角	铰链关节关联刚体和转动轴的最小扭动角度
最大扭转角	铰链关节关联刚体和转动轴的最大扭动角度
扭转马达速度	铰链关节关联的扭转马达角速度
扭转马达最大扭矩	铰链关节关联的扭转马达最大扭矩
弹簧硬度系数	铰链关节的弹簧的硬度系数，值越大，关节转动需要的力矩越大

3）球形关节

球形关节将两个刚体组件用球形轴承连接在一起，常见于车辆的悬挂系统，以保证结构在受力的情况下仍能自由旋转运动，其常见属性说明如表 3-3-10 所示。

表 3-3-10　球形关节常见属性说明

术语或缩略语	说明性定义
碰撞	关节是否参与物理系统碰撞计算
命名	关节名称
连接刚体	当前关节关联的其他刚体
最大值	刚体断裂的条件最大值
锚点	关节固定点位置
线性恢复系数	关节碰撞时速度恢复系数，系数不宜过大，否则关节组件的行为非常怪异
角度恢复系数	关节碰撞时角速度恢复系数，系数不宜过大，否则关节组件的行为非常怪异
线性柔软度	关节碰撞时，被碰撞体的线速度衰减系数
角度柔软度	关节碰撞时，被碰撞体的角速度衰减系数
最大承受力	关节能承受的最大力，超过阈值，关节会断开
最大承受力矩	关节能承受的最大力矩，超过阈值，关节会断开
迭代次数	关节在物理系统中计算的迭代次数，值越大，计算结果越精确，性能消耗自然越大
转动轴	球形关节转动轴
角度衰减	球形关节角度衰减系数
最大摆动角	球形关节关联刚体和转动轴的最大弯曲角度
最小扭转角	球形关节关联刚体和转动轴的最小扭动角度
最大扭转角	球形关节关联刚体和转动轴的最大扭动角度

Unity 引擎中的关节一共分为 5 类：Hinge Joint（链条关节）、Fixed Joint（固定关节）、Spring Joint（弹簧关节）、Character Joint（角色关节）和 Configurable Joint（可配置关节）。

1. 创建关节组件

在"Component"下拉菜单中选择"Physics"命令，并在级联菜单中选择任意一种关节组件，即可完成关节组件的创建，如图 3-3-20 所示。

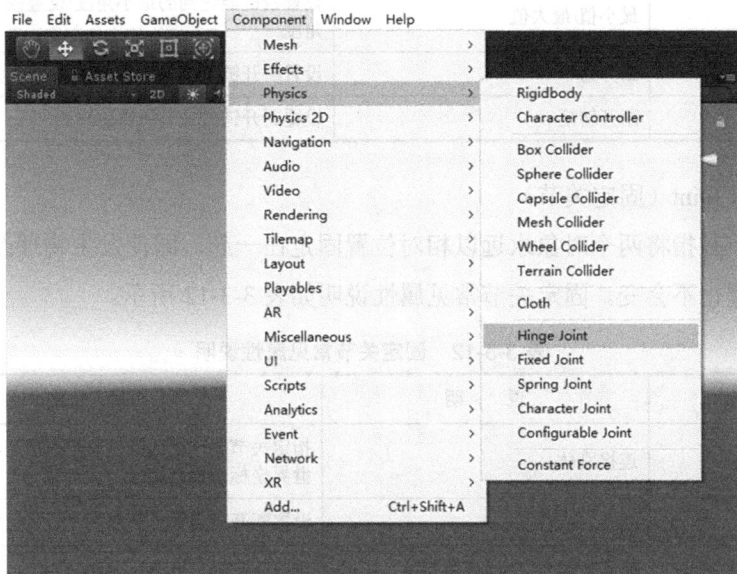

图 3-3-20　创建关节组件

2. 关节组件详情

1）Hinge Joint（链条关节）

链条关节是指将两个对象以链条的形式绑在一起，当其力量大于链条的固定力矩时，两个对象就会产生相互的拉力。链条关节常见属性说明如表 3-3-11 所示。

表 3-3-11　链条关节常见属性说明

名　　　称	说　　　明	功　　　能
Connected Body	连接刚体	指定关节要连接的刚体
Anchor	锚点	定义应用于局部坐标系中的刚体摆动的位置点
Axis	轴	定义刚体摆动的方向，该值应用于局部坐标系中
Use Spring	使用弹簧	勾选该复选框，则弹簧会使刚体和与其连接的主体形成一个特定的角度
Spring/Damper/Target Position	弹簧力/阻尼/目标角度	设置推动对象移动到相应位置的作用力/阻尼值越大，移动越慢/弹簧会拉向此角度，以度为单位

续表

名　称	说　明	功　能
UseMotor	使用马达	勾选该复选框，马达会使对象发生旋转
Target Velocity/Force/ Free Spin	目标速度/作用力/自由转动	设置对象预期要达到的速度值/设置为了达到目标速度而施加的作用力/勾选该复选框，则马达永远不会停止，旋转只会越转越快
Use Limits	使用限制	勾选该复选框，则铰链的角度将被限定在最大值与最小值之间
Min/Max	最小值/最大值	设置铰链能达到的最小角度/设置铰链能达到的最大角度
Break Force	断开力	设置断开链条关节所需的力
Break Torque	断开转矩	设置断开链条关节所需的转矩

2）Fixed Joint（固定关节）

固定关节是指将两个对象永远以相对位置固定在一起，即使发生物理改变，它们之间的相对位置也不会变。固定关节常见属性说明如表 3-3-12 所示。

表 3-3-12　固定关节常见属性说明

名　称	说　明	功　能
Connected Body	连接刚体	指定关节要连接的刚体，若不指定，则该关节将与世界坐标系相连接
Break Force	断开力	设置断开固定关节所需的力
Break Torque	断开转矩	设置断开固定关节所需的转矩

3）Spring Joint（弹簧关节）

弹簧关节是指将两个对象以弹簧的形式绑定在一起，挤压它们会得到向外的力，拉伸它们会得到向内的力。弹簧关节常见属性说明如表 3-3-13 所示。

表 3-3-13　弹簧关节常见属性说明

名　称	说　明	功　能
Connected Body	连接刚体	为指定关节设定要连接的刚体
Anchor	锚点	设置应用于局部坐标系中的刚体所围绕的摆动点
Spring	弹簧	设置弹簧的强度
Damper	阻尼	设置弹簧的阻尼值
Min Distance	最小距离	设置弹簧启用的最小距离数值
Max Distance	最大距离	设置弹簧启用的最大距离数值
Break Force	断开力	设置断开弹簧关节所需的力
Break Torque	断开转矩	设置断开弹簧关节所需的转矩

4）Character Joint（角色关节）

角色关节可以模拟角色的骨骼关节，其常见属性说明如表 3-3-14 所示。

表 3-3-14 角色关节常见属性说明

名 称	说 明	功 能
Connected Body	连接刚体	为指定关节设定要连接的刚体
Anchor	锚点	设置应用于局部坐标系中的刚体所围绕的摆动点
Axis	扭动轴	角色关节的扭动轴
Swing Axis	摆动轴	角色关节的摆动轴
Low Twist Limit	扭曲下限	设置角色关节扭曲的下限
High Twist Limit	扭曲上限	设置角色关节扭曲的上限
Swing 1 Limit	摆动限制 1	设置摆动限制
Swing 2 Limit	摆动限制 2	设置摆动限制
Break Force	断开力	设置断开角色关节所需的力
Break Torque	断开转矩	设置断开角色关节所需的转矩

5）Configurable Joint（可配置关节）

可配置关节可以模拟任意关节的效果，其常见属性说明如表 3-3-15 所示。

表 3-3-15 可配置关节常见属性说明

名 称	说 明	功 能
Connected Body	连接刚体	为指定关节设定要连接的刚体
Anchor	锚点	设置关节的中心点
Axis	主轴	设置关节的局部旋转轴
Secondary Axis	副轴	设置角色关节的摆动轴
X Motion	X 轴移动	设置游戏对象基于 X 轴的移动方式
Y Motion	Y 轴移动	设置游戏对象基于 Y 轴的移动方式
Z Motion	Z 轴移动	设置游戏对象基于 Z 轴的移动方式
Angular X Motion	X 轴旋转	设置游戏对象基于 X 轴的旋转方式
Angular Y Motion	Y 轴旋转	设置游戏对象基于 Y 轴的旋转方式
Angular Z Motion	Z 轴旋转	设置游戏对象基于 Z 轴的旋转方式
Linear Limit	线性限制	基于关节原点，定义移动约束边界
Low Angular X Limit	X 轴旋转下限	设置基于 X 轴关节初始旋转差值的旋转约束下限
High Angular X Limit	X 轴旋转上限	设置基于 X 轴关节初始旋转差值的旋转约束上限
Angular Y Limit	Y 轴旋转限制	设置基于 Y 轴关节初始旋转差值的旋转约束
Angular Z Limit	Z 轴旋转限制	设置基于 Z 轴关节初始旋转差值的旋转约束
Target Position	目标位置	设置关节应达到的目标位置
Target Velocity	目标速度	设置关节应达到的目标速度
X Drive	X 轴驱动	设置对象沿局部坐标系 X 轴的运动形式
Y Drive	Y 轴驱动	设置对象沿局部坐标系 Y 轴的运动形式

续表

名　　称	说　　明	功　　能
Z Drive	Z轴驱动	设置对象沿局部坐标系Z轴的运动形式
Target Rotation	目标旋转	设置关节旋转到目标对象的角度值
Target Angular Velocity	目标旋转角速度	设置关节旋转到目标对象的角速度值
Rotation Drive Mode X&YZ	旋转驱动模式	通过X&YZ轴驱动或插值驱动对对象自身的旋转进行控制
Angular X Drive	X轴角驱动	设置关节围绕X轴进行旋转的方式
Angular YZ Drive	YZ轴角驱动	设置关节围绕Y、Z轴进行旋转的方式
Slerp Drive	球面线性插值驱动	设定关节围绕所有局部坐标轴进行旋转的方式
Projection Mode	投影模式	设置对象远离其限制位置时其返回的模式
Projection Distance	投影距离	在对象与其刚体连接的角度差超过投影距离时使其回到适当的位置
Projection Angle	投影角度	在对象与其刚体连接的角度差超过投影角度时使其回到适当的位置
Configured In World Space	在世界坐标系中配置	将目标相关数值都置于世界坐标系中进行计算
Swap Bodies	交换刚体功能	将两个刚体进行交换
Break Force	断开力	设置断开关节所需的力
Break Torque	断开转矩	设置断开关节所需的转矩
Enable Collision	激活碰撞	激活碰撞属性

3. 应用实例

以 Unity 引擎中的链条关节为例介绍关节组件的应用，实现门的效果。首先新建一个场景，然后创建 2 个立方体，调整缩放比例，使其成为一个门框和一个门板，更改门框的材质，使其容易和门板区分，效果如图 3-3-21 所示。

图 3-3-21　门框和门板

选中门板，添加 Hinge Joint 组件，修改旋转轴为 Y 轴，这样门板就可以绕着门框旋转了；修改锚点的位置为后面与门框接触的棱，参数值如图 3-3-22 所示。

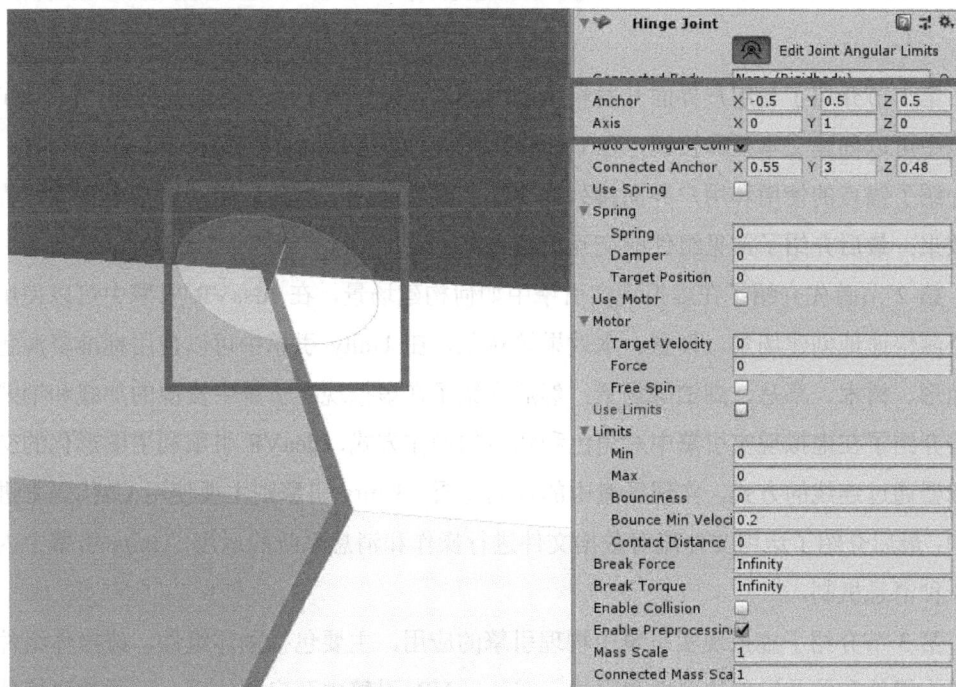

图 3-3-22　添加组件并修改参数

运行场景，在场景中拖动门板，即可看到门板围绕门框转动的效果，如图 3-3-23 所示。

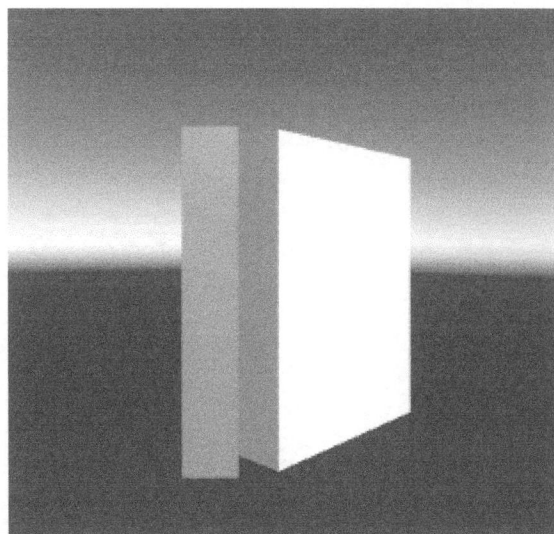

图 3-3-23　运行效果

3.4　本章小结

第 1 节介绍了与用户界面开发相关的内容，首先介绍了用户界面的创建，在 IdeaVR 引擎中可以创建文本框和按钮，在 Unity 引擎中可创建 Button、Text、Image 等组件；然后介绍了锚点的使用和用户界面排列的方法；接着介绍了如何运用动画来丰富用户界面的效果；最后介绍了常见组件的交互使用方法。

第 2 节首先介绍了在虚拟现实引擎中如何构建场景，在 IdeaVR 引擎中可以使用内置资源快速地创建场景、模型、水效果等对象，在 Unity 引擎中可以使用标准资源包创建地形、树木、草丛、湖泊等场景；然后介绍了在虚拟现实引擎中资源的加载和销毁；接着介绍了在虚拟现实引擎中对角色和物体的操作方式，IdeaVR 引擎利用图形化的交互编辑器通过连线的方式，实现场景中的行为逻辑，Unity 引擎则主要使用 C#代码来进行控制；最后介绍了运用文件流对数据文件进行操作和消息系统的运用，Unity 引擎中内置了 3 种消息机制。

第 3 节介绍了虚拟现实引擎中物理引擎的应用，主要包括刚体组件、碰撞体组件、恒动力组件和关节组件的属性和用法。在 IdeaVR 引擎中开启刚体后，可添加碰撞体和关节，碰撞体有球体、胶囊体、多面体等，关节有固定关节、铰链关节和球形关节等。Unity 引擎中的碰撞体有 Box Collider、Sphere Collider 和 Capsule Collider，关节有 Hinge Joint、Fixed Joint、Spring Joint 等。

第4章
虚拟现实应用测试

学习任务

【任务1】能够运用功能测试需求分析方法、性能测试需求分析方法、用户体验需求分析方法编写测试用例。

【任务2】能够对用户界面整体、不同操作设备，以及不同硬件分辨率下的UI界面进行用户界面测试。

【任务3】能够运用用户体验测试方法，从用户角度出发进行测试，以角色代入的方式，针对虚拟现实空间的视觉特性、操作特性、移动特性等进行体验测试，以及针对用户使用习惯、使用环境等进行体验测试。

学习路线

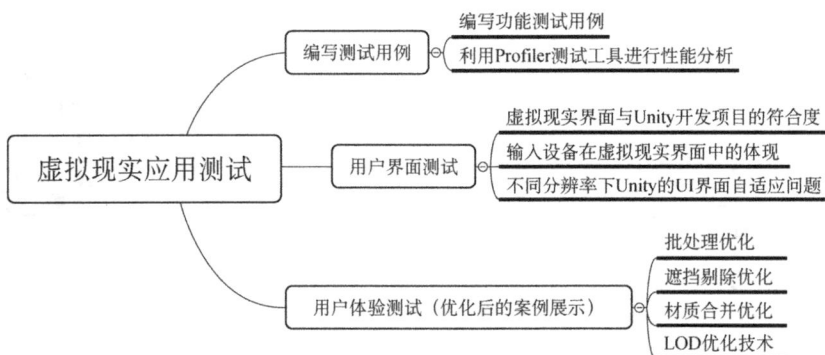

4.1 编写测试用例

4.1.1 编写功能测试用例

1. 内蒙古传统元素展示简介

基于 Unity 引擎与 Action one Pro SDK 开发一款用于展示内蒙古传统元素的简单应用。项目启动后，虚拟现实界面中会出现数个可以单击的 3D 按钮，在单击其中某个按钮后会在旁边出现与该按钮相对应的内蒙古传统元素模型与简介，模型出现之后，会在原地以自身 Y 轴为中心缓缓旋转进行全方位展示。内蒙古传统元素案例总体效果如图4-1-1所示。

图 4-1-1　内蒙古传统元素案例总体效果

2. 内蒙古传统元素展示项目开发

（1）导入 Action one Pro SDK，创建虚拟现实项目环境。

在 Unity 2019 中创建一个新项目并在其中导入 Action one Pro SDK 的最新版本。导入成功后，删除场景中的 MainCamera 和 Directional Light 组件，然后在"Tools"下拉菜单中选择"Shadow System"命令，创建虚拟现实环境，如图 4-1-2 所示（Action one Pro SDK 可在 http://www.shadowcreator.com/developer/down.html 处下载）。

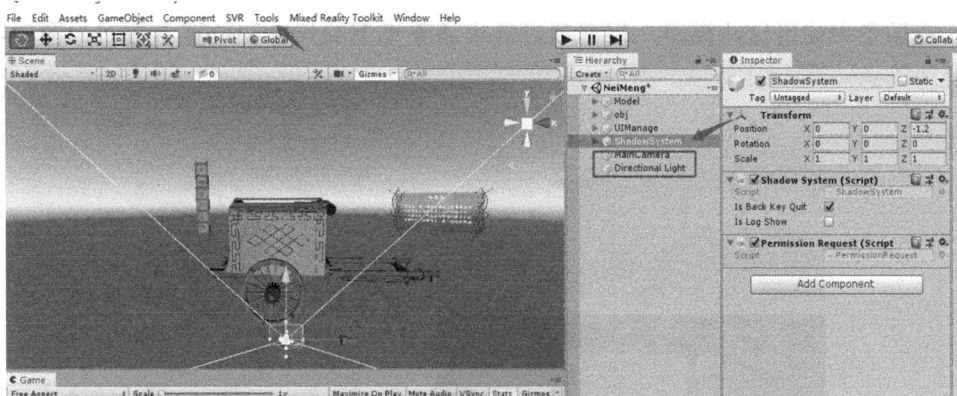

图 4-1-2　创建虚拟现实环境

（2）创建 SC Button 组件并绑定点击事件。

在场景中创建数个 3D 按钮模型，调整其在场景中的尺寸和位置。单击"Add Component"按钮添加 SC Button 组件，如图 4-1-3 所示。在代码编辑器中使用代码绑定按钮被点击后所需要触发的事件，如图 4-1-4 所示。

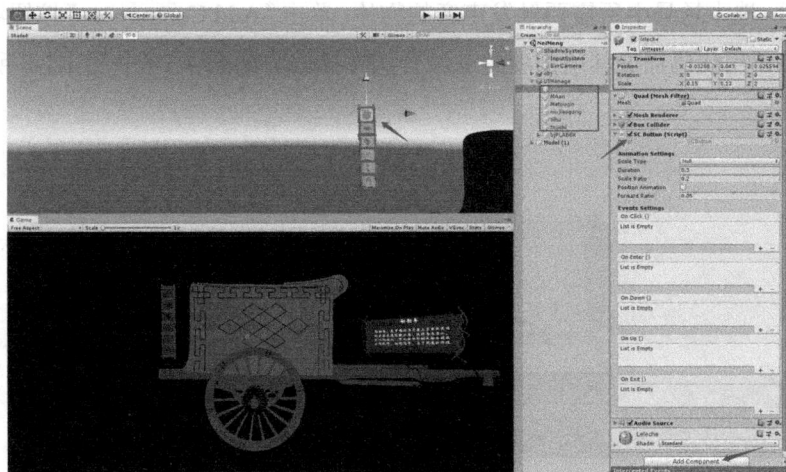

图 4-1-3　制作 3D 按钮模型并添加 SC Button 组件

图 4-1-4　按钮绑定点击事件的代码

（3）导入 6 个美术资源提供的模型。

在项目中导入已经制作好的内蒙古传统元素，展示所需要的模型和贴图。导入成功后，在场景中使用这些模型，根据项目需求调整模型的尺寸和位置参数，如图 4-1-5 所示。

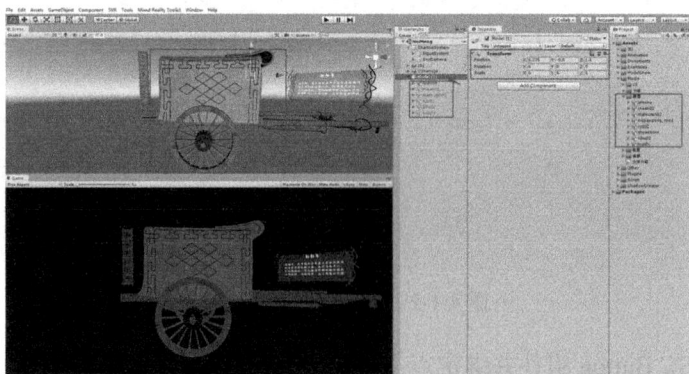

图 4-1-5　调整内蒙古传统元素模型的尺寸和位置参数

（4）导入 6 段单击按钮后的相应音频。

在项目中导入已经制作好的内蒙古传统元素，展示所需要的出场声音或背景音乐。导入成功后，选中场景中所需要触发声音的物体，单击"Add Component"按钮添加 Audio Source 组件，用代码加载其所需要的音频资源并播放，如图 4-1-6～图 4-1-8 所示。

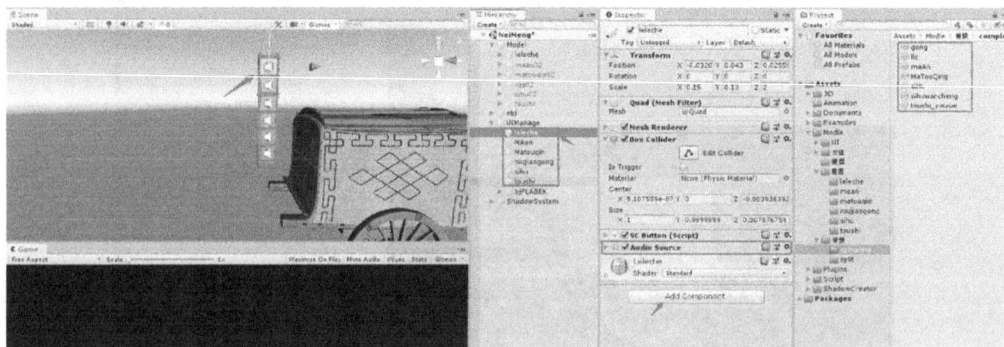

图 4-1-6　导入内蒙古传统元素并添加 Audio Source 组件

```
public AudioClip[] audios;//声音列表
public GameObject[] moxings;//模型列表
private Vector3 startv3;
public GameObject[] kuang;//提示框
private bool isTrue = false;//布尔值
public SCButton[] buttons;//按钮列表
```

图 4-1-7　音频加载代码（1）

```
6 个引用
public void PlayMusic(int num)//声音资源加载与播放
{
    buttons[num].gameObject.GetComponent<AudioSource>().clip = audios[num];//加载对应的声音资源
    for (int i = 0; i < buttons.Length ; i++)
    {
        if (i==num)
        {
            buttons[num].gameObject.GetComponent<AudioSource>().Play();//播放声音
        }
        else
        {
            buttons[i].gameObject.GetComponent<AudioSource>().Stop();//暂停播放其他声音
        }
    }
}
```

图 4-1-8　音频加载代码（2）

（5）制作 6 个资源对应的文字介绍弹框。

在项目中导入已经制作好的 3D 文字介绍弹框的模型和贴图。导入成功后，在场景中使用这些模型，根据项目需求调整模型的尺寸和位置参数。在模型的 Text Mesh 组件中使用代码或者在组件中提前输入文字来加载内蒙古传统元素的对应简介，如图 4-1-9 所示。

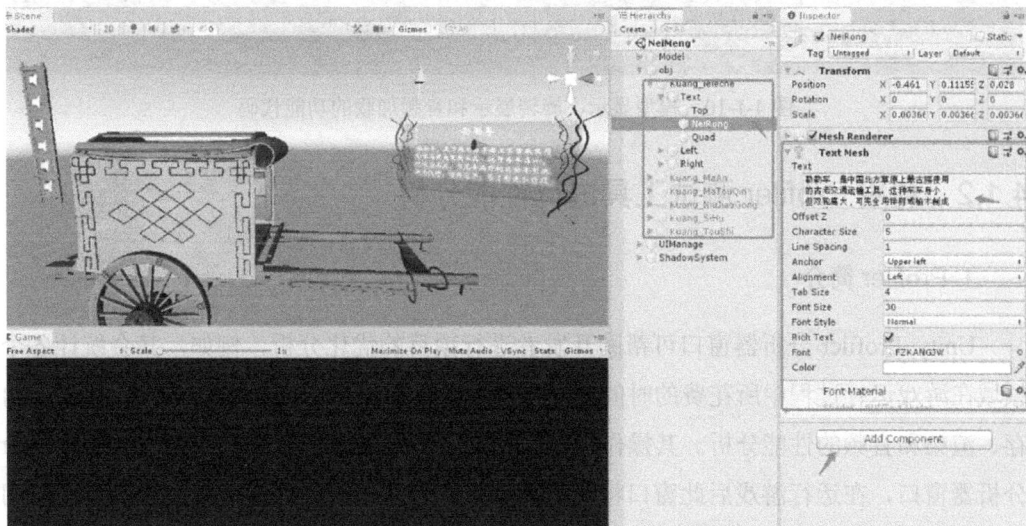

图 4-1-9　加载内蒙古传统元素的对应简介

（6）编写代码，控制模型显示、旋转展示和音频加载。

创建脚本文件"Example1"，并将其挂载在 UI Manager 物体上，在代码编辑器中使用代码控制模型对应的显示、旋转展示和音频加载，如图 4-1-10 所示。

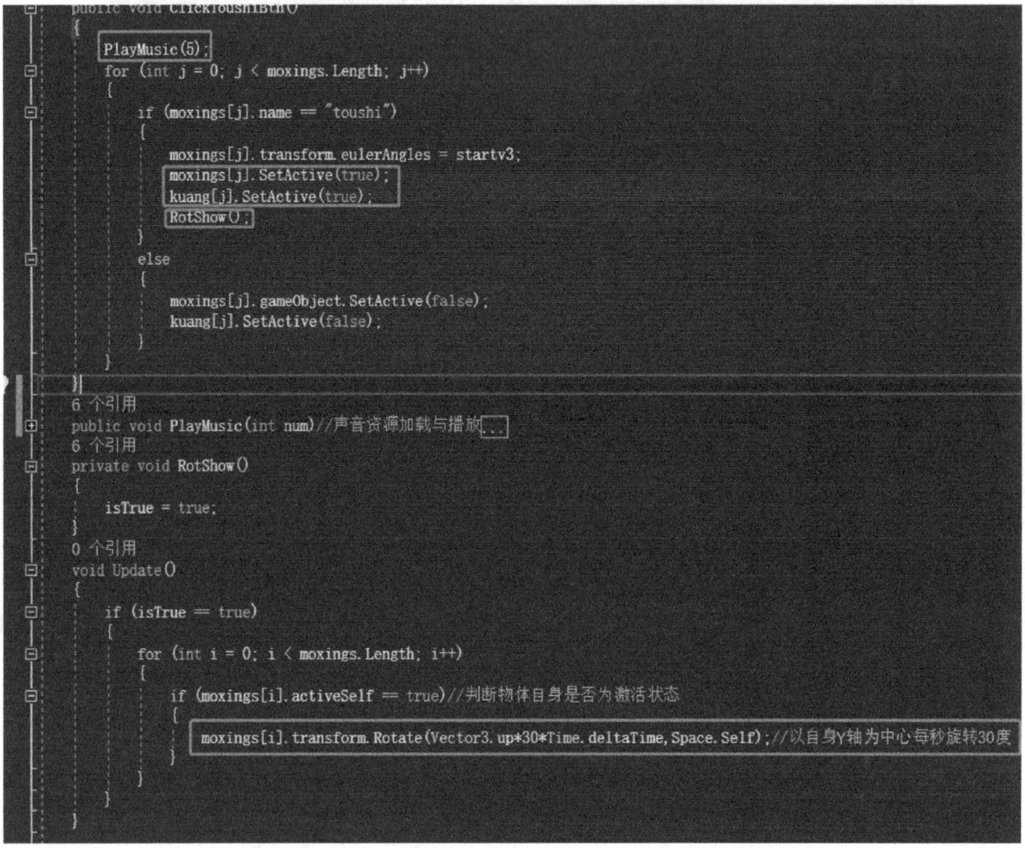

```csharp
public void ClickToushiBtn()
{
    PlayMusic(5);
    for (int j = 0; j < moxings.Length; j++)
    {
        if (moxings[j].name == "toushi")
        {
            moxings[j].transform.eulerAngles = startv3;
            moxings[j].SetActive(true);
            kuang[j].SetActive(true);
            RotShow();
        }
        else
        {
            moxings[j].gameObject.SetActive(false);
            kuang[j].SetActive(false);
        }
    }
}
6 个引用
public void PlayMusic(int num)//声音资源加载与播放
6 个引用
private void RotShow()
{
    isTrue = true;
}
0 个引用
void Update()
{
    if (isTrue == true)
    {
        for (int i = 0; i < moxings.Length; i++)
        {
            if (moxings[i].activeSelf == true)//判断物体自身是否为激活状态
            {
                moxings[i].transform.Rotate(Vector3.up*30*Time.deltaTime, Space.Self);//以自身Y轴为中心每秒旋转30度
            }
        }
    }
}
```

图 4-1-10　模型显示、旋转展示和音频加载的功能代码

4.1.2　利用 Profiler 测试工具进行性能分析

1. Profiler 简介

Unity Profiler 分析器窗口可帮助开发者进行项目的优化分析，例如，其会统计各个领域在游戏运行过程中所花费的时间及所占总时长的百分比；还会提供 GPU、CPU、内存、渲染和音频的性能分析。其操作极其简便，只需开发者在 Unity 引擎中开启 Profiler 分析器窗口，在运行游戏后此窗口将在时间轴上记录每一帧的性能数据，通过单击时间轴即可查看所选帧的详细信息。

2. 游戏性能简介

帧率是衡量游戏性能的标准。游戏里面的帧与动画的帧类似。它只是绘制到屏幕的游戏画面。绘制一帧到屏幕被称为渲染一帧。帧率或帧被渲染的速度以每秒来衡量（FPS）。

现在大多数游戏都是以 60 FPS 为标准的。通常 30 FPS 以上被认为是可以接受的，特别是一些对反应速度要求不高的游戏，如解谜或冒险游戏。但有一些游戏对帧率要求比较高，如 VR 游戏，90 FPS 都不能达到要求。帧率在 30 FPS 以下，玩家体验通常会比较差，图像可能会卡顿，操作起来也很迟钝。所以，不仅速度重要，帧率稳定也很重要。帧率发生变化对玩家来说是很明显的。帧率不稳定的游戏通常比帧率稳定但速度慢的游戏更糟糕。

对于渲染的每一帧，Unity 引擎都必须执行很多不同的任务。简单来说，Unity 引擎必须更新游戏的状态，拿到游戏的快照并且渲染到屏幕上。每帧必须执行的任务包括读取用户输入、执行脚本、灯光运算。除此之外，还有一些一帧内执行多次的操作，如物理计算。当所有的任务执行得足够快时，游戏将会有一个稳定的、可接受的帧率。当所有的任务执行得不够快时，系统会花费更长的时间去渲染，并且帧率会下降。

知道哪个任务执行时间长，对如何解决游戏性能问题是至关重要的。一旦知道哪个任务在降低帧率，就可以尝试优化那部分内容。这就是为什么分析如此重要：Profiler 工具可以显示在给定的帧中每个任务花费的时间。

3. Profiler 分析器解析

首先在 Unity 菜单栏中选择"Window"→"Analysis"→"profiler"命令，打开 Profiler 分析器窗口并单击"Memory"，在游戏运行的某一帧查看 Detailed 选项数据（Sample 模式的数据很直观，可以知道内存大体被哪部分占用了），如图 4-1-11 所示。

依次单击"Memory"→"Detailed"→"Take Sample: Editor"后，Unity 会自动获取这一帧的内存占用数据项，主要包括 Other、Assets、Scene Memory、Builtin Resources、Not Saved 五大部分，下面逐一进行分析。

1）Other

Profiler 分析器的 Other 类分析如图 4-1-12 所示。

记录数据项很多，下面选择占用大小排行榜靠前的几项来详细分析。

● System.ExecutableAndDlls（统一可执行程序和 DLL）是只读的内存，用来执行所有的脚本和 DLL 引用。不同平台和不同硬件得到的值会不一样，可以通过修改 Player Setting 的 Stripping Level 来调节大小。

● GfxClientDevice：GFX（图形加速/图形加速器/显卡）客户端设备。

● ManagedHeap.UsedSize：托管堆使用大小。需要注意的是，大小不要超过 20MB，否则可能会出现性能问题。

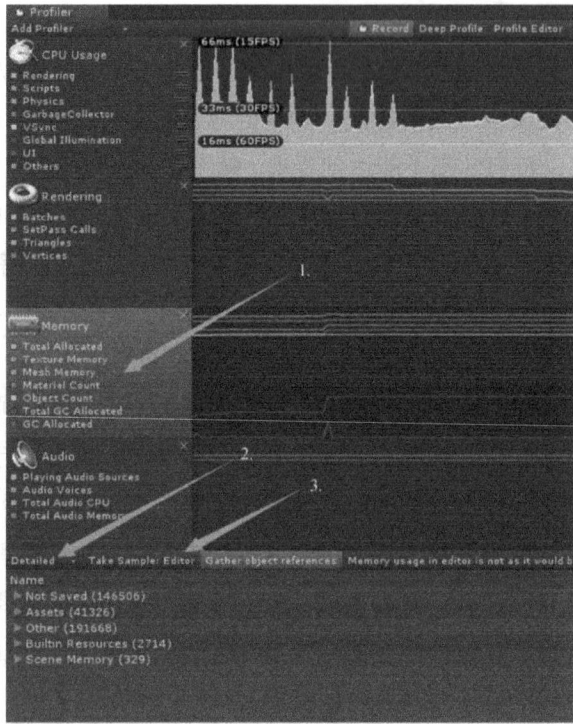

图 4-1-11　Profiler 分析器窗口

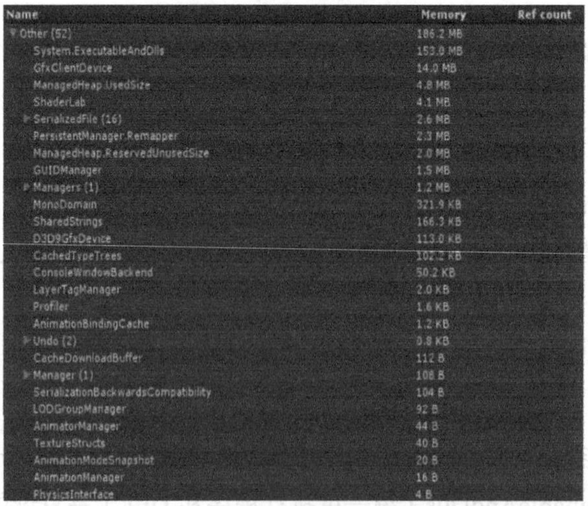

图 4-1-12　Profiler 分析器的 Other 类分析

● ShaderLab：Unity 自带的着色器语言工具相关资源。

● SerializedFile：序列化文件，把显示中的 Prefab、Atlas 和 metadata 等资源加载进内存。需要注意的是，这里是要监控上述资源在序列化中占用的内存大小，用户可根据具体需求在此处进行优化操作。

● PersistentManager.Remapper：负责跟踪内存中的对象与其在磁盘上的表示之间的关系。

注意：若项目正在加载大量的压缩包（asset bundles），则此 Remapper 将在各压缩包（AssetBundle）被卸载之前将数据存储在内存中。

● ManagedHeap.ReservedUnusedSize：托管堆预留不使用的内存大小，只由 Mono 使用。

2）Assets

Profiler 分析器的 Assets 类分析如图 4-1-13 所示。

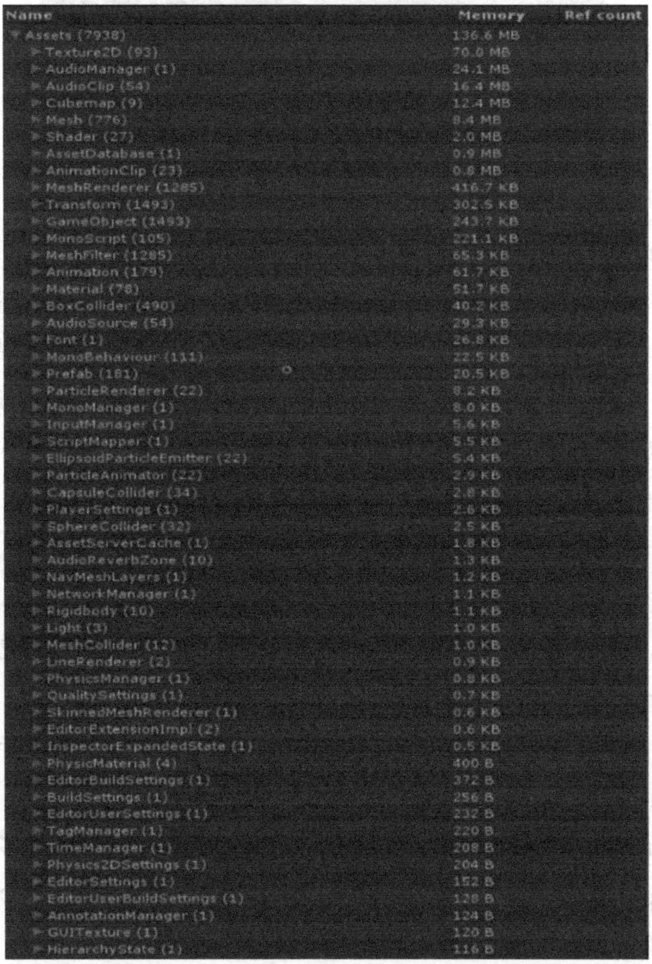

图 4-1-13　Profiler 分析器的 Assets 类分析

● Texture2D：2D 贴图及纹理，如图 4-1-14 所示。

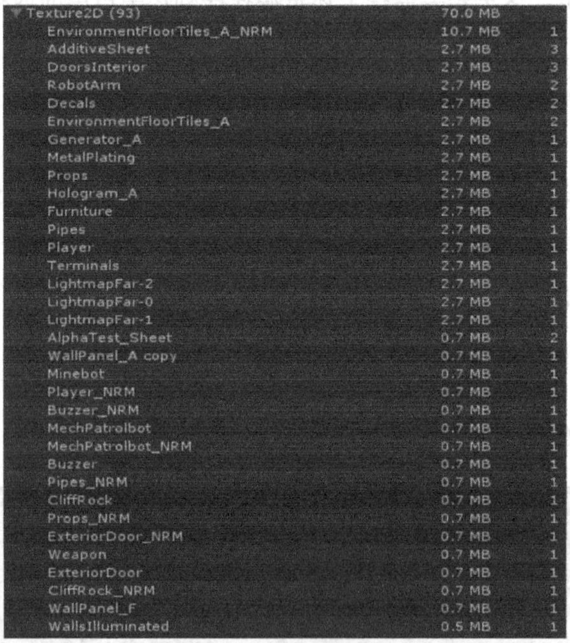

图 4-1-14　Profiler 分析器的 Texture2D 类分析

注意：Texture2D 是重点优化对象，有以下几点可以优化。

（1）许多贴图采用的 Format 格式是 ARGB 32 bit，所以保真度很高，但占用的内存也很大。在不失真的前提下，适当压缩贴图，使用 ARGB 16 bit，则此贴图占用的内存将减少 1/2，如果 Android 继续采用 RGBA Compressed ETC2 8 bits（iOS 采用 RGBA Compressed PVRTC 4 bits），则此贴图占用的内存又可以再减少 1/2。把未带有透明材质但需要 Alpha 通道的贴图全都转换格式，Android 转换为 RGB Compressed ETC 4 bits，iOS 转换为 RGB Compressed PVRTC 4 bits。

（2）当加载一个新的 Prefab 或贴图时，如果不及时回收，就会永久保存在内存中，就算切换场景也不会被销毁。当物体不再使用或长时间不使用时，就先把物体置空（null），然后调用 Resources.UnloadUnusedAssets()，真正释放内存。

（3）当有大量空白的图集贴图时，可以用 TexturePacker 等工具进行优化或考虑将其合并到其他图集中。

● AudioManager：音频管理器。其内存占用率随着音频文件的增多而增大。

● AudioClip：音效及声音文件。播放时长较长的音频文件需要将其压缩成.mp3 或.ogg 格式，时长较短的音频文件可以使用.wav 或.aiff 格式。

● Cubemap：立方图纹理。

- Mesh：模型网。主要检查是否有重复的资源，还有尽量减少点面数。

3）Scene Memory

Profiler 分析器的 Scene Memory 类分析如图 4-1-15 所示。

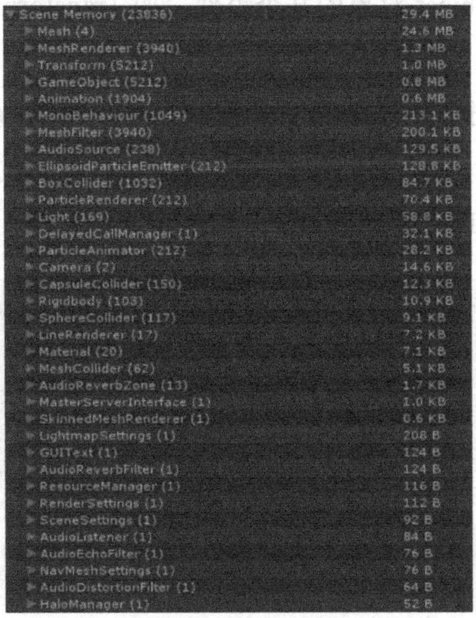

图 4-1-15　Profiler 分析器的 Scene Memory 类分析

- Mesh：场景中使用的网格模型。注意网格模型的点面数，能合并的 Mesh 尽量合并。

4）Builtin Resources

Profiler 分析器的 Builtin Resources 类分析如图 4-1-16 所示。

图 4-1-16　Profiler 分析器的 Builtin Resources 类分析

注意：Builtin Resources 类中的数据项是 Unity 的部分内部资源，此处无可优化的地方，可不对其进行关注。

5）Not Saved

Profiler 分析器的 Not Saved 类分析如图 4-1-17 所示。

Dot Saved：保留对象到新场景。

功能说明：用来设置是否将 Object 对象保留到新场景（Scene）中，如果使用

HideFlags.DontSave，则 Object 对象将在新场景中被保留下来，使用说明如下。

① 如果 GameObject 对象被 HideFlags.DontSave 标识，则在新场景中 GameObject 对象的所有组件将被保留下来，但其子对象 GameObject 不会被保留到新场景中。

② 不可以对 GameObject 对象的某个组件，如 Transform 进行 HideFlags.DontSave 标识，否则无法将此对象保留到新场景中。

③ 即使程序已经退出，被 HideFlags.DontSave 标识的对象也会一直存在于程序中，这可能会造成内存泄漏，所以，对 HideFlags.DontSave 标识的对象在不需要或程序退出时需要使用 DestroyImmediate 手动销毁。

图 4-1-17　Profiler 分析器的 Not Saved 类分析

小结：Profiler 分析器需重点关注的优化数据项如下。

① ManagedHeap.UsedSize：移动游戏的大小，建议不要超过 20MB。

② SerializedFile：可监视通过异步加载（LoadFromCache、WWW 等）时留下的序列化文件是否被卸载。

③ WebStream：通过异步（WWW）下载的资源文件在内存中的解压版本，比 SerializedFile 大几倍或几十倍，不过本项目中没有展示。

④ Texture2D：重点检查是否有重复资源和超大 Memory 需要压缩等。

⑤ AnimationClip：重点检查是否有重复资源。

⑥ Mesh：重点检查是否有重复资源。

4.2　用户界面测试

4.2.1　虚拟现实界面与 Unity 开发项目的符合度

在开发虚拟现实项目的过程中，在美术资源制作好之后，需要将它放置在工程项目中，但是这些美术资源在虚拟现实项目中的尺寸及位置状态并不是开发者所预期的。在开发虚拟现实项目时需要遵循以下几项标准。

（1）在 Unity 开发项目中，相对于世界中心的正方体的尺寸（Scale）表现为（1，1，1）时，其在虚拟现实界面中表现为 1 立方米的方块。

（2）Unity 开发项目与虚拟现实界面的颜色标准均基于 RGBA 表。

（3）在 Unity 开发项目中，相对于 Shadow System 世界坐标系，正方体的位置（Position）表现为（1，2，3）时，其在虚拟现实界面中表现为前方 3 米、向右 1 米、向上 2 米处。

（4）在 Unity 开发项目中，相对于 Shadow System 世界坐标系，正方体的旋转值（Rotation）表现为（30，135，90）时，其在虚拟现实界面中表现为绕自身 X 轴正向旋转 30 度，再绕自身 Y 轴正向旋转 135 度，最后绕自身 Z 轴旋转 90 度。

（5）虚拟现实界面的天空背景与 Unity 开发项目中的天空盒背景表现一致。

4.2.2　输入设备在虚拟现实界面中的体现

在虚拟现实界面中，各输入设备在虚拟现实界面中有不同的表现状态。

比如，在虚拟现实界面中，蓝牙手柄的正确显示会在手柄模型射线发射处出现一条白色可视射线。而头显在虚拟现实界面中会在头显正前方出现一个光环，用以确定目光凝视点，如图 4-2-1～图 4-2-4 所示。

图 4-2-1　头显在虚拟现实界面中
检测到 Collider 物体

图 4-2-2　头显在虚拟现实界面中
未检测到 Collider 物体

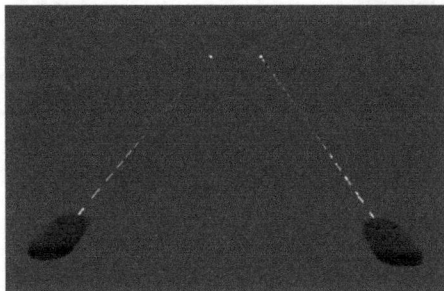

图 4-2-3　蓝牙手柄在虚拟现实界面中的显示（1）

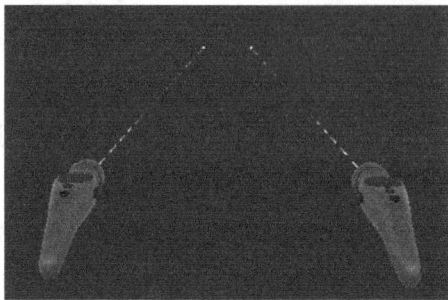

图 4-2-4　蓝牙手柄在虚拟现实界面中的显示（2）

4.2.3　不同分辨率下 Unity 的 UI 界面自适应问题

在虚拟现实项目中尚不存在屏幕自适应的问题，但在移动端或不同 PC 端上，根据不同分辨率的显示器通常会出现 UI 界面无法适应不同分辨率的情况，表现为在不同分辨率下，UI 会出现缺失或位置移动等问题。

现在有两种解决方案：一是当分辨率改变时，让画布进行特定的缩放，而不是只让画布的宽高与分辨率相同；二是让两个按钮维持原先的大小，但是需改变按钮的位置信息，使其与左下角或右上角的相对位置保持不变。

（1）为了使程序能够在不同分辨率的显示器中正常显示 UI 界面，需要对 Canvas 进行设置：在 Canvas Scaler 属性面板中，有一个"UI Scale Mode"下拉列表，可以在其中选择"Scale With Screen Size"选项（默认为 Constant Pixel Size），表示根据实际屏幕的尺寸来自动调节画布缩放因子（Scale Factor），选择后要设置一个参考尺寸，下面有一个"Match"选项，用户可以选择是以高度还是宽度形成比例作为参考。

（2）UI 图像通过设置锚点位置形成局部 UI 的自适应。对左下角的按钮，设置锚点在左下角，而右上角的则设置在右上角即可，如图 4-2-5 和图 4-2-6 所示。

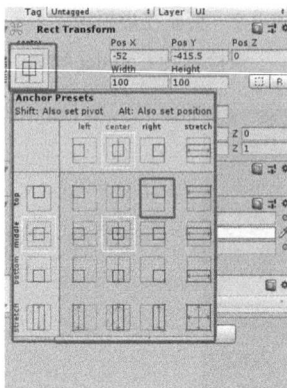

图 4-2-5　物体的右上角锚点设置

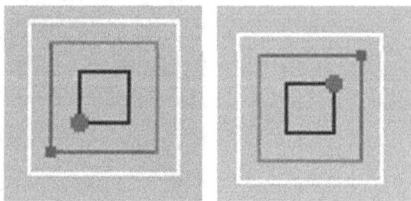

图 4-2-6　物体的锚点设置

还有一种办法是通过代码获取当前界面分辨率,将 UI 图像通过公式转化为单元格大小,然后通过九宫格扩展方式扩展至界面。

4.3　用户体验测试（优化后的案例展示）

在 Unity 开发项目中初步完成项目的功能开发后,使用 Profiler 分析器进行分析后发现,项目 Draw Call 数和模型面数较大,使得项目运行出现卡顿现象。此时需要对项目进行性能优化处理,例如,通过批处理、遮挡处理和纹理合并来降低 Draw Call 数、美术资源模型面数及其精细度。

在内蒙古传统元素展示项目中,选择 "Game" 窗口中的 "Stats" 选项卡可以看到 Batches（Draw Call 数）、Tris（摄像机视野内模型的三角面总数）及 Verts（摄像机视野内模型的顶点总数）的参数值过大,而在优化后的项目中,其参数值已大幅度减少,如图 4-3-1 和图 4-3-2 所示。

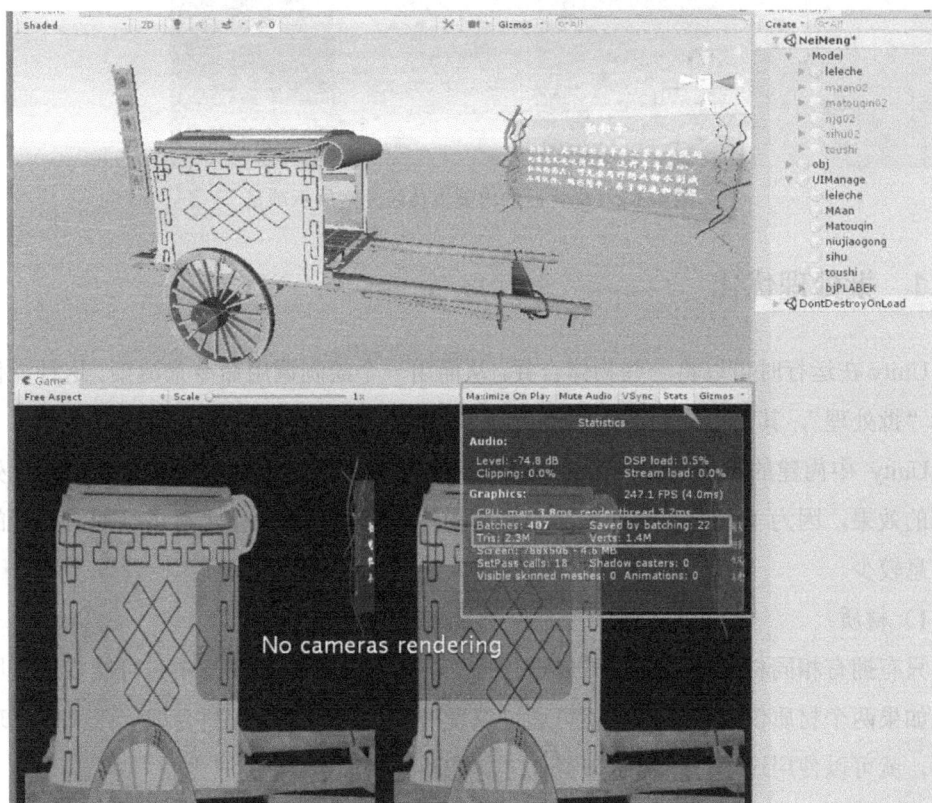

图 4-3-1　优化前的内蒙古传统元素展示项目

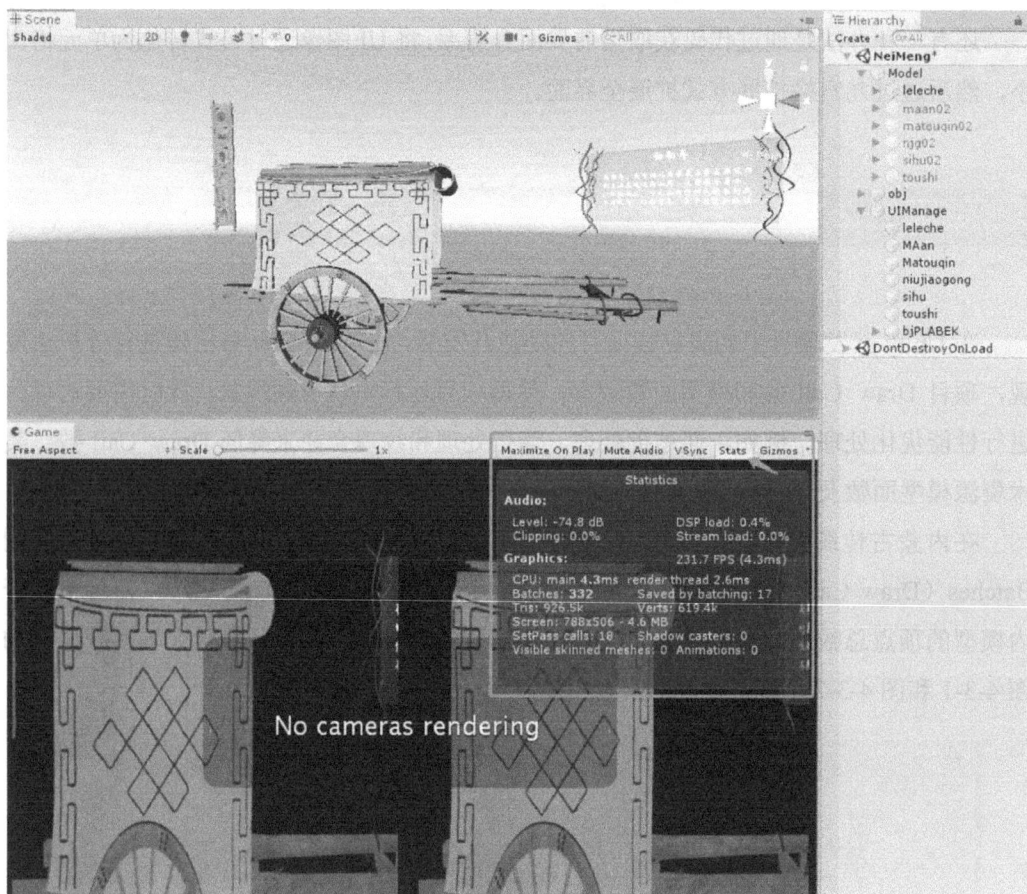

图 4-3-2　优化后的内蒙古传统元素展示项目

4.3.1　批处理优化

Unity 在运行时可以将一些物体合并，从而用一个绘制调用命令来渲染。这种操作被称为"批处理"，其可以提高渲染性能。

Unity 中内建的批处理机制所达到的效果要明显强于使用几何建模工具进行批处理达到的效果，因为 Unity 的批处理操作是在物体的可视裁剪操作之后进行的，处理的几何信息较少。

1）材质

只有拥有相同材质的物体才可以进行批处理，因此，需在程序中尽可能多地复用材质。如果两个材质仅纹理不同，就可通过纹理拼合将这两张纹理拼合成一张大的纹理，这样，就可以使用这个单一材质来替代之前的两个材质了。

如果要通过脚本来访问复用材质属性，则要注意：改变 Renderer.material 将会产生一份材质的副本。因此，应该使用 Renderer.sharedMaterial 来保证材质的共享状态。

2）动态批处理

如果动态物体共用相同的材质，那么 Unity 会自动对这些物体进行批处理，动态批处理操作是自动完成的，不需要用户进行额外操作。

Dynamic Batching 启用时，Unity 将尝试自动将物体批量移动到一个 Draw Call 中。要使物体可以被动态批处理，这些物体则应该共享相同的材质，但是还有一些其他约束条件。

批处理动态物体需要在每个顶点上都进行一定的内存开销，所以动态批处理仅支持小于 900 顶点的网格物体；如果着色器使用顶点位置、法线和 UV 值 3 种属性，那么只能批处理 300 顶点以下的物体；如果着色器需要使用顶点位置、法线、UV0、UV1 和切向量，那么只能批处理 180 顶点以下的物体。

尽量不要使用缩放尺度。分别拥有缩放尺度（1，1，1）和（2，2，2）的两个物体将不会进行批处理；统一缩放尺度的物体不会与非统一缩放尺度的物体进行批处理。使用缩放尺度（1，1，1）和（1，2，1）的两个物体将不会进行批处理，但是使用缩放尺度（1，2，1）和（1，3，1）的两个物体可以进行批处理。

拥有光照贴图的物体有其他渲染器参数，例如，光照贴图索引或光照贴图的偏移与缩放。一般来说，动态光照贴图的游戏对象应该指向完全相同的光照贴图的位置。

多通道（Pass）的着色器（Shader）会妨碍批处理操作。比如，几乎 Unity 中所有的着色器在前向渲染中都支持多个光源，并为它们有效地开辟多个通道，这就要求额外的渲染次数，所以绘制"额外的每像素灯"时不会进行批处理。

3）静态批处理

为了更好地使用静态批处理，需要明确指出哪些物体是静止的，并且在游戏中永远不会移动、旋转和缩放。要完成这一步，只需要在检测器（Inspector）中勾选"Static"复选框即可。只要这些物体不移动，并且拥有相同的材质，就可以进行静态批处理。因此，静态批处理比动态批处理更加有效，应该尽量使用，因为它需要更少的 CPU 开销。

使用静态批处理操作需要额外的内存来储存合并后的几何数据。在进行静态批处理之前，如果一些物体共用了同样的几何数据，那么引擎会在编辑及运行状态下对每个物体创建一个几何数据的备份。这并不总是一个好的想法，因为有时将不得不牺牲一些渲染性能来防止一些物体的静态批处理，从而保持较少的内存开销。比如，将浓密森林里的树设为 Static，会导致严重的内存开销。这就是空间和时间上的"相爱相杀"。

如果场景自带静态物体，则会合并批次；如果静态物体是场景加载后再读取预制体动态加载进去的，就不会自动合并批次，需要加载完后，用户调一下手动合并批次的接口 StaticBatchingUtility.Combine 来进行合并。

4.3.2 遮挡剔除优化

Occlusion Culling（遮挡剔除）技术是指当一个物体被其他物体遮挡而相对当前摄像机不可见时，可以不对其进行渲染。遮挡剔除不同于视锥体剔除（Frusturm Culling），视锥体剔除只是不渲染摄像机视锥范围外的物体，而被其他物体挡住，依旧在视锥范围内的物体依然会被渲染。使用遮挡剔除时，视锥体剔除同样有效。

要使用遮挡剔除，首先选择"Window"→"Rendering"→"Occlusion Culling"命令，打开"Occlusion"窗口，如图 4-3-3 所示。然后，选中场景中需要设置遮挡剔除的所有物体，在"Inspector"窗口中，勾选"Static"复选框。

回到"Occlusion"窗口，单击"Bake"按钮，对需要进行遮挡剔除的场景进行烘焙。如果烘焙的是整个场景，则单击"Bake"按钮即可，如图 4-3-4 所示。

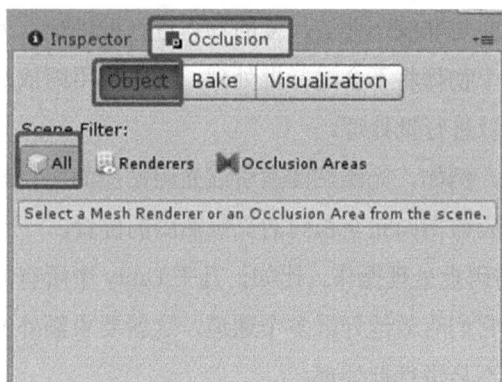

图 4-3-3 "Occlusion"窗口

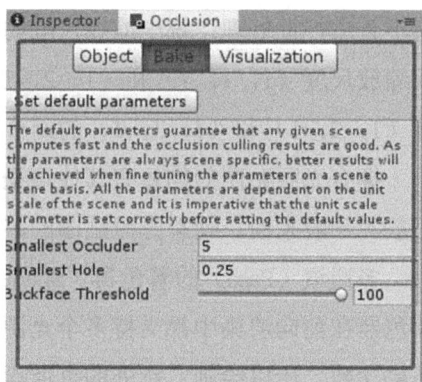

图 4-3-4 单击"Bake"按钮

等待烘焙完成，单击"Visualization"按钮，并单击"All"按钮，然后在"Scene"窗口中拖动摄像机，就可以看到效果了。

4.3.3 材质合并优化

合并材质实际上是生成一个新的渲染器和一个新的网格，将多个子物体网格合并成新的网格，使用公共着色器生成新的材质，并将小物体纹理合并成一张大的纹理，将此纹理用作新渲染器的主纹理。

普通的 MeshRender 的材质球合并步骤如下。

（1）合并所有材质球所携带的贴图，新建一个材质球，并把合并好的贴图赋予新的材质球。

（2）记录每个被合并的贴图所处新贴图的 Rect，用一个 Rect[]数组保存下来。

（3）合并网格，并把需要合并的各个网格的 UV 根据步骤（2）中得到的 Rect[]刷新一遍。

（4）把新的材质球赋予合并好的网格，此时就只占有 1 个 Draw Call 了。

4.3.4　LOD 优化技术

LOD 是 Level Of Detais 的简称，即多细节层次，就是让一个物体在摄像机距离不同的情况下，显示不同的模型，从而节省性能开销。LOD 表现在视角离近时，显示精度高的模型；视角离远时，显示精度低的模型。

运用 LOD 技术的步骤如下。

（1）首先准备几种不同精度的模型，比如，高精度模型、中精度模型及低精度模型，如图 4-3-5 所示。

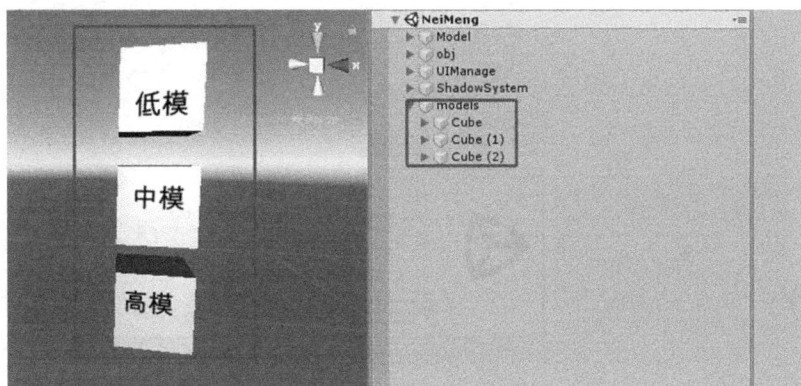

图 4-3-5　不同精度的模型

（2）将准备好的模型的位置保持一致后归纳在一个父对象下，选中父对象，单击"Add Component"按钮，添加 LOD Group 组件，如图 4-3-6 所示。

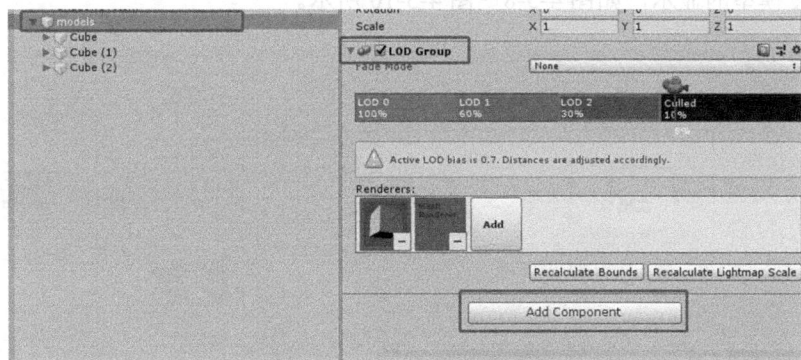

图 4-3-6　添加 LOD Group 组件

（3）将准备好的模型添加到 LOD Group 组件下。比如，在 LOD1 处单击"Add"按钮，找到需要显示的相对应的模型，双击后在弹出的提示框中单击"Yes，Reparent"按钮，如图 4-3-7 所示。

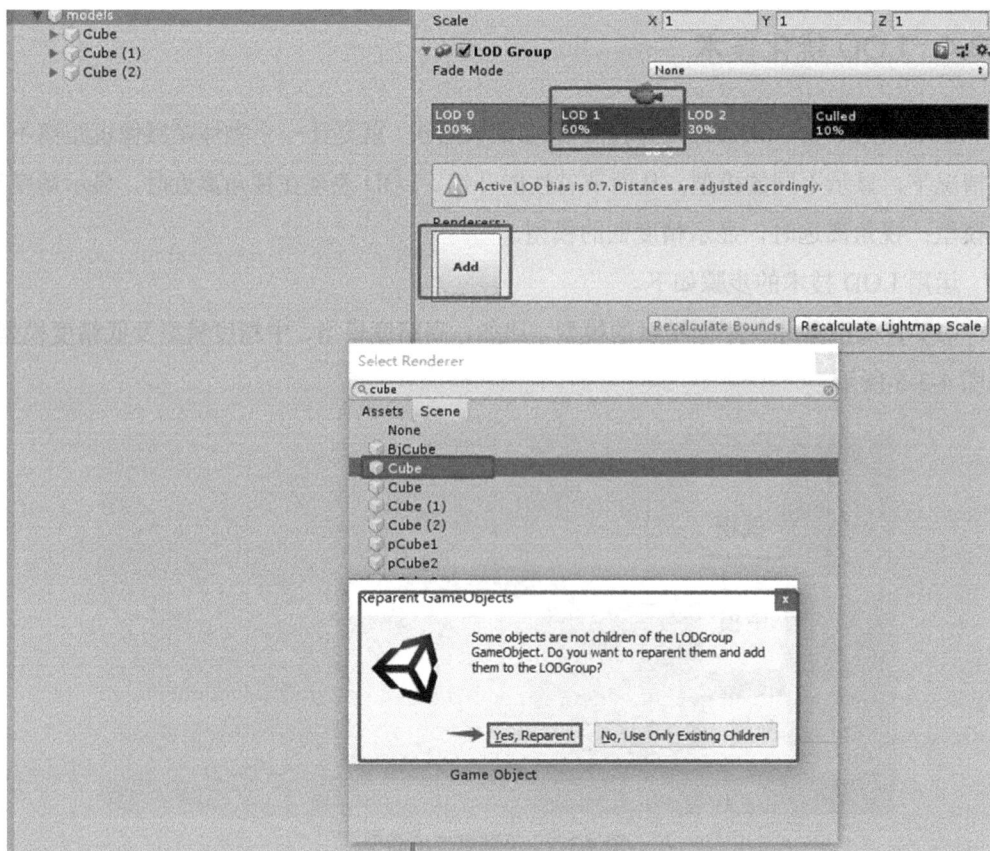

图 4-3-7　LOD Group 组件模型设置

（4）准备完成后，拖动 LOD Group 组件中的摄像机标志可以观察到"Scene"窗口中不同精度模型的显示，如图 4-3-8～图 4-3-10 所示。

图 4-3-8　摄像机距离模型较远时

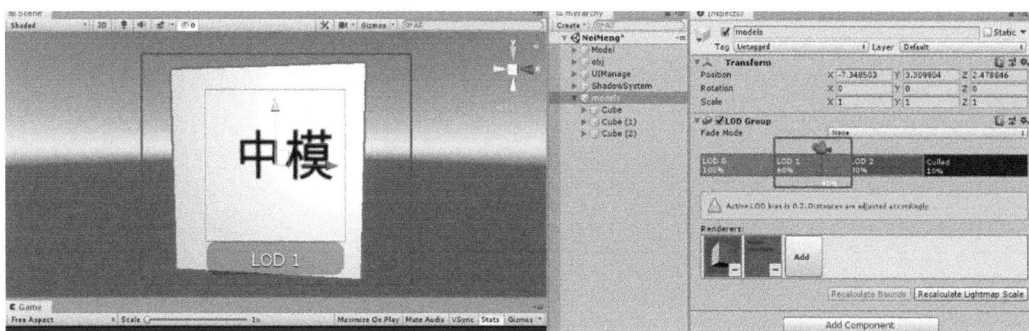

图 4-3-9　摄像机距离模型适中时

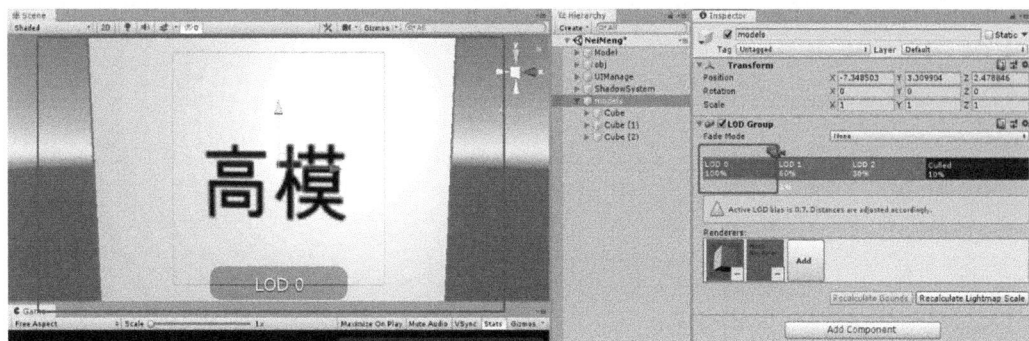

图 4-3-10　摄像机距离模型较近时

4.4　本章小结

　　本章介绍了虚拟现实应用测试相关知识，并且通过一个简单的内蒙古传统元素案例逐步展开，包括编写测试用例、用户界面测试和用户体验测试相关内容，希望通过本章的讲解让读者对测试环节有一个初步而清晰的了解，为之后的学习打下坚实的基础。